"十二五"职业教育国家规划教材
经全国职业教育教材审定委员会审定

机电设备及管理技术

主　编　吴先文
副主编　肖铁忠　方　婷　李忠利
参　编　刘淑香　陶　柳　李　斌　刘春兰
　　　　姜　景　李松岭　何科良
主　审　赵仕元　钟　铃

机械工业出版社
CHINA MACHINE PRESS

本书是经全国职业教育教材审定委员会审定的“十二五”职业教育国家规划教材，是根据教育部于2014年公布的《中等职业学校机电技术应用专业教学标准》，同时参考机电设备维修工职业资格标准编写的。

本书共10章，主要内容包括机电设备概述、机电设备的组成、典型机电设备、设备管理的基础工作、设备前期管理、设备的使用与维护管理、设备润滑管理、设备故障与维修管理、设备的备件管理、设备的更新和技术改造。本书以金属切削机床、桥式起重机和电梯等典型机电设备为载体，着重阐述其基本结构、工作原理、操作和维护保养等内容。每章均设有学习目标、本章小结和思考题与习题，便于学生更好地掌握所学内容。

本书将机电设备与现代设备管理技术相结合，理论与实践结合紧密；内容新颖，案例丰富，文字简练，通俗易懂，实用性较强。

本书可作为中等职业学校机电技术应用专业教材，也可作为成人教育和企业职工岗位培训教材。

为便于教学，本书配套有PPT课件等教学资源，选择本书作为教材的教师可联系编辑（410441623@qq.com）索取，或登录www.cmpedu.com网站，注册、免费下载。

图书在版编目（CIP）数据

机电设备及管理技术/吴先文主编. —北京：机械工业出版社，2016.4（2024.2重印）

“十二五”职业教育国家规划教材

ISBN 978-7-111-53467-9

Ⅰ.①机… Ⅱ.①吴… Ⅲ.①机电设备-设备管理-中等专业学校-教材 Ⅳ.①TM

中国版本图书馆CIP数据核字（2016）第070281号

机械工业出版社（北京市百万庄大街22号 邮政编码100037）

策划编辑：赵红梅 责任编辑：赵红梅 责任校对：赵 蕊

封面设计：张 静 责任印制：单爱军

北京虎彩文化传播有限公司印刷

2024年2月第1版第10次印刷

184mm×260mm · 12.25印张 · 298千字

标准书号：ISBN 978-7-111-53467-9

定价：37.00元

电话服务
客服电话：010-88361066
010-88379833
010-68326294

网络服务
机 工 官 网：www.cmpbook.com
机 工 官 博：weibo.com/cmp1952
金 书 网：www.golden-book.com
机工教育服务网：www.cmpedu.com

前 言

本书是根据教育部《关于中等职业教育专业技能课教材选题立项的函》（教职成司［2012］95号），由全国机械职业教育教学指导委员会和机械工业出版社联合组织编写的“十二五”职业教育国家规划教材，是根据教育部于2014年公布的《中等职业学校机电技术应用专业教学标准》，同时参考机电设备维修工职业资格标准编写的。

本书以通用机电设备为对象，以金属切削机床、桥式起重机和电梯等典型机电设备为代表，主要介绍机电设备的分类及组成、典型机电设备的基本结构、工作原理、操作和维护保养、设备管理的基础工作、设备前期管理、使用与维护管理、润滑管理、备件管理及设备的更新和技术改造等内容。在编写过程中，以基于职业岗位分析的现代职业教育思想及课程开发模式为指导，充分考虑了中等职业教育的特点，以机电设备的基本结构、工作原理、操作和维护保养为主线，融知识传授与能力培养于一体，重点强调培养职业素质和通用机电设备的操作、维护、保养和管理的能力，编写过程中力求体现以下特色。

1. 执行新标准

本书依据最新教学标准和课程大纲要求，对接职业标准和岗位需求，更好地贴近生产实际，帮助学生适应区域产业结构调整和行业技术进步的要求。

2. 体现新模式

本书采用理实一体化的编写模式，以典型机电设备为载体，强调工程实践能力的培养，确保教材辅助理实一体化教学的顺利实施，突出“做中教，做中学”的职业教育特色。

3. 突出装备制造业特色

本书在广泛调研和专家论证的基础上，大胆取舍教材内容并注重创新，重组和优化了课程体系，强化了典型机电设备维护保养实例，具有较强的系统性、先进性和针对性。

4. 简明、实用

本书遵循职业教育认知规律，内容深入浅出，案例丰富，文字简练，通俗易懂，实用性较强。

本书在内容处理上主要有以下几点说明：①以专业人才培养方案所确定的该课程承担的典型工作任务为依托，合理选取教学内容，着重阐述机电设备的基本知识、基本技能、典型案例和综合应用等内容；②学生所学知识和技能结构与企业的生产实际相吻合，解决了理论与实际脱节的矛盾，达到了适用和实用的目标；③本书建议学时为96学时，在实际教学中，教师可根据专业和学时等实际情况自主安排内容。

全书共10章，由四川工程职业技术学院吴先文主编，赵仕元、钟铃主审。具体编写分工如下：肖铁忠编写第1章，陶柳、刘淑香、东方电气集团东方电机有限公司姜景编写第2章，吴先文、肖铁忠、刘淑香、李斌、西南工程学校李松岭、何科良编写第3章，李忠利编写第4、5、10章，方婷编写第6、7、8、9章，刘春兰编写附录。

本书经全国职业教育教材审定委员会审定，评审专家对本书提出了宝贵的建议，在此对他们表示衷心的感谢！编写过程中，编者参阅了国内出版的有关教材和资料，在此一并表示衷心感谢！

由于编者水平有限，书中不妥之处在所难免，恳请读者批评指正。联系邮箱：296768038@qq.com。

编　者

目　录

第1章 机电设备概述

【学习目标】

1. 掌握机床的分类及型号编制方法，记住常用机床的类代号、通用特性代号、主参数等，掌握通用机床、专门化机床和专用机床的主要区别。

2. 掌握起重机的主要性能参数。

1.1 机电设备的分类

设备通常是人们在生产和生活中所需要的机械、装置、技术装备、仪器和设施等的总称，机电设备则是应用了机械、电子技术的设备，而通常所说的机械设备又是机电设备最重要的组成部分。

机电设备种类繁多，分类方法也多种多样。

1.1.1 按国家标准《国民经济行业分类》分类

《国民经济行业分类》（GB/T 4754—2011）中，将机电设备分为四大类，即通用机械类，通用电工类，通用、专用仪器仪表类，专用设备类，见表1-1，这种分类方法常用于行业设备资产管理、设备选型、机电产品目录、资料手册的编目等。

表1-1 按国家标准《国民经济行业分类》分类

类型	设备举例
通用机械类	机械制造设备（金属切削机床、锻压机械等），起重设备（电动葫芦、各种起重机、电梯），农、林、牧、渔机械设备（如拖拉机、收割机等），泵、风机、通风采暖设备，环境保护设备，木工设备，交通运输设备（铁道车辆、汽车、船舶等）等
通用电工类	电站设备，工业锅炉，工业汽轮机，电动机，电动工具，电气自动化控制装置，电炉，电焊机，电工专用设备，电工测试设备，日用电器（电冰箱、空调、微波炉、洗衣机等）等
通用、专用仪器仪表类	自动化仪表，电工仪表，专业仪器仪表（气象仪器仪表、地震仪器仪表、教学仪器、医疗仪器等），成分分析仪表，光学仪器，实验仪器及装置等
专用设备类	矿山机械，建筑机械，石油冶炼设备，电影机械设备，照相设备，食品加工机械，服装加工机械，造纸机械，纺织机械，塑料加工机械，电子、通信设备（雷达、电话机、电话交换机、传真机、广播电视发射设备、电视、VCD、DVD等）、印刷机械等

1.1.2 按机电设备的用途分类

机电设备按用途可分为三大类，即产业类机电设备、信息类机电设备和民生类机电设备，见表 1-2。

1. 产业类机电设备

产业类机电设备是指用于生产企业的设备。

2. 信息类机电设备

信息类机电设备是指用于信息采集、传输和存储处理的电子机械产品。

3. 民生类机电设备

民生类机电设备是指用于人民生活领域的电子机械产品。

表 1-2 机电设备按用途分类

类型	设备举例
产业类	卧式车床、卧式铣床、数控机床、线切割机床、食品包装机械、塑料机械、纺织机械、自动化生产线、工业机器人、电动机、窑炉等
信息类	计算机终端、通信设备、传真机、打印机、复印机及其他办公自动化设备等
民生类	VCD、DVD、空调、电冰箱、微波炉、全自动洗衣机、汽车电子化产品、医疗器械及健身运动机械

为了便于了解，本章主要介绍常用的金属切削机床和起重设备。

1.2 金属切削机床

金属切削机床又称为工作母机或工具机，通常简称为机床，是采用切削、磨削、特种加工等方法加工各种金属工件，切除金属毛坯或半成品的多余金属，使之获得符合零件图样要求的几何形状、尺寸精度和表面质量的机床（手携式的除外）。金属切削机床是机械制造工业中使用最广泛的机床。

1.2.1 金属切削机床的分类

金属切削机床门类、品种和规格繁多，对其进行分类并编制型号可以方便地进行区别、使用和管理。金属切削机床主要有以下几种分类方法。

1. 按加工方法、所用刀具及用途分类

根据国家制定的机床型号编制方法（GB/T 15375—2008），金属切削机床分为 11 大门类：车床、钻床、镗床、磨床、齿轮加工机床、螺纹加工机床、铣床、刨插床、拉床、锯床和其他机床。在每一类机床中，按工艺特点、布局形式、结构性能等不同又分为 10 组，每组又分为 10 个系。每类机床的代号用其名称的汉语拼音的第一个大写字母表示，见表 1-3，组和系用数字 0 ~ 9 表示。

表 1-3 机床类别及代号

类别	车床	钻床	镗床	磨床	齿轮加工机床	螺纹加工机床	铣床	刨插床	拉床	锯床	其他机床
分类代号	C	Z	T	M	Y	S	X	B	L	G	Q
参考读音	车	钻	镗	磨	牙	丝	铣	刨	拉	割	其

2. 按机床加工精度分类

金属切削机床按加工精度可分为普通精密机床、精密机床和高精度机床等。

3. 按机床加工件大小和机床自身重量分类

金属切削机床按此方法可分为仪表机床、中小型机床、大型机床（质量大于20t）、重型机床（质量大于30t）、特重型机床（质量大于100t）等。

4. 按通用程度分类

金属切削机床按通用程度可分为通用机床、专门化机床和专用机床等。其中，通用机床（万能机床）是可以加工多种工件、完成多种工序、适用范围较广的机床，在这类机床上可以加工多种零件的不同工序，适用于单件小批量生产，包括卧式车床、镗床、外圆磨床、龙门刨床、铣床等。

专门化机床是用于加工形状相似而尺寸不同的特定工件的机床，其生产率一般比通用机床高，但使用范围较通用机床窄，只能加工一定尺寸范围内的某一类（或少数几类）零件，完成某一种（或少数几种）特定工序，如铲齿车床、轧辊车床、回轮车床、曲轴磨床、精密丝杠车床、凸轮轴车床、凸轮轴磨床等。

专用机床是一种专门适用于特定零件和特定工序加工的机床，而且它往往是自动化生产线式生产制造系统中不可缺少的机床品种。它一般采用多轴、多刀、多工序、多面或多工位同时加工的方式，生产率、自动化程度一般都比较高，比通用机床高几倍至几十倍，在大批量生产中得到了广泛应用，并可以组成自动化生产线。但其使用范围最窄，通常只能完成某一特定零件的特定工序，如汽车、拖拉机制造中大量使用的各种组合机床、铝工业专用机床、齿轮专业机床和曲轴专用机床等。

5. 按自动化程度分类

金属切削机床按自动化程度可分为手动机床、机动机床、半自动机床和自动机床等。

手动机床的工件装卸，以及工件的形状、尺寸和精度控制等均由工人手动操作。半自动机床经人工调整好后，除装卸工件之外机床的工作机构可自动完成一个循环运动，加工好所装夹的工件。自动机床则经人工调整好后，机床的全部运动（包括装卸工件在内）都能自动连续完成，至加工出成批的合格工件，工人仅监视机床是否正常工作。

1.2.2　金属切削机床的型号编制

机床型号是一个代号，是用汉语拼音字母和阿拉伯数字按一定规律排列组成的，用以表示机床的类型、主要技术参数、使用及结构特性等。我国现行的通用机床和专用机床的型号是按照国家标准《金属切削机床型号编制方法》（GB/T 15375—2008）编制的，通用机床型号的表示方法如图1-1所示。机床型号由基本部分和辅助部分组成，中间用“/”隔开，读作“之”。前者需统一管理，后者纳入型号与否由企业自定。

通用机床的型号主要表示机床类型、特性、组别、主参数及重大改进顺序等。

1. 机床的类代号

机床的类代号用机床名称的汉语拼音的第一个大写字母表示。必要时，每一类又可分为若干分类。分类代号用阿拉伯数字表示，置于类代号之前，居型号首位。但第一分类不予表示，如磨床类的三个分类应表示为M、2M、3M，参考读音是磨、2磨、3磨。机床类别及代号见表1-3。

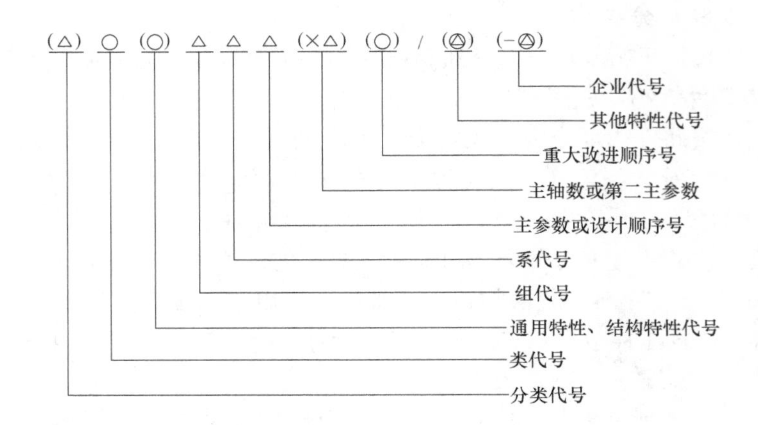

图 1-1　通用机床型号的表示方法

注：1）有“（　）”的代号或数字，当无内容时，则不表示。若有内容时应不带括号。

2）有“○”符号者为大写的汉语拼音字母。

3）有“△”符号者为阿拉伯数字。

4）有“◎”符号者为大写的汉语拼音字母，或阿拉伯数字，或两者兼有之。

2. 通用特性、结构特性代号

当某类型机床除有普通型外，还有表 1-4 所列的通用特性时，则在类代号之后加通用特性代号予以区分。如 CM6132 型精密卧式车床型号中的“M”表示通用特性为“精密”。如果某类型机床仅有某种通用特性而无普通型式时，则此通用特性代号不必表示，如 C1312 型单轴转塔自动车床。

表 1-4　机床通用特性及代号

通用特性	高精度	精密	自动	半自动	数控	仿形	加工中心（自动换刀）	轻型	加重型	简式或经济型	柔性加工单元	数显	高速
代号	G	M	Z	B	K	F	H	Q	C	J	R	X	S
读音	高	密	自	半	控	仿	换	轻	重	简	柔	显	速

为了区别主参数相同而结构、性能不同的机床，在型号中结构特性代号用汉语拼音字母的大写区分，并且两字母不能排在通用特性代号之后。通用特性用过的字母以及 I、O 两字母不能用作结构特性代号。

3. 机床的类、组代号

金属切削机床类、组划分见表 1-5。

表 1-5　金属切削机床类、组划分

类别 \ 组别	0	1	2	3	4	5	6	7	8	9
车床 C	仪表车床	单轴自动、半自动车床	多轴自动、半自动车床	回轮、转塔车床	曲轴及凸轮轴车床	立式车床	落地及卧式车床	仿形及多刀车床	轮、轴、辊、锭及铲齿车床	其他车床
钻床 Z		坐标镗钻床	深孔钻床	摇臂钻床	台式钻床	立式钻床	卧式钻床	钻铣床	中心孔钻床	

（续）

类别＼组别		0	1	2	3	4	5	6	7	8	9
镗床 T				深孔镗床		坐标镗床	立式镗床	卧式铣镗床	精镗床	汽车、拖拉机修理用镗床	
磨床	M	仪表磨床	外圆磨床	内圆磨床	砂轮机	坐标磨床	导轨磨床	刀具刃磨床	平面及端面磨床	曲轴、凸轮轴、花键轴及轧辊磨床	工具磨床
	2M		超精机	内圆珩磨机	外圆及其他珩磨机	抛光机	砂带抛光及磨削机床	刀具刃磨及研磨机床	可转位刀片磨削机床	研磨机	其他磨床
	3M		球轴承套圈沟磨床	滚子轴承套圈滚道磨床	轴承套圈超精机		叶片磨削机床	滚子加工机床	钢球加工机床	气门、活塞及活塞环磨削机床	汽车、拖拉机修磨机床
齿轮加工机床 Y		仪表齿轮加工机床		锥齿轮加工机床	滚齿及铣齿机	剃齿及珩齿机	插齿机	花键轴铣床	齿轮磨齿机	其他齿轮加工机床	齿轮倒角及检查机
螺纹加工机床 S					套丝机	攻丝机		螺纹铣床	螺纹磨床	螺纹车床	
铣床 X		仪表铣床	悬臂及滑枕铣床	龙门铣床	平面铣床	仿形铣床	立式升降台铣床	卧式升降台铣床	床身铣床	工具铣床	其他铣床
刨插床 B			悬臂刨床	龙门刨床			插床	牛头刨床		边缘及模具刨床	其他刨床
拉床 L				侧拉床	卧式外拉床	连续拉床	立式内拉床	卧式内拉床	立式外拉床	键槽及螺纹拉床	其他拉床
锯床 G				砂轮片锯床		卧式带锯床	立式带锯床	圆锯床	弓锯床	锉锯床	
其他机床 Q		其他仪表机床	管子加工机床	木螺钉加工机		刻线机	切断机				

每类机床分为10组，每组又分为10系。机床的组、系代号用两位阿拉伯数字分别表示，第一位数字表示组别，第二位数字表示系别，位于类代号或通用特性代号（或结构特性代号）之后。在同一类机床中，主要布局或使用范围基本相同的机床为同一组。在同一组机床中，其主参数相同、主要结构及布局形式相同的机床即为同一系。例如，CA6140型卧式车床型号中的“61”，说明它属于车床类6组、1系。

4. 主参数或设计顺序号

主参数用折算值（主参数乘折算系数）表示，位于系代号之后。某些通用机床当无法用一个主参数表示时，在型号中用设计顺序号表示。设计顺序号由01开始。

各种型号机床主参数的折算系数可以不同，常见机床主参数折算系数见表1-6。

5. 主轴数或第二主参数

1）对于多轴车床、多轴钻床等机床，其主轴数应以实际数值标于型号中主参数之后，并用“×”分开，读作“乘”。

表 1-6 常见机床主参数折算系数

机床名称	主参数名称	主参数折算系数
普通机床自动机床、转塔机床、立式机床	床身上最大工件回转直径 最大棒料直径或最大车削直径 最大车削直径	1/10 1/1 1/100
立式钻床、摇臂钻床、卧式镗床	最大孔径直径、主轴直径	1/1 1/10
牛头刨床、插床、龙门刨床	最大刨削或插削长度、工作台宽度	1/10 1/100
卧式及立式升降台铣床、龙门铣床	工作台工作面宽度、工作台工作面宽度	1/10 1/100
外圆磨床、内圆磨床、平面磨床、砂轮机	最大磨削外径或孔径、工作台工作面的宽度或直径、最大砂轮直径	1/10 1/10 1/10
齿轮加工机床	最大工件直径	1/10

2）第二个主参数一般不予表示，如有特殊情况，需在型号中表示时，应按一定的手续审批。凡第二个主参数属于长度、深度等值的，折算系数为 1/100；凡属直径、宽度等值，用 1/10 作为折算系数；最大模数、厚度等以实际值列入型号。

6. 重大改进顺序号

当机床的性能及结构有更高要求，并按新产品重新设计、试制和鉴定后，在原机床型号之后按 A、B、C 等字母顺序加入改进序号，以区别于原型号机床。如 C6140A 是 C6140 型车床经过第一次重大改进的车床。目前，工厂中使用较为普遍的几种老型号机床，是按 1959 年以前公布的机床型号编制办法编定的。按规定，以前已定的型号现在不改变。

7. 其他特性代号

其他特性代号主要用来反映各类机床的特性，如对一般机床，可反映同一型号机床的变型；对于数控机床，可用来反映不同的控制系统等；对于加工中心，可用来反映控制系统、自动交换主轴头、自动交换工作台等。其他特性代号在改进序号之后，用汉语拼音或阿拉伯数字表示，并用“/”分开，读作“之”。

8. 企业代号

企业代号包括机床生产厂和机床研究单位代号。

9. 示例

例 1：2M1320——最大磨削直径为 200mm 的外圆超精加工磨床。

例 2：C2150 ×6——加工最大棒料直径为 50mm 的六轴棒料自动车床。

例 3：THM6305/JCS——北京机床研究所生产的精密卧式加工中心，镗轴直径为 50mm。

例 4：MG1432——最大磨削直径为 320mm 的高精度万能外圆磨床。

例 5：XK5040——工作台面宽度为 400mm 的数控立式升降台铣床。

例 6：CA6140B——最大工件回转直径为 400mm，经第二次重大改进的 A 结构卧式车床。

例 7：T4163B——工作台面宽度为 630mm 的单柱坐标镗床，经第二次重大改进。

1.2.3　金属切削机床的技术规格及性能

为了能合理选择、正确使用和科学管理机床，必须很好地了解机床的技术性能和技术规格。机床的技术性能是有关机床产品质量、加工范围、生产能力及经济性能的技术经济指标，包括工艺范围、技术规格、加工精度和表面质量、生产率、自动化程度、效率、精度保持性及维修性能等。每一种机床都应该能够加工不同尺寸的工件，所以它不可能做成只有一种规格。

机床的技术规格是指反映机床加工能力、工作精度及工作性能的各种技术数据，包括主参数，运动部件的行程范围，主轴、刀架、工作台等执行件的运动速度，工作精度，电动机功率，机床的轮廓尺寸和质量等。为了适应加工各种尺寸零件的需要，每一种通用机床和专门化机床都有大小不同的各种技术规格。

国家根据机床的生产和使用情况，规定了每一种通用机床的主参数和第二主参数系列，现以卧式车床为例加以说明。卧式车床的主参数是在床身上工件的最大回转直径，有 250mm、320mm、400mm、500mm、630mm、800mm、1000mm 和 1250mm 八种规格。主参数相同的卧式车床往往又有几种不同的第二主参数，即最大工件长度。例如，CA6140 型卧式车床在床身上工件的最大回转直径为 400mm，而最大工件长度有 750mm、1000mm、1500mm 和 2000mm 四种。卧式车床技术规格的内容除主参数和第二主参数外，还有刀架上最大回转直径、中心高（主轴中心至床身矩形导轨的距离）、通过主轴孔的最大棒料直径、刀架上最大行程、主轴内孔的锥度、主轴转速范围、进给量范围、加工螺纹的范围、电动机功率等。CA6140 型卧式车床的技术规格见表 1-7。

表 1-7　CA6140 型卧式车床的技术规格

<table>
<tr><td rowspan="3">最大加工直径/mm</td><td>在床身上</td><td>400</td><td colspan="2">主轴内孔锥度</td><td>莫氏 6 号</td></tr>
<tr><td>在刀架上</td><td>210</td><td colspan="2">主轴转速范围/r · min^{-1}</td><td>10 ~ 1400(24 级)</td></tr>
<tr><td>棒料</td><td>46</td><td rowspan="2">进给量范围
/mm · r^{-1}</td><td>纵向</td><td>0.028 ~ 6.33(64 级)</td></tr>
<tr><td colspan="2">最大加工长度/mm</td><td>650、900、1400、1900</td><td>横向</td><td>0.014 ~ 3.16(64 级)</td></tr>
<tr><td colspan="2">中心高/mm</td><td>205</td><td rowspan="4">加工螺纹范围</td><td>米制/mm</td><td>1 ~ 192(44 种)</td></tr>
<tr><td colspan="2">顶尖距/mm</td><td>750、1000、1500、2000</td><td>英制/(牙 · in^{-1})</td><td>2 ~ 24(20 种)</td></tr>
<tr><td rowspan="3">刀架最大行程
/mm</td><td>纵向</td><td>650、900、1400、1900</td><td>模数/mm</td><td>0.25 ~ 48(39 种)</td></tr>
<tr><td>横向</td><td>320</td><td>径节/(牙 · in^{-1})</td><td>1 ~ 96(37 种)</td></tr>
<tr><td>刀具溜板</td><td>140</td><td colspan="2">主电动机功率/kW</td><td>7.5</td></tr>
</table>

机床的技术规格可以从机床的说明书中查出。了解机床的技术规格，对正确使用机床和合理选用机床都具有十分重要的意义。例如，当使用两顶尖装夹进行加工或主轴上安装心轴和其他夹具时，需了解内孔锥度；当需要在主轴端上安装卡盘、夹具时，需了解主轴端的外锥体或螺纹尺寸；当加工长棒料时，要了解最大加工棒料直径，当加工螺纹或决定切削用量时，要选择机床主轴转速和进给量，要考虑机床的电动机功率是否够用等。所以，只有结合机床的技术规格进行全面的考虑，才能正确使用和合理选用机床。

1.3 起重设备

1.3.1 起重设备的分类

起重设备是提升或运移物体的一种设备，它呈间歇、周期性运动。通常在一个工作循环中，它的主要机构做一次正向和反向运动。起重设备的种类很多，按其机构和工作特点可以分为以下几类。

1）起重机械按结构不同可分为轻小型起重设备、桥架型起重机、缆索型起重机、臂架型起重机、堆垛起重机和升降机几类。

2）轻小型起重设备主要包括滑车、手动葫芦（手拉和手板）、电动葫芦（钢丝绳、环链）、液动葫芦、气动葫芦、千斤顶和卷扬机。

3）桥架型起重机主要包括梁式（电动单梁和电动悬挂）起重机、桥式起重机、门式起重机、装卸桥和冶金起重机。

4）臂架型起重机主要包括悬臂（柱式、壁上和平衡）起重机、桅杆起重机、甲板起重机、塔式起重机、门座起重机、浮式起重机、流动式（汽车、履带、车轮和随车）起重机和铁路起重机。

5）堆垛起重机主要包括桥式堆垛起重机和巷道堆垛起重机。

6）升降机主要包括电梯、液压升降机、通航升降机和启闭机。

起重机按主要用途和构造特征可以分为图 1-2 所示类型。

1.3.2 起重机的基本参数

起重机的基本参数是用来说明起重设备工作性能和规格的一些数据，应根据使用要求和实际生产条件按国家标准的规定确定。

1. 起重量 G

起重量 G 是指被起升重物的质量，单位为 kg 或 t。一般分为额定起重量、最大起重量、总起重量和有效起重量等。

（1）额定起重量 G_n（不含起重钢丝绳、吊钩和滑轮组的质量） 起重机能吊起的重物或物料连同可分吊具或属具（如抓斗、电磁吸盘、平衡梁等）质量的总和。对于幅度可变的起重机，其额定起重量是随幅度变化的。

（2）最大起重量 G_{max} 起重机正常工作条件下，允许吊起的最大额定起重量。对于幅度可变的起重机，是指最小幅度时，起重机安全工作条件下允许提升的最大额定起重量，也称名义额定起重量。

（3）总起重量 G_t 起重机能吊起的重物或物料，连同可分吊具和长期固定在起重机上的吊具或属具（包括吊钩、滑轮组、起重钢丝绳以及在臂架或起重小车以下的其他起吊物）的质量总和。

（4）有效起重量 G_p 起重机能吊起的重物或物料的净质量。如带有可分吊具抓斗的起重机，允许抓斗抓取物料的质量就是有效起重量，抓斗与物料的质量之和则是额定起重量。

起重量在 10t 以下的桥式起重机，采用一套起升机构，即一套吊钩组；起重量在 15t 以

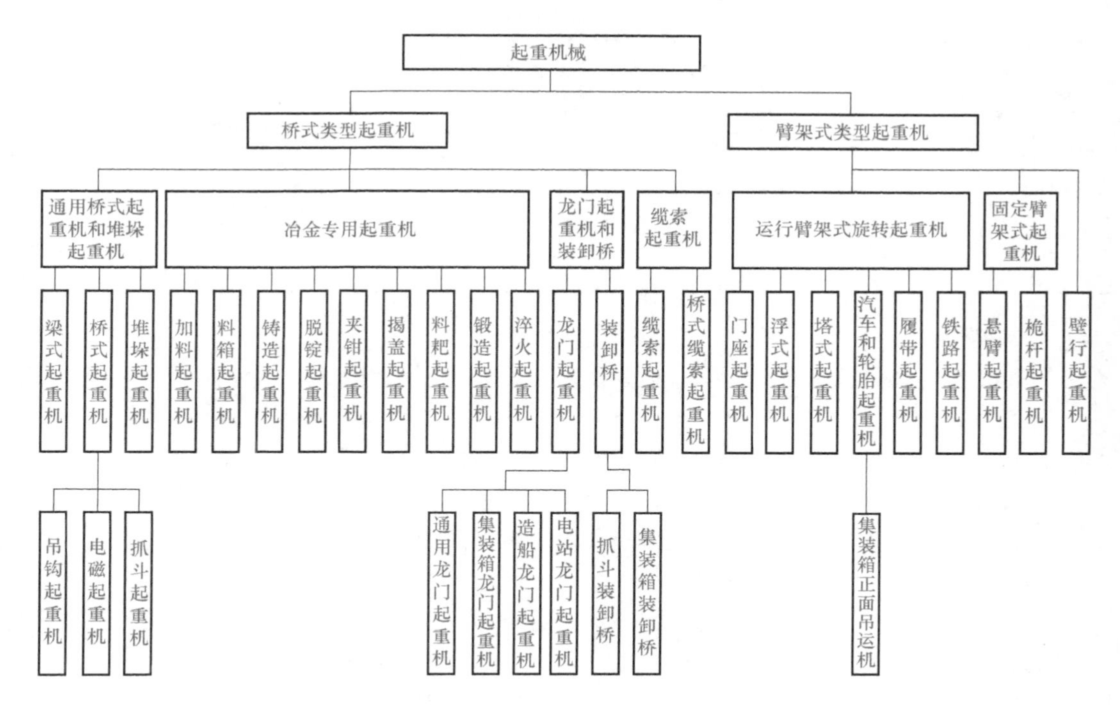

图 1-2 起重机的分类

上的桥式起重机采用主、副两套起升机构，即两套吊钩组，较小的称为副钩，副钩起重量为主钩的 1/5 ~ 1/3。主、副钩的起重量用分数表示，分子表示主钩的起重量，分母表示副钩的起重量。如 20/5 表示主钩的起重量为 20t，副钩的起重量为 5t。桥式起重机额定起重量系列参数和工作级别的划分见表 1-8。

表 1-8 桥式起重机额定起重量的系列参数和工作级别的划分

取物装置		额定起重量系列参数/t	工作级别
吊钩	单小车	3.2、4、5、6.3、8、10、12.5、16、20、25、32、40、50、63、80、100、125、160、200、250	A1 ~ A6
	双小车	2.5 + 2.5、3.2 + 3.2、3 + 3、4 + 4、5 + 5、6.3 + 6.3、8 + 8、10 + 10、12.5 + 12.5、16 + 16、20 + 20、25 + 25、32 + 32、40 + 40、50 + 50、63 + 63、80 + 80、100 + 100、125 + 125	A4 ~ A6
抓斗		3.2、4、5、6.3、8、10、12.5、16、20、25、32、40、50	A5 ~ A7
电磁吸盘		5、6.3、8、10、12.5、16、20、25、32、40、50	

2. 跨度 *L*

跨度是起重机主梁两端车轮中心线间的距离，即大车运行轨道中心线间的距离，单位为 m。桥式起重机的跨度依厂房的跨度而定。桥式起重机跨度系列见表 1-9。

3. 起升高度 *H*

起升高度是指从地面或轨道顶面至取物装置最高起升位置的铅垂距离（吊钩取钩环中心，抓斗、其他容器和起重电磁铁取其最低点），单位为 m。如果取物装置能下落到地面或轨道以下，从地面或轨面至取物装置最低下放位置间的铅垂距离称为下放深度。此时总起升高度 H 为轨面以上的起升高度 h_1 与轨面以下的下放深度 h_2 之和，$H = h_1 + h_2$，单位为 m。

表 1-9 桥式起重机跨度系列

起重量/t		建筑物跨度/m								
		12	15	18	21	24	27	30	33	36
		桥式起重机跨度/m								
≤50	无通道	10.5	13.5	16.5	19.5	22.5	25.5	28.5	31.5	—
	有通道	10	13	16	19	22	25	28	31	—
63～125		—	—	16	19	22	25	28	31	34
160～250		—	—	15.5	19.5	21.5	24.5	27.5	30.5	33.5

4. 幅度 *R*

起重机置于水平场地时，空载吊具垂直中心线至回转中心线之间的水平距离称为幅度。

5. 起重力矩 *M*

起重机的幅度与相应于此幅度下的起重载荷的乘积称为起重力矩，用 M 表示。

6. 工作速度 *v*

起重机各工作机构的工作速度包括起升、变幅、回转、运行的速度，对伸缩臂式起重机还包括吊臂伸缩速度和支腿收放速度。

起重机的工作速度根据工作要求而定，吊运轻件，要求提高生产率，可取较高的工作速度；吊运重件，要求工作平稳，作业效率不是主要矛盾，可取较低的工作速度。

起重机的工作速度选择合理与否，对起重机性能有很大影响。当起重重量一定时，工作速度高、生产率也高，但速度高也会带来一些不利因素，如惯性力大、动力载荷增大、驱动功率和结构尺寸也相应增大，所以合理选择工作速度时要全面考虑下列因素。

1）起重机的工作要求。

2）工作速度的选择与运动行程有关，行程短的应取较低速度，行程长的应取较高的速度。

3）工作速度的选择与起重量大小有关。

7. 工作级别

起重机的工作级别是表示桥式起重机受载情况和忙闲程度的综合参数。起重机的工作级别是根据起重机的利用等级和载荷状态来确定的。

（1）起重机的载荷状态　起重机受载的轻重程度分为轻级、中级、重级和超重级四级。

（2）起重机的利用等级　根据起重机的忙闲程度，起重机的利用等级分为 U0～U9 共 10 个级别。

根据起重机的利用等级和载荷状态，可把起重机的工作级别划分为 A1～A8 共 8 个级别。

起重机工作级别参数值见表 1-10。

表 1-10 起重机工作级别参数值

利用等级和载荷状态	U0	U1	U2	U3	U4	U5	U6	U7	U8	U9
Q1 轻级	—	—	A1	A2	A3	A4	A5	A6	A7	A9
Q2 中级	—	A1	A2	A3	A4	A5	A6	A7	A8	—
Q3 重级	A1	A2	A3	A4	A5	A6	A7	A8	—	—
Q4 超重级	A2	A3	A4	A5	A6	A7	A8	—	—	—

（3）起重机工作级别的应用　起重机的工作级别与其运行安全有密切关系。工作级别小的起重机，安全系数小；工作级别大的起重机，安全系数大，因此其零部件型号、规格、尺寸各不相同。如果把工作级别小的起重机用于大工作级别情况，起重机就会出故障，影响安全生产。所以在了解起重机工作级别后，可根据所操作的起重机的工作级别正确使用，避免超出其工作级别而造成起重机事故。

8. 外形尺寸

起重机的外形尺寸指整机的长、宽、高尺寸。

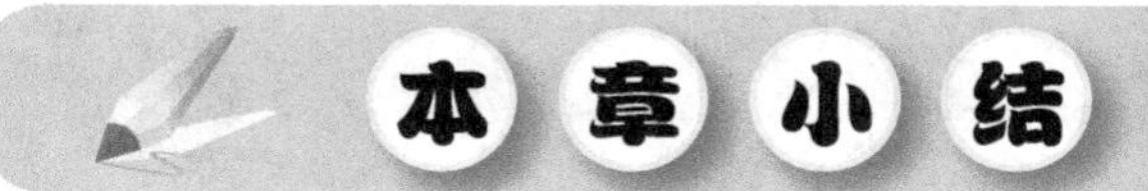

本章小结

本章主要对金属切削设备、起重设备等的分类、主要参数进行介绍，让读者对机电设备的基本类型有所了解；掌握金属切削机床的分类及型号编制方法；了解起重设备是提升或运移物体的一种设备，它呈间歇、周期性运动；重点介绍了起重设备的起重量、跨度、起升高度、幅度、起重力矩、工作速度、工作级别、外形尺寸等参数。

思考题与习题

1-1　机电设备是如何分类的？

1-2　说明下列机床型号的含义：

（1）CW6140×10　　（2）CQM6132×10

（3）Z3040×16　　（4）MG1432×10

1-3　什么是起重设备？

1-4　轻小型起重设备有哪些？

1-5　起重机的工作速度包括哪些？

1-6　选择起重机工作速度时要考虑哪些因素？

1-7　分析起重机的额定起重量是否为定值。

1-8　起重机的工作级别是如何确定的？分哪几级？工作级别的划分与哪些因素有关？

1-9　普通机床的主要技术参数有哪些？

第2章 机电设备的组成

【学习目标】

1. 熟悉并掌握电动机的结构和工作原理。
2. 熟悉电动机技术规格及性能。
3. 掌握电动机的选用规则。
4. 熟悉并掌握带传动、螺旋传动、齿轮传动、液压传动的结构和工作原理。
5. 熟悉并掌握传感器的定义和组成部分；掌握光栅传感器、感应同步器、旋转变压器的工作原理及特点。

2.1 电力拖动系统

凡是由电动机做原动机，拖动生产机械运转，能完成生产任务的系统，都称为电力拖动系统。在现代化工业生产中，为了实现各种生产工艺过程，需要使用各种各样的生产机械。拖动各种生产机械运转，可以采用气动、液压传动和电力拖动。由于电力拖动具有控制简单、调节性能好、损耗小、经济，能实现远距离控制和自动控制等一系列优点，因此大多数生产机械均采用电力拖动。按照电动机的种类不同，电力拖动系统分为直流电力拖动系统和交流电力拖动系统两大类。

2.1.1 电动机的分类

电动机是将电能转换为机械能的一种装置。电动机应用广泛，种类繁多。按结构和工作原理划分，电动机可分为直流电动机、异步电动机、同步电动机。其中，同步电动机可分为永磁同步电动机、磁阻同步电动机和磁滞同步电动机。

2.1.2 电动机的技术规格及性能

1. 电动机型号

为了区别产品性能、用途和结构特征，在一般情况下，可以为产品编制型号。

（1）型号编制原则　产品型号由汉语拼音、大写字母及阿拉伯数字组成。汉语拼音字母的选用是从全名称中选择出有代表意义的汉字，并利用汉语拼音的第一音节第一个字母。但对习惯沿用、且已在生产厂各项文件中使用已久的代号仍继续使用，如封闭式以“O”象

形表示，异步以“J”表示，船用以“H”表示等。

（2）型号表示方法　图2-1所示为电动机产品型号的组成。

产品型号由产品代号、规格代号、特殊环境代号和补充代号四个部分组成。它们的排列顺序为：①产品代号，②规格代号，③特殊环境代号，④补充代号。

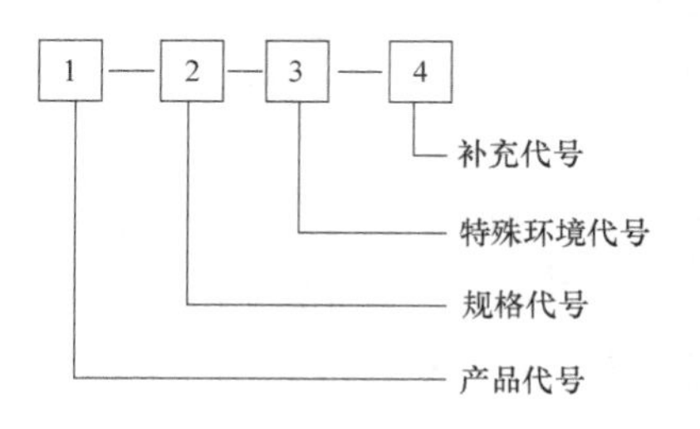

图2-1　电动机产品型号的组成

① 产品代号：由电机类型代号、电机特点代号、设计序号和励磁方式代号四个小节顺序组成。

类型代号是表征电机的各种类型而采用的汉语拼音字母。比如：异步电动机用Y表示，同步电动机用T表示，直流电动机用Z表示等。

特点代号是表征电机的性能、结构或用途，也采用汉语拼音字母表示。比如：隔爆型用B表示，电磁制动式YEJ表示等。

设计序号是指电机产品设计的顺序，用阿拉伯数字表示。对于第一次设计的产品不标注设计序号，对系列产品所派生的产品按设计的顺序标注。比如：Y2，YB2。

励磁方式代号分别用字母表示，S表示三次谐波，J表示晶闸管，X表示相复励磁。

② 规格代号：主要用中心高、机座长度、铁心长度、极数来表示。

中心高指由电机轴心到机座底角面的高度：根据中心高的不同可以将电机分为大型、中型、小型和微型四种，其中中心高H在45～71mm的属于微型电动机；H在89～315mm的属于小型电动机；H在355～630mm的属于中型电动机；H在630mm以上属于大型电动机。

机座长度用国际通用字母表示：S表示短机座；M表示中机座；L表示长机座。

铁心长度用阿拉伯数字1、2、3、4、…由长至短分别表示。

极数分2极、4极、6极、8极等。

③ 特殊环境代号有如下规定，见表2-1。

表2-1　特殊环境代号

特殊环境	代　号	特殊环境	代　号
“高”原用	G	热带用	T
船（“海”）用	H	湿热带用	TH
户“外”用	W	干热带用	TA
化工防“腐”用	F		

④ 补充代号仅适用于有补充要求的电机。举例说明：产品型号为YB2-132S-4 H的电动机各代号的含义为：Y：产品类型代号，表示异步电动机；B：产品特点代号，表示隔爆型；2：产品设计序号，表示第二次设计；132：电机中心高，表示轴心到地面的距离为132毫米；S：电机机座长度，表示为短机座；4：极数，表示4极电机；H：特殊环境代号，表示船用电机。

2. 电动机的主要性能

电动机的主要性能包括起动性能和运行性能。

起动性能：包括起动转矩、起动电流。一般起动转矩越大越好，而起动时的电流越小越好，在实际中通常以起动转矩倍数（起动转矩与额定转矩之比）和起动电流倍数（起动电流与额定电流之比）进行考核。

运行性能：包括效率、功率因数、绕组温升（绝缘等级）、最大转矩倍数、振动和噪声等。

效率、功率因数、最大转矩倍数等参数越大越好，而绕组温升、振动和噪声等参数则越小越好。起动转矩、起动电流、效率、功率因数和绕组温升合称为电动机的五大性能指标。

2.1.3 电动机的选择

选择电动机的主要内容包括电动机的种类、结构形式、额定电压、额定转速和额定功率的选择，其中额定功率的选择是最重要的。为适应工农业生产的要求，合理选择电动机，应充分考虑机械和电气两方面的因素。

1. 电动机的选择依据

1）选择在结构上与所处环境条件相适应的电动机，如根据使用场所的环境条件选用相适应的防护方式及冷却方式的电动机。

2）电动机应满足生产机械所提出的各种机械特性要求。如速度、速度的稳定性、速度的调节以及起动、制动时间等。

3）电动机的功率能被充分利用，防止出现“大马拉小车”的现象。通过计算确定出合适的电动机功率，使设备需求的功率与被选电动机的功率相接近。

4）电动机的可靠性高并且便于维护。

5）互换性能要好，一般情况下尽量选择标准电动机产品。

综合考虑电动机的极数和电压等级，使电动机在高效率、低损耗的状态下可靠运行。

2. 选择电动机的主要步骤

1）根据生产机械性能的要求，选择电动机的种类。

2）根据电动机和生产机械安装的位置和场所环境，选择电动机的结构。

3）根据电源的情况，选择电动机额定电压。

4）根据生产机械所要求的转速及传动设备的情况，选择电动机额定转速。

5）根据生产机械所需要的功率和电动机的运行方式，确定电动机的额定功率。

2.2 传动装置

2.2.1 带传动

1. 带传动的特点

如图 2-2 所示，带传动一般由主动带轮、从动带轮、紧套在两轮上的传动带及机架组成。当原动机驱动主动带轮转动时，由于带与带轮之间摩擦力的作用，使从动带轮一起转动，从而实现动力的传递。

带传动一般具有以下特点。

1）传动带有良好的挠性，能吸收振动，缓和冲击，传动平稳且噪声小。

2）当带传动过载时，带应在带轮上打滑，防止其他机件损坏，起到保护作用。

3）结构简单，制造、安装和维护方便。

4）带与带轮之间存在一定的弹性滑动，故不能保证恒定的传动比，传动精度和传动效率较低。

5）由于带工作时需要张紧，带对带轮轴有很大的压力。

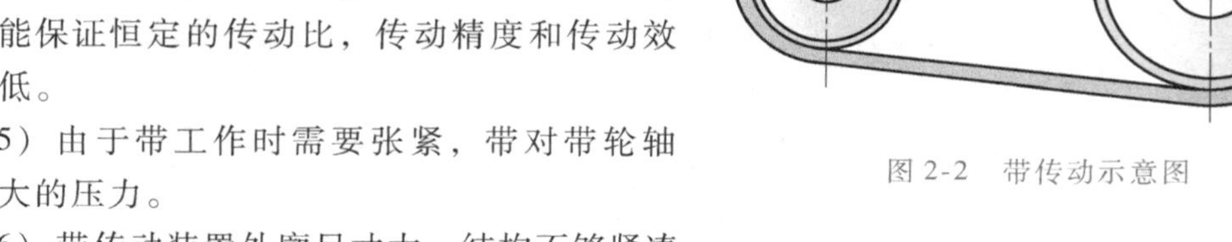

图 2-2 带传动示意图

6）带传动装置外廓尺寸大，结构不够紧凑。

7）带的寿命较短，需经常更换。

由于带传动具有以上特点，一般情况下，带传动的功率 $P \leqslant 100\mathrm{kW}$，带速 $v = 5 \sim 25\mathrm{m/s}$，平均传动比 $i \leqslant 5$，传动效率为 94% ~97%。同步带的带速为 40 ~50m/s，传动比 $i \leqslant 10$，传递功率可达 200kW，效率高达 98% ~99%。

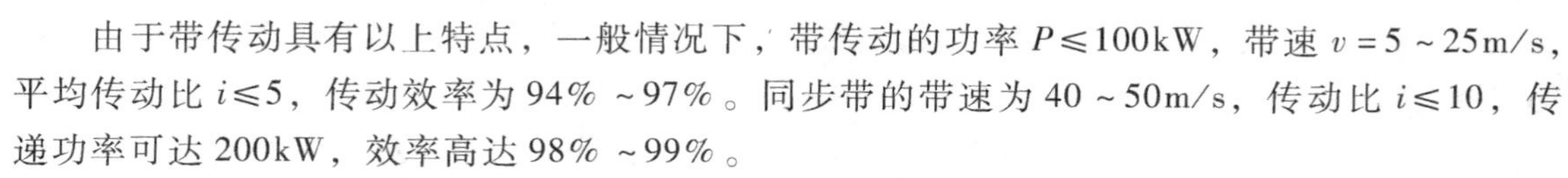

2. 带传动的张紧方法

带在初始安装时需要张紧。为了保证带在工作中保持适当的拉力，必须考虑带的张紧方法。当两带轮轴的中心距不能改变时，对于平带传动，可使带的长度略小于由中心距和带轮直径计算出的长度，这样在平带安装后即可产生一定的初拉力，实现张紧。平带松弛后，可卸下平带，切去一些，接好后再安装使用。对于 V 带传动，常用的张紧方法有以下几种。

（1）调整中心距　当两带轮轴的中心距可以调整时，张紧 V 带可以靠改变一根轴的位置来实现。水平或接近水平传动中心距的调整装置如图 2-3a 所示，电动机装在滑轨上，拧动螺钉即可张紧传动带。垂直或接近垂直传动中心距的调整装置如图 2-3b 所示，电动机放在可摆动的平板上，拧动螺钉，可调整传动带张紧的程度；也可依靠自动电动机和机架的自重使电动机摆动，实现自动张紧，适用于中小功率的传动，如图 2-3c 所示。

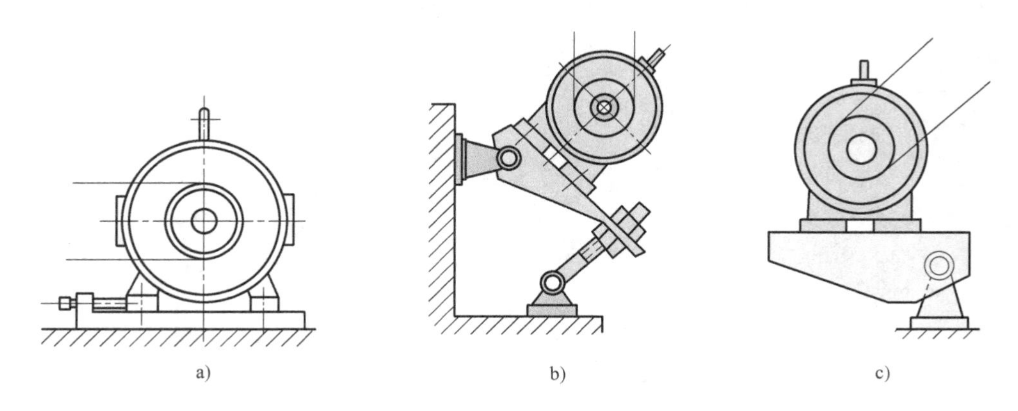

图 2-3 带传动中心距的调整

a）水平或接近水平传动中心距的调整装置　b）垂直或接近垂直传动中心距的调整装置　c）自动张紧装置

（2）使用张紧轮　中心距不可调时，可使用张紧轮来绷紧 V 带。张紧轮应压在 V 带的松边，使带只受单向弯曲，同时张紧轮应尽量靠近大带轮，以减小对小带轮包角的影响，如图 2-4 所示。

2.2.2 螺旋传动

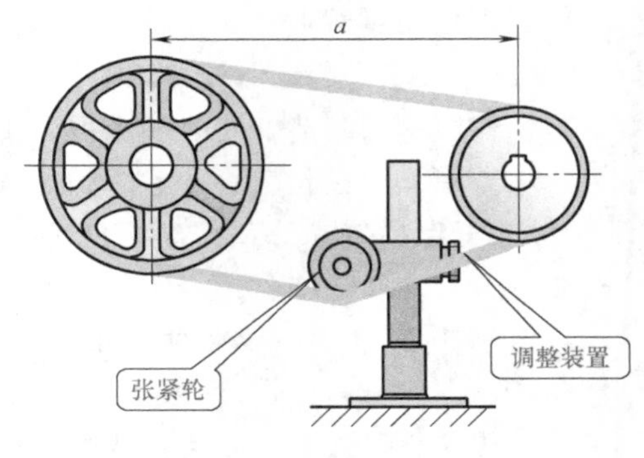

图 2-4 张紧轮张紧

螺旋传动是通过螺旋（或称螺杆）与螺母进行的，主要用来传递动力或起重。螺旋传动可以把回转运动变为直线运动，也可以把直线运动变为回转运动。这种传动由于构造简单、加工方便、工作平稳、易于自锁，所以在机床、起重设备、锻压机械、测量仪器及其他工业设备中得到了广泛的应用。

螺旋传动有如下特点。

1）螺旋传动可把回转运动变为直线运动，不仅结构简单且传动平稳性比齿轮齿条传动好，噪声也小。

2）由于螺杆上的螺纹导程可以做得很小，当螺杆转动一周时，螺母也相应直线移动一个很小的距离，这样可获得较大的减速比，因此螺旋传动机构还可作为微调机构，如千分尺中的测杆螺旋机构。

3）螺旋传动机构可获得较大的减速比，使螺旋传动机构具有力的放大作用。

4）选择合适的螺旋导程角 γ，当 $\gamma \leq 6°$时，可以使螺旋机构具有自锁性。如铣床升降台的升降螺杆传动机构，就是靠其自锁性使升降台不会因自身重量而滑下；车床中的丝杠在切削过程中不会因切削反力的作用而使滑板倒退，也是利用了自锁性。

5）普通螺旋传动机构的效率一般都低于 50%，所以一般螺旋机构只适用于功率不大的进给机构。

2.2.3 齿轮传动

齿轮传动是机械传动中最重要的结构之一，其形式多样，应用广泛。齿轮传动具有丰富的内容，经过长期的研究和实践，已经建立了系统的齿轮啮合理论和日益完善的强度计算方法，并制定了相应的国家标准。

1. 齿轮传动的特点

齿轮传动是机器和仪表中广泛应用的一种机械传动机构。齿轮传动具有以下优点。

1）齿轮传动可以保证严格不变的传动比，因而能准确地传递运动。

2）传递功率的范围很大，从重型设备到钟表都适用。

3）工作的速度范围大。

4）结构尺寸紧凑。与传递相同功率的其他传动（带传动）相比，外廓尺寸较小。

5）传动效率高，一般在 94% 以上，有些可达 99%。

6）工作可靠，寿命较长。

但是，齿轮的加工精度和安装要求都比较高。一般低速、小功率、精度要求不高的齿轮，可以在万能铣床上用成形铣刀加工；要求较高的齿轮，常常需要在专门的齿轮机床上加工。

2. 齿轮传动的失效形式

齿轮传动的失效主要发生在轮齿部分。齿轮的其余部分，如轮毂、轮辐等，通常是根据

经验确定尺寸，一般情况下强度都比较高，不易发生失效。轮齿的失效形式主要有轮齿折断、齿面点蚀、齿面胶合、齿面磨损和塑性变形等。

3. 齿轮传动的润滑

齿轮在传动时，相互啮合的齿面间有相对滑动，因此要产生摩擦和磨损，增加动力消耗，降低传动效率，特别是高速传动，更需要考虑齿轮的润滑。适当的润滑不仅可以减少摩擦损失、利于散热及防锈，还可以改善轮齿的工作状况，确保齿轮运转正常及其预期的寿命。

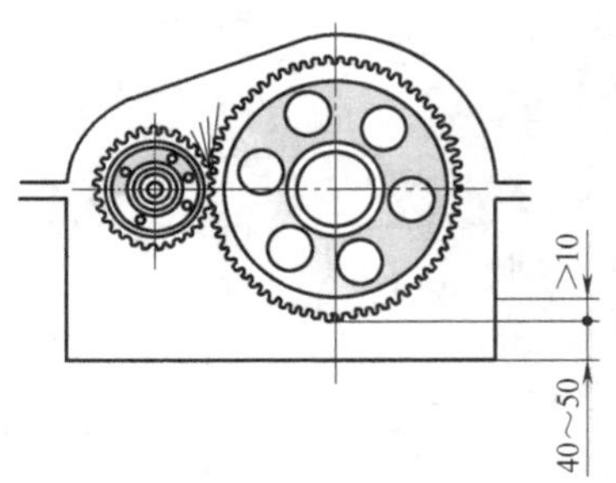

图 2-5　浸油润滑

（1）齿轮传动的润滑方式　开式及半开式齿轮传动，或速度较低的闭式齿轮传动，一般由人工定期加油润滑，所用润滑剂为润滑油或润滑脂。闭式齿轮传动，润滑方式取决于齿轮的圆周速度。当 $v \leqslant 12\mathrm{m/s}$ 时，将大齿轮的轮齿浸入油池中进行浸油润滑，如图 2-5 所示。这样，齿轮转动时，把润滑油带到啮合的齿面上，同时将油甩到箱壁上，进行散热。对圆柱齿轮，浸油深度一般不超过一个齿高，但不小于 10mm；锥齿轮应浸入全齿宽，至少应浸入齿宽的一半。在多级齿轮传动中，可借助带油轮将油带到未浸入油池内的齿轮的齿面上，如图 2-6 所示。油池中油量的多少取决于齿轮传递功率的大小，对单级传动，每传递 1kW 的功率，需油量为 0.35 ~ 0.7L；对于多级传动，需油量按级数成倍地增加。

当 $v > 12\mathrm{m/s}$ 时，应采用喷油润滑，如图 2-7 所示。用 5 ~ 10MPa 的压力把油喷入啮合处。喷油的方向与齿轮的圆周速度及转向有关。当 $v \leqslant 25\mathrm{m/s}$ 时，喷嘴位于轮齿的啮入边或啮出边均可。当 $v > 25\mathrm{m/s}$ 时，喷嘴应位于轮齿啮出边，以便借助润滑油及时冷却刚啮合过的轮齿，同时也对轮齿进行润滑。

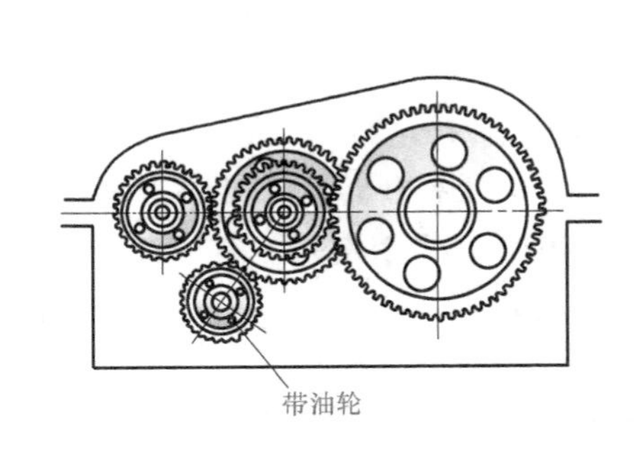

图 2-6　用带油轮润滑

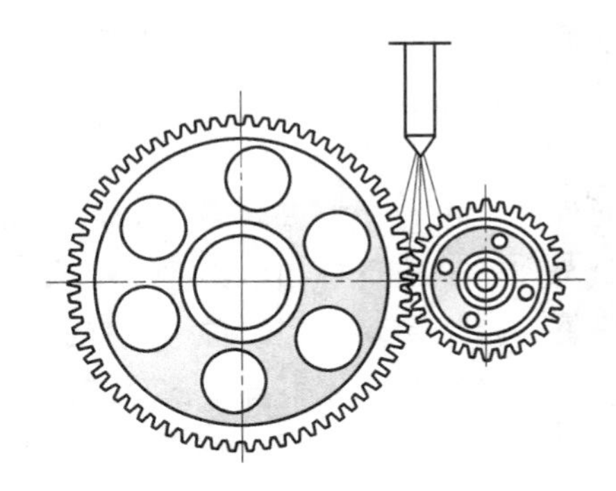

图 2-7　喷油润滑

（2）齿轮传动润滑油的黏度　润滑油的黏度一般根据齿轮的圆周速度来选择，然后根据黏度选择润滑油的牌号。表 2-2 为齿轮传动荐用的润滑油黏度。

对于大型齿轮（$d_a > 600\mathrm{mm}$），为了节约贵重材料，可将齿轮做成装配式结构，将用优质材料做的齿圈套装在铸钢或铸铁轮心上，如图 2-8 所示。对单件或小批生产的大型齿轮，还可做成焊接结构，如图 2-9 所示。为了保证在装配后仍有足够的实际宽度，小齿轮的齿宽应比计算齿宽或名义齿宽稍宽，其值视齿轮尺寸、加工精度与装配精度而定，一般宽为 5 ~ 15mm，中心距小、加工精度与装配精度高时取小值。

表 2-2 齿轮传动荐用的润滑油黏度

齿轮材料	抗拉强度 R_m/MPa	圆周速度 v/(m/s)						
		<0.5	0.5~1	1~2.5	2.5~5	5~12.5	12.5~25	>25
		运动黏度 ν/(mm²/s)(40℃)						
塑料、铸铁、青铜	—	350	220	150	100	80	55	—
钢	450~1000	500	350	220	150	100	80	55
	1000~1250	500	500	350	220	150	100	80
渗碳或表面淬火的钢	1250~1580	900	500	500	350	220	150	100

注：1. 多级齿轮传动，采用各级传动圆周速度的平均值来选取润滑油黏度。
2. 对于 R_m >800MPa 的镍铬钢制齿轮（不渗碳）的润滑油黏度应取高一档的数值。

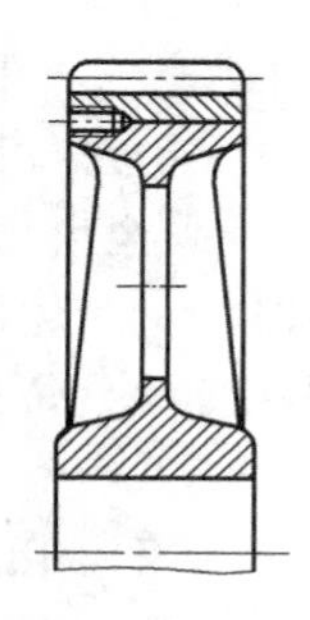
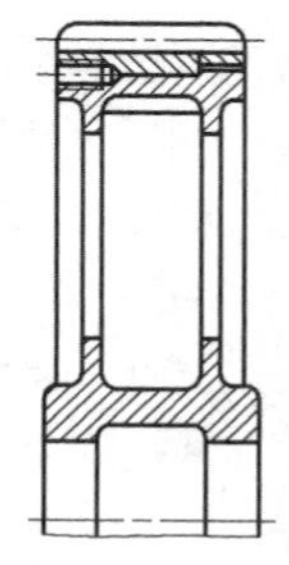

图 2-8 装配式齿轮的结构

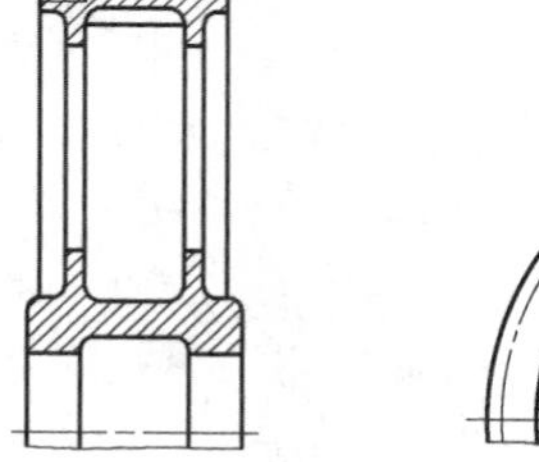

图 2-9 焊接齿轮

2.2.4 液压传动

液压传动和机械传动相比，具有许多优点，因此在机械工程中，液压传动被广泛采用。液压传动是以液体作为工作介质来进行能量传递的一种传动形式，它通过能量转换装置（如液压泵），将原动机（如电动机）的机械能转变为液体的压力能，然后通过封闭管道、控制元件等，由另一能量装置（如液压缸、液压马达）将液体的压力能转变为机械能，以驱动负载和实现执行机构所需的直线或旋转运动。随着科学技术特别是控制技术和计算机技术的发展，液压传动与控制技术将得到进一步发展，应用将更加广泛。

液压传动系统由以下五个部分组成。

1）能源装置。它把机械能转变成油液的压力能。最常见的能源装置就是液压泵，它给液压系统提供压力油，使整个系统能够动作起来。

2）执行装置。它将油液压力能转变成机械能，并对外做功，如液压缸、液压马达。

3）控制调节装置。它们是控制液压系统中油液的压力、流量和流动方向的装置。换向阀、节流阀、溢流阀等液压元件都属于这类装置。

4）辅助装置。它们是除上述三项以外的其他装置，如油箱过滤器、油管等，它们对保证液压系统可靠、稳定、持久地工作有重要作用。

5）工作介质。液压油或其他合成液体。

1. 液压传动的优缺点

（1）液压传动的优点　液压传动与机械传动、电力传动、气压传动相比，具有下列优点。

1）液压传动能在运行中实现无级调速，调速方便且调速范围比较大，可达100∶1～2000∶1。

2）在同等功率的情况下，液压传动装置的体积小、重量轻、惯性小、结构紧凑（如液压马达的重量只有同功率电动机重量的10%～20%），而且能传递较大的力或转矩。

3）液压传动比较平稳，反应快，冲击小，能高速起动、制动和换向。液压传动装置的换向频率：回转运动可达500次/min，往复直线运动可达400～1000次/min。

4）液压传动装置的控制、调节比较简单，操纵比较方便、省力，易于实现自动化，与电气控制配合使用，能实现复杂的顺序动作和远程控制。

5）液压传动装置易于实现过载保护，系统过载时，油液经溢流阀回油箱。由于采用油液作为工作介质，能自行润滑，所以寿命长。

6）液压传动易于实现系列化、标准化、通用化，易于设计、制造、推广和使用。

7）液压传动易于实现回转、直线运动，且元件排列布置灵活。

8）液压传动中，由于功率损失所产生的热量可由流动着的液压油带走，所以可避免在系统局部位置产生过度温升。

（2）液压传动的缺点

1）工作介质为液体，易泄漏，油液可压缩，故不能用于传动比要求准确的场合。

2）液压传动中有机械损失、压力损失、泄漏损失，效率较低，所以不宜远距离传动。

3）液压传动对油温和负载变化敏感，不宜在低、高温度下使用，同时对污染很敏感。

2. 工作介质

工作介质是液压系统中不可缺少的组成部分，其主要作用是完成能量的转换和传递，除此之外，还有散热、润滑、防止锈蚀、沉淀不可溶污物等作用。

液压系统早期的工作介质主要是水，目前主要是液压油，纯水和其他难燃（抗燃）液压液也在应用。工作介质是液压系统的血液，对液压系统的性能、寿命和可靠性有着重要影响。不同功能的液压系统对工作介质有不同的要求，这也是选择工作介质的主要依据，因而了解工作介质的基本知识是必要的。

正确选择液压系统的工作介质，对于保障液压系统的性能、提高可靠性和延长其使用寿命都是极其重要的。选择时应根据环境条件选择工作介质的类型，根据系统性能、使用条件选择工作介质的品种并进行经济指标评价。

1）根据环境条件选择工作介质的类型。通常情况应首先选择液压油作为工作介质；在存在高温热源、明火、瓦斯、煤尘等易爆易燃环境下，应当选择HFA或HFB乳化液（难燃液）；在食品、粮食、医药、包装等对环境保护要求较高的液压系统中，应选择纯水或高水基乳化液；在高温环境下，应选择高黏度液压液；在低温环境下，应选择低凝点液压液；若环境温度变化范围较大，应选择高黏度指数或黏滞特性优良的液压液。

2）根据系统性能和使用条件选择工作介质的品种。确定液压油的类型后，应根据液压系统的性能和使用条件，如工作压力、液压泵的类型、工作温度及变化范围、系统的运行和维护时间，选择液压油的品种。液压系统工作介质的主要指标是黏度和黏度指数。试验证明，液压泵的最佳工作黏度接近最小允许黏度，黏度指数通常要求大于90，要求较高时大于100。

2.3 检测与传感装置

目前，机电一体化产品的应用越来越广泛，不管是机械电子化产品（如数控机床）还是机电融合的高级产品（如机器人），检测与传感装置都是不可缺少的重要组成部分。假如机电一体化产品中没有设置对原始信号的各种参数进行准确而可靠检测的传感装置，那么后续的信号转换、信息处理、数据显示等环节都无法进行和实现。

检测系统是机电一体化产品中的一个重要组成部分，主要用于实现检测信号的功能。机电一体化产品相比于人而言，传感器的作用就相当于人的感官，通过它可以检测有关外界环境及自身状态的各种物理量（如力、位移、速度、位置等）及其变化情况，然后将这些信号转换成计算机能够识别和处理的电信号，然后再通过相应的变换、放大、调制与解调、滤波、运算等电路，将噪声信号与有用的信号分离，再将检测出来的有用信号反馈给控制装置或将其输入到显示模块中。实现上述功能的传感器及相应的信号检测与处理电路，就构成了机电一体化产品中的检测系统。

随着现代测量、控制及自动化技术的发展，传感器技术越来越受到人们的重视，因此其应用也越来越普遍。凡是应用到传感器的地方，必然伴随着相应的检测系统。例如传感器与检测系统可对各种材料、机件、现场等进行无损探伤、测量和计量，对自动化系统中的各种参数进行自动检测和控制。尤其对于机电一体化产品，传感器及其检测系统不仅是一个必不可少的组成部分，而且已成为机与电有机结合的一个重要纽带。

2.3.1 自动检测系统的组成

自动检测系统的核心部件就是传感器，传感器能够检测被测量的变化，并通过中间转换装置将检测到的非电量转换成系统电路能够处理的电参量，然后经过一系列信号处理电路，将数据输出。

1. 传感器的组成

传感器主要由敏感元件、转换元件和转换电路组成。

敏感元件是能够直接感受被测量，并输出与被测量成确定关系的物理量的元件。转换元件的主要作用就是以敏感元件的输出量作为输入量，将输入量转换成电路能够处理的电路参量，最后将转换的电参量输入到基本的转换电路中，经过一系列的数据处理后，输出电量。

2. 传感器的分类

传感器种类繁多，分类方法也有很多种：按被测物理量的不同进行分类，这种分类方法能够明确表达传感器的用途，为根据不同用途来选择传感器提供了方便；还可按传感器的工作原理进行分类，这种分类方法的优点在于对学习、理解和区分各种传感器提供了方法。机电一体化产品的信息处理机和控制器主要是微型计算机，传感器获取的有关外界环境及自身状态变化的信息，一般反馈给计算机进行处理或实施控制。因此，这里将传感器按输出信号的性质进行分类，分为开关型、模拟型和数字型三种，如图2-10所示。

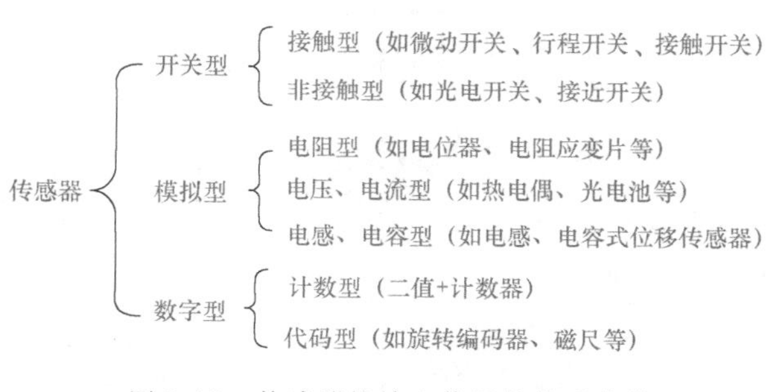

图 2-10 传感器按输出信号的性质分类

2.3.2 常用传感器的应用实例

1. 光栅位移传感器

光栅是一种新型的位移检测元件，它能够将机械位移或模拟量转变为数字脉冲信号的测量装置，具有测量精确度高（可达 ±1μm）、响应速度快、量程范围大、可进行非接触测量等特点，并易于实现数字化测量和自动控制，因此被广泛应用于数控机床和精密测量等设备中。

2. 感应同步器

感应同步器是利用电磁感应原理把两个平面绕组间的位移量转换成电信号的一种位移传感器。根据测量机械位移的对象不同，它可分为直线型感应同步器和圆盘型感应同步器两类。直线型感应同步器和圆盘型感应同步器可分别用来检测直线位移和角位移。相对来说，感应同步器具有成本低、受环境温度影响小、测量精度高等优点，且为非接触测量，因此在位移检测中得到了广泛应用，特别是在各种机床的位移数字显示、自动定位和数控系统中。

3. 旋转变压器

旋转变压器是一种利用电磁感应原理将转角变换为电压信号的传感器。它具有结构简单、动作灵敏、对环境无特殊要求、输出信号大、抗干扰性好等优点，因此被广泛应用于机电一体化产品中。

2.4 电气控制系统

电动机电气控制系统驱动生产机械和设备，广泛应用于工业生产和国民经济的各个生产领域。通过电动机电气控制系统控制成百上千台不同的电动机，在一个现代化企业中并不陌生，并且这些电动机就像分工明确的团队，利用集体效应为社会的工业发展做出了极大的贡献。如在高级汽车生产中，为了控制燃料和改善乘车感觉以及显示有关装置的状态，需要50 台左右的电动机一起工作，而豪华轿车上的电动机更是要多达 100 台；与生活密切相关的家用电器，如电风扇、电话机、摄像机等，内部都有电动机。正是因为这些电动机电气控制系统的存在，我们的生活才变得丰富多彩。

社会发展和科学技术的进步，特别是近年来超导技术、磁流体发电技术、压电技术、电力电子技术和电子与计算机技术的迅猛发展，为电动机技术的发展开辟了更加广阔的前景。因为电动机对国民经济影响巨大，所以对电动机电气控制系统的要求也越来越高，电气控制系统的作用越发凸显。为了保证电动机以及电动机驱动设备的运行安全可靠，需要许多辅助电气设备为其服务。能够实现某项控制功能的若干个电器组件的组合，也称为控制回路或二次回路。

虽然电气控制技术经历了一系列发展阶段，电器元件的性能不断得到改善、新的技术不断出现，但是电气控制技术整体上仍然处于发展之中。了解电气控制技术的基本内容和发展趋势，对掌握电气控制系统的基本知识会有很大的帮助。

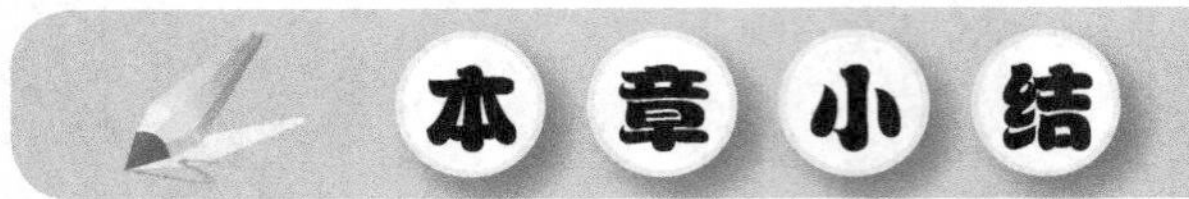

本章主要介绍了电动机的分类、电动机的技术规格及性能、电动机的选择；几种常用传动装置的工作原理及应用（带传动、螺旋传动、齿轮传动及液压传动）；自动检测系统的组成和常用传感器；电气控制系统的应用。要求学生能熟悉并掌握电动机的结构和工作原理、掌握电动机的选用规则；掌握带传动、螺旋传动、齿轮传动、液压传动的结构和工作原理，熟悉并掌握传感器的定义和组成部分、掌握传感器的基本概念。

拓展阅读

机电产品的安装与调试　乐为　ISBN　978-7-111-50609-6

2-1　电动机有哪些分类方法？

2-2　电动机的基本性能是什么？

2-3　电动机的选择依据及原则主要有哪些？

2-4　带传动的分类有哪些？

2-5　分析带传动打滑的原因。

2-6　简述螺旋传动的类型、特点和应用。

2-7　什么是液压传动？

2-8　液压传动系统由哪几部分组成？各组成部分的主要作用是什么？

2-9　简述液压传动的主要优缺点。

2-10　传感器是如何定义的？有哪些分类方法？

2-11　试述光栅传感器的工作原理及特点。

2-12　试述感应同步器的工作原理及特点。

2-13　试述旋转变压器的工作原理和特点。

2-14　电气控制系统的分类依据有哪些？

第3章 典型机电设备

【学习目标】

1. 了解普通车床的运动形式和传动系统图；熟悉 CA6140 型车床的主要结构及工作原理；熟悉 CA6140 型车床的操作、调试与维护保养方法；了解 CA6140 型车床电气控制系统的组成和工作原理。

2. 了解数控机床的特点和应用范围；了解典型数控机床的主要结构与工作原理；熟悉数控机床的维护保养方法。

3. 熟悉桥式起重机的性能参数、主要结构和工作原理；熟悉桥式起重机的试车方法、步骤以及维护保养方法。

4. 熟悉电梯的结构和工作原理；理解电梯的安装技术要求、调试方法与步骤。

5. 树立安全文明生产和环境保护意识。

3.1 普通车床

普通车床是典型的机械结构复杂而电气控制系统简单的机电设备，能对轴、盘、环等多种类型工件进行多种工序加工，常用于加工工件的内外回转表面、端面和各种内外螺纹，如果采用相应的刀具和附件，还可进行钻孔、扩孔、攻螺纹和滚花等。普通车床是车床中应用最广泛的车床，约占车床总数的65%，其中主轴以水平方式放置的称为卧式车床，主轴以垂直方式放置的称为立式车床。

CA6140 型卧式车床是我国设计制造的一种卧式车床，在机械制造类工厂中使用极为广泛。本节将对 CA6140 型卧式车床进行分析，带领读者认识普通车床的传动系统、主要结构和电气控制系统，并了解一些使用及维修、保养常识。

3.1.1 概述

1. 车床的工艺范围

以 CA6140 型卧式车床为例，其工艺范围很广，能完成多种多样的加工工序，加工各种轴类、套筒类和盘类零件上的回转表面，如车削内外圆柱面、圆锥面、环形槽及成形回转面；车削端面及各种常用螺纹；还可以进行钻孔、扩孔、铰孔、攻螺纹和滚花等，如图 3-1 所示。

CA6140 型卧式车床应用范围很广，但结构较复杂而且自动化程度低，在加工形状比较复杂的工件时，换刀较麻烦，加工过程中的辅助时间较多，所以适用于单件、小批量生产及修理车间使用等。

2. 车床的运动

（1）表面成形运动　形成被加工表面形状所必需的运动，称为表面成形运动。表面成形运动包括主运动和进给运动。

1）主运动。由图 3-1 可以看出，为了加工出各种回转表面，车床必须具有工件的旋转运动和刀具的移动。工件的旋转运动是车床的主运动，其运动速度的大小常用转速 n（单位为 r/min）表示。主运动是实现切削最基本的运动，其运动速度较高，消耗的功率较大。

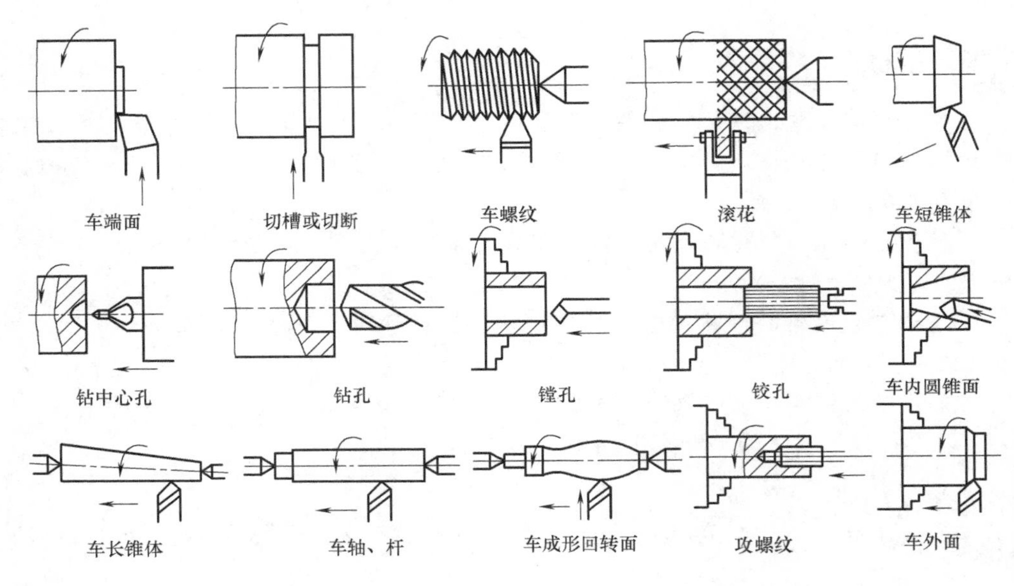

图 3-1　CA6140 型卧式车床所能加工的典型表面

2）进给运动。刀具的移动是车床的进给运动。进给运动分为纵向、横向、斜向、曲线及车螺纹进给运动。

① 刀具可以做平行于工件旋转轴线的纵向进给运动，以实现圆柱表面的车削。

② 刀具可以做垂直于工件旋转轴线的横向进给运动，以实现端面的车削。

③ 刀具也可做与工件旋转轴线成一定角度方向的斜向运动或曲线运动，以实现圆锥表面或成形回转表面的车削。

④ 刀具可平行于工件旋转轴线运动，并与工件旋转保持严格的运动关系，此运动为车螺纹进给运动。进给量常以 f（单位为 mm/r）表示。进给运动的速度较低，所消耗的功率也较少。

（2）辅助运动　车床还具有一些辅助运动。例如，刀具的切入和退出，在卧式车床上由人工移动刀架来完成。又如，刀架的转位，工件的夹紧与放松，工件的分度、调位及其他各种空行程运动（如装卸、开车、停车、快速趋近、退回）等，也都属于辅助运动。

为了减轻劳动强度和节省移动刀架所耗费的时间，该车床还具有由电动机驱动的刀架纵向和横向的快速移动。重型车床还有尾座的机动快速移动等。

3. 车床的主要部件

机床的总布局就是机床各主要部件之间的相互位置关系，以及它们之间的相对运动关系。CA6140 型卧式车床的加工对象主要是轴类零件和直径不大的盘类零件，故采用卧式布局。为了适应工人用右手操纵的习惯和便于观察、测量，主轴箱布置在左端。CA6140 型卧式车床主要部件及外形如图 3-2 所示，主要由主轴箱、进给箱、溜板箱、尾座、床身、刀架部件等组成。

（1）主轴箱　主轴箱 1 固定在床身 8 的左上部，内部装有换向机构、变速传动机构，其主要任务是对主电动机传来的旋转运动进行一系列的变速机构变速，使主轴（工件）得到所需的不同转速和转向，同时主轴箱分出部分动力将运动传给进给箱。主轴箱中的主轴是车床的关键零件，主轴在轴承上运转的平稳性直接影响工件的加工质量，一旦主轴的旋转精度降低，车床的使用价值就会降低。工件可通过主轴前端的卡盘或其他夹具装夹。

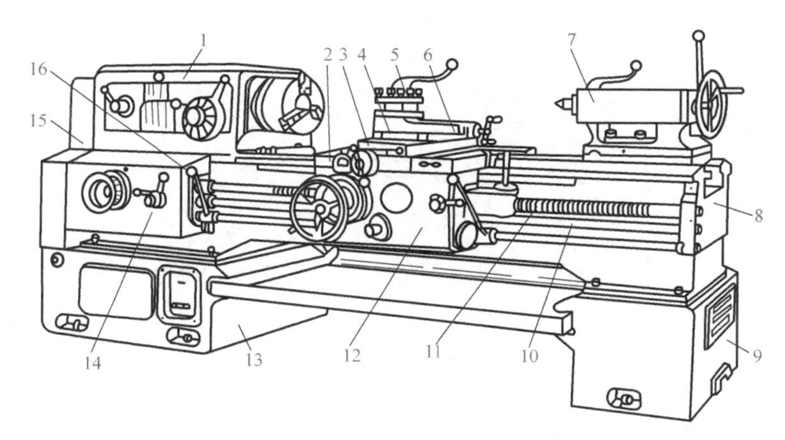

图 3-2　CA6140 型卧式车床主要部件及外形

1—主轴箱　2—床鞍　3—中滑板　4—转盘　5—方刀架　6—小滑板　7—尾座　8—床身　9—右床座
10—光杠　11—丝杠　12—溜板箱　13—左床座　14—进给箱　15—交换齿轮箱　16—操作手柄

（2）进给箱　进给箱 14 固定在床身 8 左端前壁。进给箱中装有一系列齿轮变速机构和离合器，通过不同齿轮的啮合来改变机动进给的进给量或被加工螺纹的导程，以实现不同的进给速度。其动力和运动由光杠或丝杠输出。

（3）溜板箱　溜板箱 12 安装在刀架部件的底部，可带动刀架一起做纵向运动。溜板箱通过光杠或丝杠接受自进给箱传来的运动，并将运动传给刀架部件，从而使刀架实现纵、横向进给或车螺纹运动。另外，在溜板箱上装有各种操作手柄和按钮，可方便操控机床。

（4）溜板刀架部件　溜板刀架部件装在床身 8 的刀架导轨上，由床鞍 2、中滑板 3、转盘 4、方刀架 5 和小滑板 6 组成。它可通过机动或手动使夹持在方刀架上的刀具做纵向、横向或斜向进给。

溜板箱 12 的上方是溜板刀架，由三层滑板和刀架组成，如图 3-3 所示。纵向滑板与滑板箱连接在一起，做纵向运动。与纵向滑板上方的燕尾导轨配合的是横向滑板，实现刀架的横向运动。横向滑板上面是转盘，可使小滑板和刀架旋转 ±90°的角度，实现锥度较大的内、外锥面车削。方刀架安装在小滑板上方，用于装夹车刀。

（5）尾座　尾座7安装于床身尾座的导轨上，可以沿着导轨纵向移动调整其纵向位置，到位后通过尾座上的锁紧手柄固定。尾座上可安装后顶尖以支承长工件；也可在尾座安装孔上装夹钻头、铰刀等加工刀具，进行孔的加工，此时可摇动手轮使套筒轴向移动，以实现纵向进给。尾座还可以相对其底座沿横向调整位置，以车削较长且锥度较小的外圆锥面。

（6）床身　床身8固定在左床座13和右床座9上，是机床的支承件，用以支承其他部件，并使它们保持准确的相对位置。

CA6140型卧式车床除此几大组成部分之外，还包括照明、切削液、排屑等辅助部分及液压、电气控制等部分。

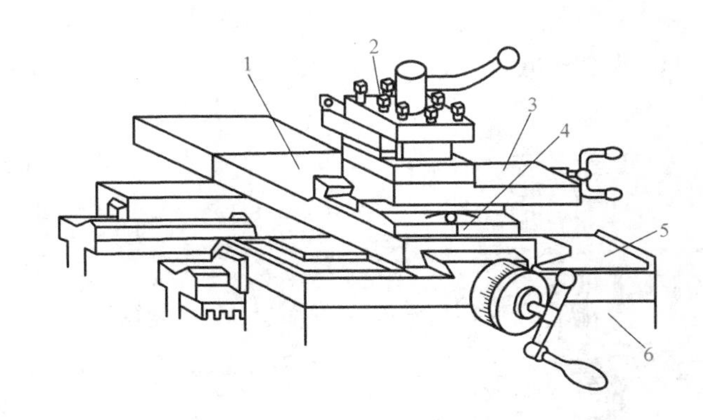

图3-3　CA6140型卧式车床的溜板刀架

1—横向滑板　2—方刀架　3—小滑板　4—转盘　5—纵向滑板　6—溜板箱

4. CA6140型卧式车床的技术规格

CA6140型卧式车床的主要技术规格见表3-1。

表3-1　CA6140型卧式车床的主要技术规格

名　　称		技术参数
工件最大直径/mm	在床身上	400
	在刀架上	210
顶尖间最大距离/mm		650、900、1400、1900
加工螺纹范围	米制螺纹/mm	1～192（44种）
	寸制螺纹/（t/in）	2～24（20种）
	模数螺纹/mm	0.25～48（39种）
	径节螺纹/（t/in）	1～96（37种）
主轴	最大通过直径/mm	48
	孔锥度	莫氏6号
	正转转速级数	24
	正转转速范围/（r/min）	10～1400
	反转转速级数	12
	反转转速范围/（r/min）	14～1580

（续）

名称		技术参数
进给量	纵向级数	64
	纵向范围/(mm/r)	0.028～6.33
	横向级数	64
	横向范围/(mm/r)	0.014～3.16
滑板行程	横向行程/mm	320
	纵向行程/mm	650、900、1400、1900
刀架	最大行程/mm	140
	最大回转角/(°)	180°
	刀杆支承面至中心高距离/mm	26
	刀杆截面 $B\times H$(mm×mm)	25×25
尾座	顶尖套最大移动量/mm	150
	横向最大移动量/mm	±10
	顶尖套锥度/号	莫氏5号
电动机功率/kW	主电动机功率/kW	7.5
	总功率/kW	7.84
外形尺寸	长/mm	2418、2668、3168、3668
	宽/mm	1000
	高/mm	1267
工作精度	圆度/mm	0.01
	圆柱度	0.02mm/300mm(直径)
	平面度	0.02mm/200mm
	表面粗糙度值 Ra/μm	1.6～3.2

5. CA6140型卧式车床精度检验标准

CA6140型卧式车床是普通精度级机床。根据普通车床的精度检验标准，新机床应达到的加工精度：精车外圆的圆度0.01mm；精车外圆的圆柱度0.01mm/100mm；精车端面的平面度0.025mm/400mm；精车螺纹的螺距精度0.04mm/100mm、0.06mm/300m；精车的表面粗糙度值不低于Ra3.2μm。

3.1.2 车床的传动系统

分析CA6140型卧式车床的传动系统时，应根据被加工工件的形状确定机床需要哪些运动，实现各个运动的执行件和运动源是什么，进而分析机床需要哪些传动链。方法是：首先找到传动链所联系的两个端件（运动源和某一执行件，或者一个执行件和另一执行件），然后按照运动传递顺序从一个端件向另一端件依次分析各传动轴之间的传动结构和运动传递关系，查明该传动链的传动路线以及变速、换向、接通和断开的工作原理。

机床运动计算按每一传动链分别进行，一般步骤如下：

1）确定传动链的两端件，如电动机—主轴、主轴—刀架等。

2）根据传动链两端件的运动关系，确定它们的计算位移，即在指定的同一时间间隔内两端件的位移量。例如，车床螺纹进给传动链的计算位移为：主轴转一转，刀架移动一个工件螺纹导程 L（单位为 mm）。

3）根据计算位移以及相应传动链中各个顺序排列的传动副的传动比，列写运动平衡式。

4）根据运动平衡式，计算出执行件的运动速度（转速、进给量等）或位移量，或者整理出换置机构的换置公式，然后按加工条件确定交换齿轮变速机构所需采用的配换齿轮齿数，或确定对其他变速机构的调整要求。

图 3-4 所示为 CA6140 型卧式车床的传动系统图，它是反映机床全部运动传递关系的示意图。

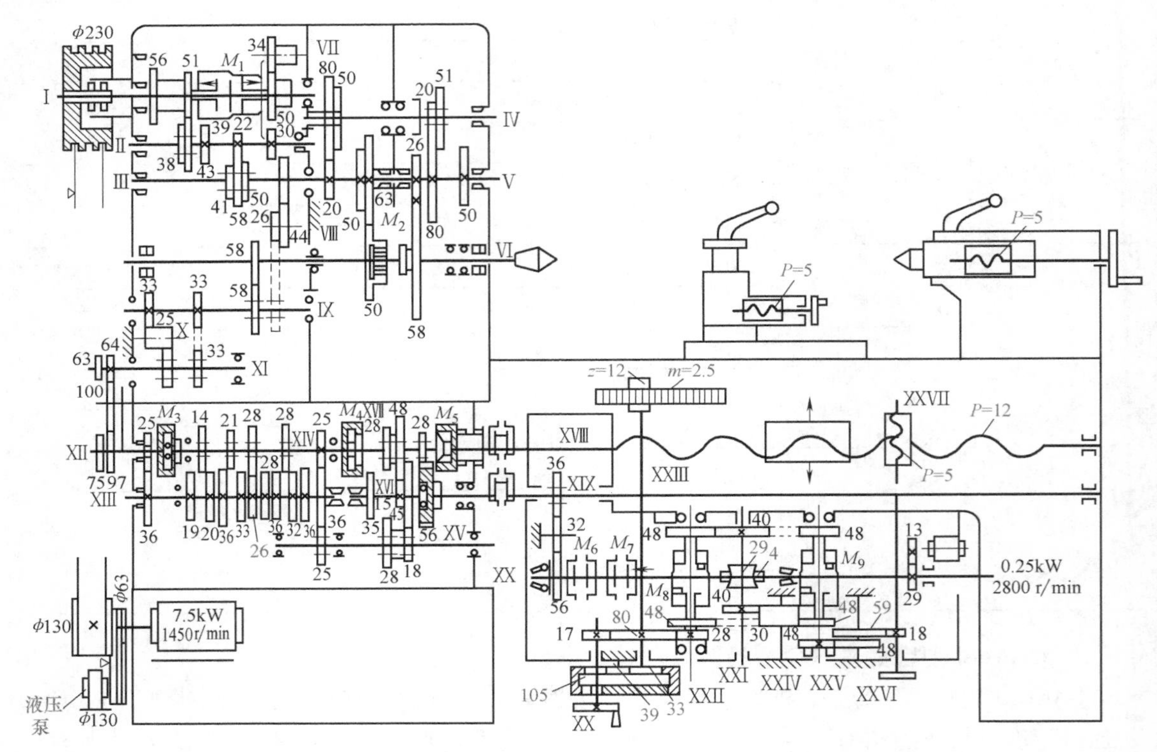

图 3-4　CA6140 型卧式车床的传动系统图

1. 主运动传动链

（1）传动路线　CA6140 型卧式车床的主运动传动链的两末端件是主电动机与主轴，其功用是把运动源（电动机）的运动及动力传给主轴，使主轴带动工件旋转，实现主运动，并满足卧式车床主轴变速和换向的要求。

主运动由电动机经 V 带传至主轴箱中的轴 Ⅰ。在轴 Ⅰ 上装有双向多片式摩擦离合器 M_1，M_1 的作用是使主轴（轴Ⅵ）正转、反转或停止。M_1 的左、右两部分分别与空套在轴 Ⅰ 上的两个齿轮连在一起。当压紧离合器 M_1 左部的摩擦片时，轴 Ⅰ 的运动经 M_1 左部的摩擦片及齿轮副$\frac{56}{38}$或$\frac{51}{43}$传给轴 Ⅱ。当压紧离合器 M_1 右部分的摩擦片时，轴 Ⅰ 的运动经 M_1 右部的摩擦片及齿轮 Z_{50} 传给轴Ⅶ上的空套齿轮 Z_{34}，然后再传给轴 Ⅱ 上的齿轮 Z_{30}，使轴 Ⅱ 转动。这时，由轴Ⅰ传到轴Ⅱ的运动多经过了一个中间齿轮 Z_{34}，因此轴Ⅱ的转动方向与经离合器 M_1 左部传动时的转动方向相反。运动经离合器 M_1 的左部传动时，使主轴正转；运动经 M_1 的右部传动时，则使主轴反转。轴Ⅱ的运动可分别通过三对齿轮副$\frac{22}{58}$、$\frac{30}{50}$、$\frac{39}{41}$传给轴Ⅲ。运动由轴Ⅲ到主轴有以下两种不同的传动路线。

1）当主轴需要高速运转时（$n_{主}=450\sim1400\text{r/min}$），应将主轴上的滑移齿轮 Z_{50} 移到左端位置（与轴Ⅲ上的齿轮 Z_{63} 啮合），轴Ⅲ的运动经齿轮副$\frac{63}{50}$直接传给主轴。

2）当主轴需要中低速运转时（$n_{主}=10\sim500\text{r/min}$），应将主轴上的滑轮齿轮 Z_{50} 移到右端位置，使齿式离合器 M_2 啮合。于是，轴Ⅲ的运动经齿轮副$\frac{20}{80}$或$\frac{50}{50}$传给轴Ⅳ，然后再由轴Ⅳ经齿轮副$\frac{20}{80}$或$\frac{51}{50}$、$\frac{26}{58}$及齿式离合器 M_2 传给主轴。

主运动传动链的传动路线表达式如下：

$$\begin{matrix}\text{电动机}\\ \begin{pmatrix} n=1450\text{r/min}\\ N=7.5\text{kW}\end{pmatrix}\end{matrix} — \frac{\phi130}{\phi230} — \mathrm{I} — \left\{\begin{matrix} M_1\text{（左）}\begin{bmatrix}\frac{56}{38}\\ \frac{51}{43}\end{bmatrix} — \\ \text{（正转）}\\ M_1\text{（右）}\quad — \frac{50}{34} — \mathrm{VII} — \frac{34}{30} — \\ \text{（反转）}\end{matrix}\right\} — \mathrm{II} — \begin{bmatrix}\frac{39}{41}\\ \frac{22}{58}\\ \frac{30}{50}\end{bmatrix} — \mathrm{III} —$$

$$\left\{\begin{matrix}\frac{63}{50}M_2\text{（左）}— \\ \begin{bmatrix}\frac{20}{80}\\ \frac{50}{50}\end{bmatrix} — \mathrm{IV} — \begin{bmatrix}\frac{20}{80}\\ \frac{51}{50}\end{bmatrix} — \mathrm{V} — \frac{26}{58}M_2\text{（右）}—\end{matrix}\right\} — \mathrm{VI}\text{（主轴）}$$

（2）主轴转速的计算　主轴的转速可用下列运动平衡式计算

$$n_{主轴}=n_{电}\frac{d'}{d}(1-\varepsilon)u_{\mathrm{I}-\mathrm{II}}\quad u_{\mathrm{II}-\mathrm{III}}\quad u_{\mathrm{III}-\mathrm{VI}}$$

式中　$n_{主轴}$——主轴转速（r/min）；

$n_{电}$——电动机转速（r/min）；

d——主动带轮直径（mm）；

d'——从动带轮直径（mm）；

ε——V 带传动的滑动系数，$\varepsilon=0.02$；

$u_{\mathrm{I}-\mathrm{II}}$、$u_{\mathrm{II}-\mathrm{III}}$、$u_{\mathrm{III}-\mathrm{VI}}$——分别为Ⅰ—Ⅱ、Ⅱ—Ⅲ、Ⅲ—Ⅵ间的传动比。

由传动路线可知，主轴正转转速级数为 $2\times3\times(1+2\times2)=30$ 级，但在Ⅲ轴、Ⅴ轴之间的 4 种传动比分别为

$$u_1=\frac{50}{50}\times\frac{20}{80}=\frac{1}{4}\qquad u_2=\frac{20}{80}\times\frac{20}{80}=\frac{1}{16}\qquad u_3=\frac{50}{50}\times\frac{50}{51}\approx1\qquad u_4=\frac{20}{80}\times\frac{51}{50}\approx\frac{1}{4}$$

$u_1\approx u_4$，故实际的级数为 $2\times3\times(1+3)=24$ 级；同理，主轴反转转速级数为 12 级。

由于反转时Ⅰ—Ⅱ之间的传动比$\left(u=\frac{50}{34}\times\frac{34}{30}=\frac{5}{3}\right)$大于正转时的传动比$\left(u=\frac{51}{43}\text{或}\frac{56}{38}\right)$，

故反转转速高于正转转速。主轴反转通常不用于车削，主要用于车螺纹时退回刀架等。图3-5所示为CA6140型卧式车床主运动转速图。

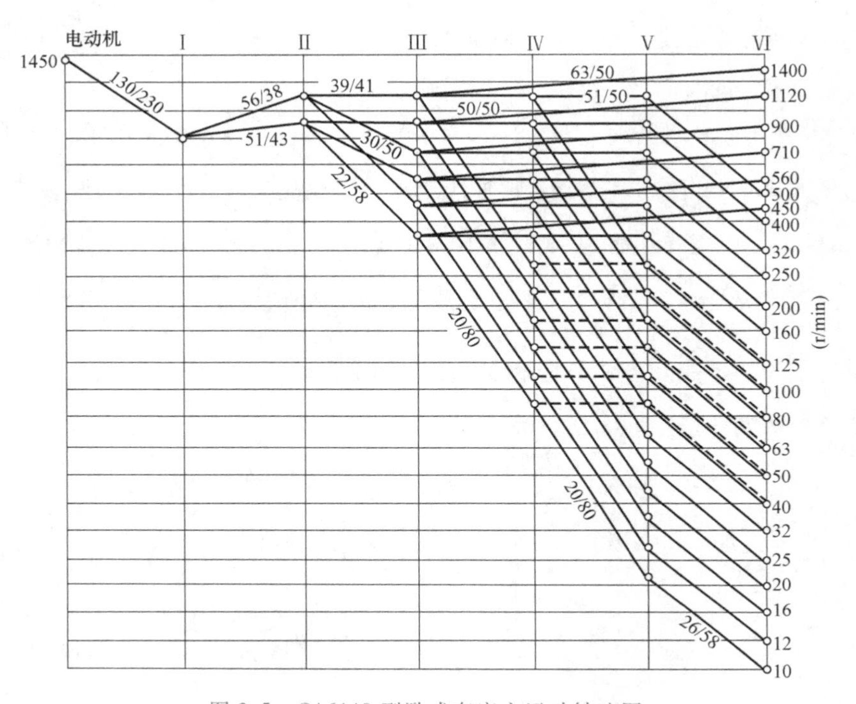

图3-5　CA6140型卧式车床主运动转速图

2. 进给运动传动链

进给运动传动链是使刀架实现纵向或横向运动的传动链。进给运动的动力来源也是主电动机（7.5kW，1450r/min）。运动由电动机经主传动链、主轴、进给传动连至刀架，使刀架带着车刀实现机动的纵向进给、横向进给或车削螺纹。虽然刀架移动的动力来自电动机，但由于刀架的进给量及螺纹的的导程是以主轴每转过一转时刀架的移动量来表示的，所以在分析此传动链时把主轴作为传动链的起点，而把刀架作为传动链的终点，即进给运动传动链的两末端件是主轴和刀架。

螺纹进给传动链。车削螺纹时，主轴回转与刀具纵向进给必须保证严格的运动关系：主轴每转一转，刀具移动一个螺纹导程，其运动平衡式为

$$L_{工} = \mathrm{I}_{主轴} U_{主轴—丝杠} L_{丝}$$

式中　$L_{工}$——螺纹导程（mm）；

$\mathrm{I}_{主轴}$——指主轴每转一转；

$U_{主轴—丝杠}$——主轴至丝杠之间的总传动比；

$L_{丝}$——机床丝杠导程（mm）。

要车削不同标准和不同导程的螺纹，只需改变传动比，即改变传动路线或更换齿轮。

CA6140型卧式车床可车削米制、寸制、模数、径节4种螺纹，也可车大导程、非标准及较精密螺纹或上述各种左、右旋向螺纹。

加工螺纹时，主轴Ⅵ的运动经齿轮副$\frac{58}{58}$传至轴Ⅸ，再经齿轮副$\frac{33}{33}$（右旋螺纹）或$\frac{33}{25}\times$

$\frac{25}{33}$（左旋螺纹）传至轴XI及交换齿轮。交换齿轮架的三组交换齿轮分别为：$\frac{63}{100}\times\frac{100}{75}$（车米制、寸制螺纹）、$\frac{64}{100}\times\frac{100}{97}$（车模数、径节螺纹）、$\frac{a}{b}\times\frac{c}{d}$（车非标准和较精密螺纹）。车米制和模数螺纹时，$M_3$、$M_4$ 分离，M_5 接合；车寸制螺纹和径节螺纹时 M_3、M_5 接合，M_4 分离；M_3、M_4、M_5 同时接合，便可车非标准和较精密螺纹，根据螺纹导程大小配换交换齿轮；车大导程螺纹时，只需将轴IX右端的滑移齿轮 Z_{58} 向右移动，使之与轴VIII上的 Z_{26} 齿轮啮合即可。

下面具体介绍不同螺纹的传动路线及运动平衡式。

1）车米制螺纹。传动路线表达式为：

$$\text{主轴 VI}-\frac{58}{58}-\text{IX}-\begin{Bmatrix}\frac{33}{33}\text{（右）}\\ \frac{33}{25}\times\frac{25}{33}\text{（左）}\end{Bmatrix}-\text{XI}-\frac{63}{100}\times\frac{100}{75}-\text{XII}-\frac{25}{36}-\text{XIII}-u_{\text{XIII}}-\text{XIV}-\text{XIV}-$$

$$\frac{25}{36}\times\frac{36}{25}-\text{XV}-\begin{Bmatrix}\frac{28}{35}\\ \frac{18}{45}\end{Bmatrix}-\text{XVI}-\begin{Bmatrix}\frac{35}{28}\\ \frac{15}{48}\end{Bmatrix}-\text{XVII}-M_5-\text{XVIII（丝杠）}-\text{刀架}$$

$u_{\text{XIII}-\text{XIV}}$ 的传动比共有 8 种，这 8 种传动比近似为等差级数，是获得各种螺纹导程的基本机构，又称基本组 $u_{基}$。$u_{基1}=\frac{26}{28}=\frac{6.5}{7}$，$u_{基2}=\frac{28}{28}=\frac{7}{7}$，$u_{基3}=\frac{32}{28}=\frac{8}{7}$，$u_{基4}=\frac{36}{28}=\frac{9}{7}$，$u_{基5}=\frac{19}{14}=\frac{9.5}{7}$，$u_{基6}=\frac{20}{14}=\frac{10}{7}$，$u_{基7}=\frac{33}{21}=\frac{11}{7}$，$u_{基8}=\frac{36}{21}=\frac{12}{7}$。$u_{\text{XV}-\text{XVII}}$ 的传动比共有 4 种，这 4 种传动比按倍数关系排列，可将由基本组获得的导程值成倍扩大或缩小，又称增倍组 $u_{倍}$。$u_{倍1}=\frac{28}{35}\times\frac{35}{28}=1$，$u_{倍2}=\frac{18}{45}\times\frac{35}{28}=\frac{1}{2}$，$u_{倍3}=\frac{28}{35}\times\frac{15}{48}=\frac{1}{4}$，$u_{倍4}=\frac{18}{45}\times\frac{15}{48}=\frac{1}{8}$。

车削米制螺纹（右旋）的运动平衡式为

$$L_{工}=1_{主轴}\times\frac{58}{58}\times\frac{33}{33}\times\frac{63}{100}\times\frac{100}{75}\times\frac{25}{36}\times u_{基}\times\frac{25}{36}\times\frac{36}{25}\times u_{倍}\times 12$$

式中　$L_{工}$——螺纹导程（单线螺纹为 $P_{工}$）(mm)；

$u_{基}$——轴XIII—XIV间基本组的传动比；

$u_{倍}$——轴XV—XVII间增倍组的传动比。

将上式简化后得 $L_{工}=7u_{基}u_{倍}$。

普通螺纹的螺距数列是分段的等差数列，每段又是公比为 2 的等比数列，将基本组与增倍组串联使用，就可车出不同导程（或螺距）的螺纹，见表 3-2。

表 3-2　CA6140 型卧式车床米制螺纹表

$u_{倍}$ \ L/mm \ $u_{基}$	$\frac{26}{28}$	$\frac{28}{28}$	$\frac{32}{28}$	$\frac{36}{28}$	$\frac{19}{14}$	$\frac{20}{14}$	$\frac{33}{21}$	$\frac{36}{21}$
$\frac{18}{45}\times\frac{15}{48}=\frac{1}{8}$	—	—	1	—	—	1.25	—	1.5

（续）

L/mm \ $u_基$ \ $u_倍$	$\frac{26}{28}$	$\frac{28}{28}$	$\frac{32}{28}$	$\frac{36}{28}$	$\frac{19}{14}$	$\frac{20}{14}$	$\frac{33}{21}$	$\frac{36}{21}$
$\frac{28}{35}\times\frac{15}{48}=\frac{1}{4}$	—	1.75	2	2.25	—	2.5	—	3
$\frac{18}{45}\times\frac{35}{28}=\frac{1}{2}$	—	3.5	4	4.5	—	5	5.5	6
$\frac{28}{35}\times\frac{35}{28}=1$	—	7	8	9	—	10	11	12

2）车寸制螺纹。传动路线表达式为：

$$\text{主轴 VI}-\frac{58}{58}-\text{IX}-\begin{bmatrix}\frac{33}{33}\text{（右）}\\ \frac{33}{25}\times\frac{25}{33}\text{（左）}\end{bmatrix}-\text{XI}-\frac{63}{100}\times\frac{100}{75}-\text{XII}-M_3-\text{XIV}-\frac{1}{u_{基}}-\text{XIII}-$$

$$\frac{36}{25}-\text{XV}-u_{倍}-\text{XVII}-M_5-\text{XVIII（丝杠）}-\text{刀架}$$

寸制螺纹的螺距参数以每英寸长度上的螺纹牙数 a（牙/in）表示。为使计算方便，将寸制导程换算为米制导程。车削寸制螺纹的运动平衡式为

$$L_{工}=\frac{25.4k}{a}=1_{主轴}\times\frac{58}{58}\times\frac{33}{33}\times\frac{63}{100}\times\frac{100}{75}\times\frac{1}{u_{基}}\times\frac{36}{25}\times u_{倍}\times 12$$

式中　k——螺纹线数。

将 $\frac{63}{100}\times\frac{100}{75}\times\frac{36}{25}\approx\frac{25.4}{21}$，代入上式化简可得

$$L_{工}=\frac{25.4k}{a}=\frac{25.4}{21}\times\frac{u_{倍}}{u_{基}}\times 12=\frac{4\times 25.4}{7}\times\frac{u_{倍}}{u_{基}}$$

$$a=\frac{7k\,u_{倍}}{4\,u_{基}}$$

当 $k=1$ 时，a 值与 $u_{基}$、$u_{倍}$ 的关系见表 3-3。

表 3-3　CA6140 型卧式车床寸制螺纹表

每英寸牙数 a \ $u_基$ \ $u_倍$	$\frac{26}{28}=\frac{6.5}{7}$	$\frac{28}{28}=\frac{7}{7}$	$\frac{32}{28}=\frac{8}{7}$	$\frac{36}{28}=\frac{9}{7}$	$\frac{19}{14}=\frac{9.5}{7}$	$\frac{20}{14}=\frac{10}{7}$	$\frac{33}{21}=\frac{11}{7}$	$\frac{36}{21}=\frac{12}{7}$
$\frac{18}{45}\times\frac{15}{48}=\frac{1}{8}$	—	14	16	18	19	20	—	24
$\frac{28}{35}\times\frac{15}{48}=\frac{1}{4}$	—	7	8	9	—	10	11	12
$\frac{18}{45}\times\frac{35}{28}=\frac{1}{2}$	$3\frac{1}{4}$	$3\frac{1}{2}$	4	$4\frac{1}{2}$	—	5	—	6
$\frac{28}{35}\times\frac{35}{28}=1$	—	—	2	—	—	—	—	3

3）车模数螺纹。传动路线表达式为：

$$\text{主轴 VI}-\frac{58}{58}-\text{IX}-\begin{bmatrix}\frac{33}{33}\ (\text{右})\\ \frac{33}{25}\times\frac{25}{33}\ (\text{左})\end{bmatrix}-\text{XI}-\frac{64}{100}\times\frac{100}{97}-\text{XII}-\frac{25}{36}-\text{XIII}-u_{\text{XIII-XIV}}-\text{XIV}-\frac{25}{36}$$

$$\times\frac{36}{25}-\text{XV}-\begin{bmatrix}\frac{28}{35}\\ \frac{18}{45}\end{bmatrix}-\text{XVI}-\begin{bmatrix}\frac{35}{28}\\ \frac{15}{48}\end{bmatrix}-\text{XVII}-M_5-\text{XVIII（丝杠）—刀架}$$

模数螺纹主要用于米制蜗杆，其螺距参数用模数 m 表示，车削模数螺纹的运动平衡式为：

$$L_{工}=kP=k\pi m=1_{主轴}\times\frac{58}{58}\times\frac{33}{33}\times\frac{64}{100}\times\frac{100}{97}\times\frac{25}{36}\times u_{基}\times\frac{25}{36}\times\frac{36}{25}\times u_{倍}\times12$$

式中　k——螺纹线数；

P——螺纹螺距（mm）；

将 $\frac{64}{100}\times\frac{100}{97}\times\frac{25}{36}\approx\frac{7}{48}\pi$ 代入上式，有

$$L_{工}=k\pi m=\frac{7}{48}\pi\times u_{基}u_{倍}\times12=\frac{7\pi}{4}u_{基}u_{倍}$$

所以

$$m=\frac{7}{4k}u_{基}u_{倍}$$

当 $k=1$ 时，模数值 m 与 $u_{基}$、$u_{倍}$ 的关系见表3-4。

表3-4　CA6140型卧式车床模数螺纹表

m/mm　$u_{基}$ \ $u_{倍}$	$\frac{26}{28}$	$\frac{28}{28}$	$\frac{32}{28}$	$\frac{36}{28}$	$\frac{19}{14}$	$\frac{20}{14}$	$\frac{33}{21}$	$\frac{36}{21}$
$\frac{18}{45}\times\frac{15}{48}=\frac{1}{8}$	—	—	0.25	—	—	—	—	—
$\frac{28}{35}\times\frac{15}{48}=\frac{1}{4}$	—	—	0.5	—	—	—	—	—
$\frac{18}{45}\times\frac{35}{28}=\frac{1}{2}$	—	—	1	—	—	1.25	—	1.5
$\frac{28}{35}\times\frac{35}{28}=1$	—	1.75	2	2.25	—	2.5	2.75	3

4）车径节螺纹。传动路线表达式为：

$$\text{主轴 VI}-\frac{58}{58}-\text{IX}-\begin{bmatrix}\frac{33}{33}\ (\text{右})\\ \frac{33}{25}\times\frac{25}{33}\ (\text{左})\end{bmatrix}-\text{XI}-\frac{64}{100}\times\frac{100}{97}-\text{XII}-M_3-\text{XIV}-\frac{1}{u_{基}}-$$

$$\text{XIII}-\frac{36}{25}-\text{XV}-u_{倍}-\text{XVII}-M_5-\text{XVIII（丝杠）—刀架}$$

径节螺纹用在寸制蜗杆中，其螺距参数用径节 DP（牙/in）来表示。径节表示齿轮或

蜗杆 1in 分度圆直径上的齿数，所以寸制蜗杆的轴向齿距（径节螺纹的螺距）P_{DP}为

$$P_{DP}=\frac{\pi}{DP}(\text{in})=\frac{25.4}{DP}\pi\ (\text{mm})$$

则螺纹的导程为 $L_{工}=kP_{DP}=\frac{25.4\pi k}{DP}=\text{I}_{主轴}\times\frac{58}{58}\times\frac{33}{33}\times\frac{64}{100}\times\frac{100}{97}\times\frac{1}{u_{基}}\times\frac{36}{25}\times u_{倍}\times 12$

将$\frac{64}{100}\times\frac{100}{97}\times\frac{36}{25}\approx\frac{25.4\pi}{84}$代入上式，有

$$L_{工}=\frac{25.4k\pi}{DP}=\frac{25.4\pi}{84}\times\frac{u_{倍}}{u_{基}}\times 12=\frac{25.4\pi u_{倍}}{7u_{基}}$$

所以 $DP=7k\frac{u_{基}}{u_{倍}}$

当 $k=1$ 时，DP 值与 $u_{基}$、$u_{倍}$的关系见表 3-5。

表 3-5　CA6140 型卧式车床径节螺纹表

$u_{倍}$ \ $DP/(牙\cdot in^{-1})$ \ $u_{基}$	$\frac{26}{28}$	$\frac{28}{28}$	$\frac{32}{28}$	$\frac{36}{28}$	$\frac{19}{14}$	$\frac{20}{14}$	$\frac{33}{21}$	$\frac{36}{21}$
$\frac{18}{45}\times\frac{15}{48}=\frac{1}{8}$	—	56	64	72	—	80	88	96
$\frac{28}{35}\times\frac{15}{48}=\frac{1}{4}$	—	28	32	36	—	40	44	48
$\frac{18}{45}\times\frac{35}{28}=\frac{1}{2}$	—	14	16	18	—	20	22	24
$\frac{28}{35}\times\frac{35}{28}=1$	—	7	8	9	—	10	11	12

由上述可见，CA6140 型卧式车床通过两组不同传动比的交换齿轮、基本组、增倍组以及轴Ⅻ、轴XV上的两个滑移齿轮 Z_{25}的移动（通常称这两个滑移齿轮及有关的离合器为移换机构）加工出四种不同的标准螺纹。表 3-6 列出了加工四种螺纹时进给传动链中各机构的工作状态。

表 3-6　CA6140 型卧式车床车制各种螺纹的工作调整

螺纹种类	螺距/mm	交换齿轮机构	离合器状态	移换机构	基本组传动方向
米制螺纹	P	$\frac{63}{100}\times\frac{100}{75}$	M_5结合，M_3、M_4脱开	轴Ⅻ$\overrightarrow{Z_{25}}$ 轴XV$\overrightarrow{Z_{25}}$	轴XIII—轴XIV
模数螺纹	$P_m=\pi m$	$\frac{64}{100}\times\frac{100}{97}$			
寸制螺纹	$P_a=\frac{25.4}{a}$	$\frac{63}{100}\times\frac{100}{75}$	M_3、M_5结合，M_4脱开	轴Ⅻ$\overrightarrow{Z_{25}}$ 轴XV$\overrightarrow{Z_{25}}$	轴XIV—轴XIII
径节螺纹	$P_{DP}=\frac{25.4\pi}{DP}$	$\frac{64}{100}\times\frac{100}{97}$			

5）车削非标准螺距螺纹和较精密螺纹。在加工非标准螺纹和精密螺纹时，M_3、M_4、M_5 全部啮合，运动由主轴经交换齿轮通过Ⅻ轴、XIV轴、XVII轴直接传给丝杠。被加工螺纹的导程通过调整交换齿轮的传动比来实现。这时，传动路线缩短，传动误差减小，螺纹精度可以得到较大提高。

3.1.3　车床的主要机械结构

1. 主轴箱

机床主轴箱是一个比较复杂的传动部件。表达主轴箱中各传动件的结构和装配关系常用展开图，它按照传动轴传递运动的先后顺序沿轴线剖开，并展开绘制。图 3-6a 所示为 CA6140 型卧式车床主轴箱的展开图，它是沿轴Ⅳ—Ⅰ—Ⅱ—Ⅲ（Ⅴ）—Ⅵ—Ⅹ—Ⅸ—Ⅺ的轴线剖切展开的（图 3-6b），图中轴Ⅶ和Ⅷ是单独取剖切面展开的。在图 3-6a 中，传动轴的编号和齿轮的齿数与图 3-4 相同，但对应的位置并不完全一致，如轴Ⅳ离轴Ⅲ与轴Ⅴ较远等，这在展开图中往往是不可避免的。因此，在读图时应弄清其相互关系。由展开图可以清楚地看到主轴箱内主要零件的轴向装配关系以及主要传动轴上各齿轮副的啮合情况。

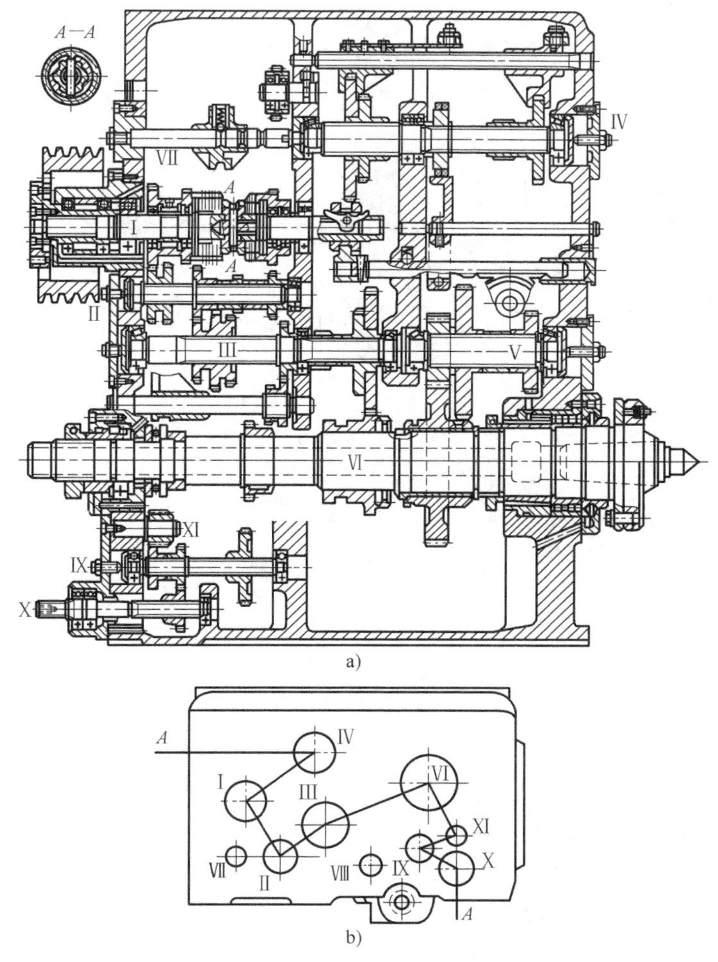

图 3-6　CA6140 型卧式车床主轴箱主要结构
a）CA6140 型卧式车床主轴箱展开图　b）CA6140 型卧式车床主轴箱展开图的剖切图

（1）双向多片式摩擦离合器及其工作原理　如图 3-7 所示，摩擦离合器由内摩擦片 3、外摩擦片 2、螺母 9、销 5 和拉杆 7 等组成，离合器左右两部分的结构是相同的。内摩擦片 3 的孔是花键孔，装在轴Ⅰ的花键上，随轴Ⅰ旋转，其外径略小于双联空套齿轮 1 套筒的内孔直径，不能直接带动齿轮1。外摩擦片2的孔是圆孔，其孔径略大于花键轴的外径，其外圆上有4个凸起，嵌在空套齿轮Ⅰ套筒的4个缺口中，所以齿轮1随外摩擦片一起旋转，内、外摩擦片相间安装。当拉杆7通过销5向左推动压块8时，将内、外摩擦片压紧。轴Ⅰ的转矩由内摩擦片3通过内、外摩擦片之间的摩擦力传给外摩擦片2，再使外摩擦片2带动齿轮1，使主轴正转。同理，当压块8被向右压时，主轴反转。压块8处于中间位置时，内、外摩擦片无压力作用，离合器脱开，主轴停转。

摩擦离合器不仅能实现主轴的正反转和停止，并且在接通主运动链时还能起过载保护作用。当机床过载时，摩擦片打滑，可避免损坏机床部件。摩擦片传递转矩的大小在摩擦片数量一定的情况下取决于摩擦片之间压紧力的大小，其压紧力的大小是根据额定转矩调整的。

如图3-7所示，当摩擦片磨损，压紧力减小时，可进行调整。调整方法是用工具将防松的弹簧销4压进压块8的孔内，旋转螺母9，使螺母9相对压块8转动，螺母9相对压块8产生轴向左移，直到能可靠压紧摩擦片后，松开弹簧销4，并使其重新卡入螺母9的缺口中，防止其松动。

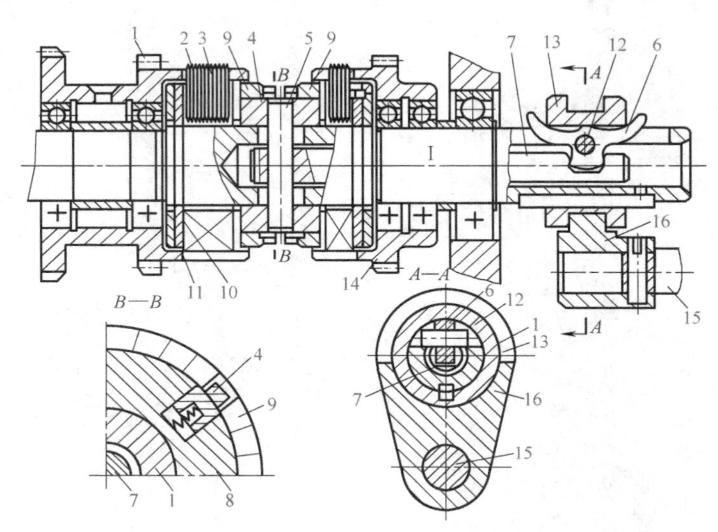

图3-7　双向多片式摩擦离合器

1—双联空套齿轮　2—外摩擦片　3—内摩擦片　4—弹簧销　5—销　6—元宝销　7—拉杆　8—压块　9—螺母　10、11—止推片　12—销轴　13—滑套　14—空套齿轮　15—齿条轴　16—拨叉

（2）双向摩擦片式离合器 M_1 的操纵机构　如图3-8所示，离合器由手柄3操纵，将手柄3向上扳，使支承轴4逆时针方向摆动，向外拉动拉杆8，通过曲柄9带动扇形齿轮11顺时针方向转动（由上向下观察），齿条轴12向右移动，带动拨叉15及滑套13右移，迫使元宝销6绕其装在轴Ⅰ上的销轴顺时针方向摆动，其下端的凸缘向左推动装在轴Ⅰ孔中的拉杆16向左移动，双向摩擦片式离合器 M_1 的左半部接通，实现主轴正转。同理，将手柄3扳至下端位置时，离合器 M_1 的右半部压紧，主轴反转。当手柄3处于中间位置时，离合器脱开，主轴停止转动。为了操纵方便，支承轴4上装有两个操纵手柄3，分别位于进给箱的右侧和溜板箱的右侧。

（3）主轴制动装置　双向多片式摩擦离合器与制动装置采用一套操纵机构，以协调两机构的工作，如图3-8和图3-9所示。当抬起或压下手柄3时，通过曲柄5、拉杆8、曲柄9

和扇形齿轮11使齿条轴12向右或向左移动，再通过元宝销6、拉杆16使左边或右边的离合器接合，从而使主轴正转或反转（图3-8）。此时杠杆7（图3-9中为4）下端位于齿条轴12（图3-9中为2）的圆弧形凹槽内，制动带处于松开状态。

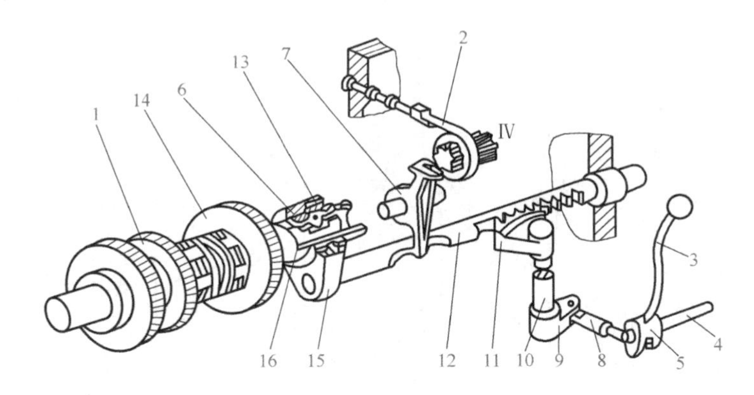

图3-8　双向摩擦片式离合器的操纵机构

1—空套齿轮　2—制动带　3—手柄　4—支承轴　5、9—曲柄　6—元宝销　7—杠杆　8、16—拉杆　10—轴　11—扇形齿轮　12—齿条轴　13—滑套　14—空套齿轮　15—拨叉

当操纵手柄3处于中间位置时，齿条轴12（图3-9中为2）和滑套13也处于中间状态，摩擦离合器左、右摩擦片组都松开，主轴与运动源断开。这时，杠杆7（图3-9中为4）被齿条轴12（图3-9中为2）两圆弧形凹槽间的凸起部分顶起，从而拉紧制动带，使主轴迅速制动。

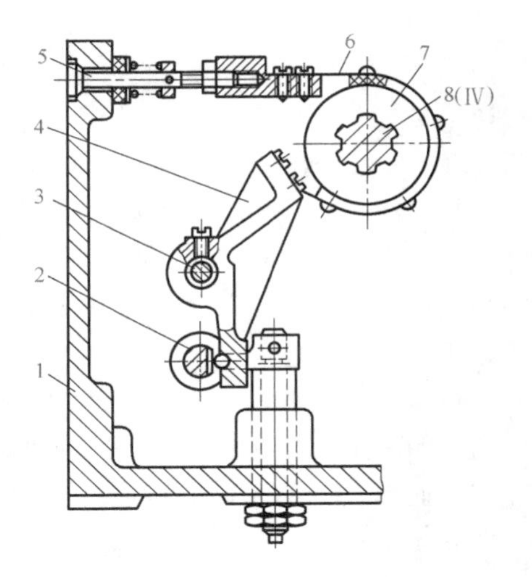

图3-9　主轴制动装置

1—箱体　2—齿条轴　3—杠杆支承轴　4—杠杆　5—调节螺钉　6—制动带　7—制动轮　8—轴Ⅳ

（4）主轴部件　主轴部件是主轴箱中最重要的组成部分，也是车床的重要部件。

车削时工件装夹在主轴上的夹具中，并由夹具直接带动做旋转主运动，在工作中要承受很大的切削力。主轴的旋转精度、刚度、抗振性和热变形等对工件的加工精度和表面粗糙度有直接影响，因此对主轴及主轴支承的要求较高。

CA6140型卧式车床的主轴支承一般为前后两点支承，大多采用滚动轴承。轴承对主轴回转精度和刚度的影响很大，应在无间隙（或少量过盈）的条件下运转。在车床使用一段时间后，因磨损会使轴承间隙增大，需及时进行调整。CA6140型卧式车床的主轴Ⅵ是空心的，其内孔用于通过长棒料以及气动、液压等夹紧驱动装置的传动杆，也可在卸顶尖时穿入钢棒。主轴前端有精密的莫氏锥孔，供装夹前顶尖或心轴使用。

主轴部件由主轴、主轴支承和安装在主轴上的传动件、密封件等组成，如图3-10所示。主轴后端的锥孔是加工用的工艺基准面。主轴部件采用两支承结构，与三支承结构相比，具有结构简单、加工工艺性好（轴和箱体）、成本相对较低等优点。采用这种结构的主轴部件完全可以满足刚度与精度方面的要求。主轴部件的前支承安装的是LNN3021K/P5双列短圆柱滚子轴承，用于承受径向载荷；后支承也安装双列短圆柱滚子轴承，型号是LNN3015K/P6。在前支承处还装有一个60°接触角的双列推力球轴承，用于承受左右两个方向的进给力。

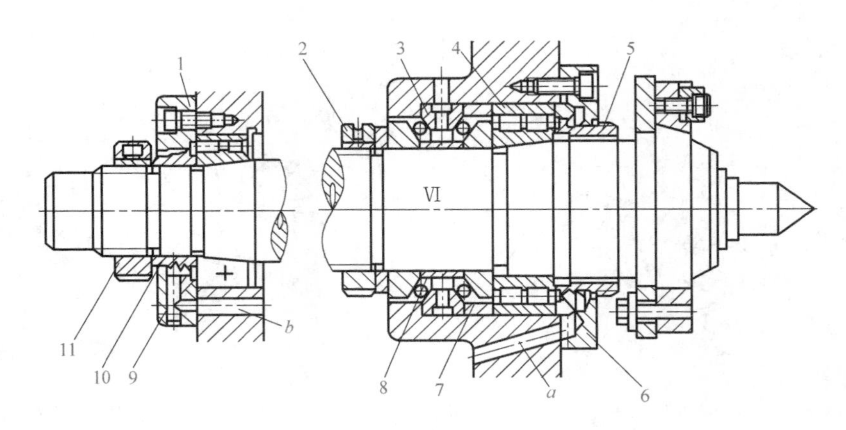

图3-10 CA6140型卧式车床主轴部件

1—后端盖 2、5、11—螺母 3、4—轴承 6—前端盖 7、8、10—轴套 9—油孔 a、b—回油孔

轴承的间隙对主轴的旋转精度影响很大，所以轴承的预紧相当重要。预紧力的大小要掌握适当，如过大则会引起发热而产生主轴的热变形；过小又会因间隙影响旋转精度。如图3-10所示，当调整轴承欲使其间隙减小而增大预紧力时，应先松开螺母2上的防松螺钉，然后拧紧螺母2，通过轴套8推动LNN3021K/P5型轴承的内环向右移动。由于该轴承的内环壁薄且内孔与主轴锥面一样，具有1∶12的锥度，在调整时产生弹性变形而外胀，从而达到预紧的目的。减小预紧力时，应先松开螺母2上的防松螺钉，使螺母2左移，预紧力调整至适当后，应拧紧螺母2及其防松螺钉。后支承滚动轴承间隙的调整和预紧是由螺母11同时进行的，先松开螺母11上的防松螺钉，然后拧动螺母11，通过轴套10推动LNN3015K/P6型轴承的内环，从而消除该轴承的径向间隙并预紧；拧动螺母11的同时，向后拉主轴组件，从而消除LNN3015K/P6型轴承的轴向间隙并预紧；最后，应检验主轴转动的灵活性及径向圆跳动量和轴向窜动值是否在允许范围内。如主轴过紧、不灵活或有发热现象，说明预紧力过大或调整不当，应重新调整。若主轴前端的径向圆跳动量超差，一般情况下只需适当调整前支承。如径向圆跳动量仍然达不到要求，可与主轴后轴承共同调整。

主轴前端的6号莫氏锥度孔用来安装顶尖或心轴；主轴后端的锥孔是工艺孔。如图3-11所示，主轴前端的短法兰式结构用于安装卡盘或拨盘，以短锥和轴肩端面做定位面。卡盘和拨盘等夹具通过卡盘座4，用4个螺栓5固定在主轴上，由装在主轴轴肩端面上的圆柱形端面键3传递转矩。安装卡盘时，只需将预先拧紧在卡盘座上的螺栓5连同螺母6一起从主轴轴肩和锁紧盘2上的孔中穿过，然后将锁紧盘2转过一个角度，使螺栓进入锁紧盘上宽度较窄的圆弧槽内，把螺母卡住（图3-11所示位置），接着再把螺母6和螺钉7拧紧，就可使卡盘或拨盘座准确可靠地固定在主轴前端。这种主轴轴端结构的定心精度高，连接刚度好，卡盘悬伸长度短，装卸卡盘也比较方便。

主轴Ⅵ上装有内齿离合器M_2（图3-4）。当离合器处于中间位置时，主轴空档（齿轮

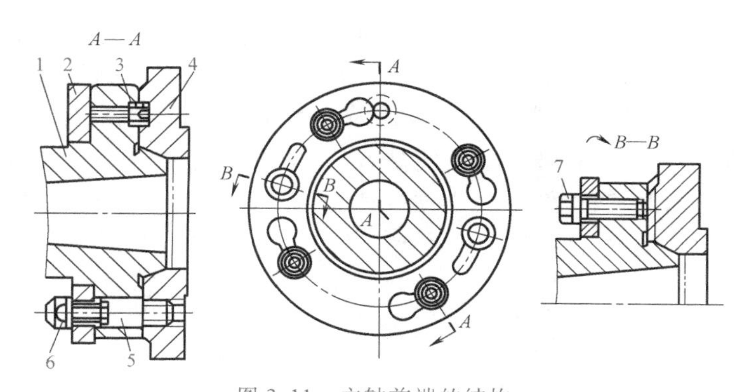

图 3-11　主轴前端的结构

1—主轴　2—锁紧盘　3—端面键　4—卡盘座　5—螺栓　6—螺母　7—螺钉

Z_{50}处于不啮合的位置），这时可较轻快地转动主轴，以便测量主轴精度和工件尺寸以及进行装夹工件时的找正等工作。当离合器处于左边位置时，齿轮 Z_{50}与轴Ⅲ上的齿轮 Z_{63}相啮合，可使主轴在高速段运转。当离合器右移时，内齿离合器接合，可使主轴在中、低速段运转。靠近前支承且空套在主轴上的大齿轮为斜齿轮，可使主轴较平稳地旋转。斜齿轮所产生的进给力与纵向切削力方向相反，可以减少主轴前支承所承受的进给力。固定于主轴左边的齿轮 Z_{58}用于传动进给链。

主轴箱内的轴承、齿轮等采用装于前床腿内的单独的油泵进行充分润滑，该润滑方式具有润滑充分、可靠，散热性能好，传动件热变形小等优点。

（5）主轴箱轴Ⅱ至轴Ⅲ变速操纵机构　主轴箱内共有 7 个滑移齿轮，其中 5 个用于改变主轴转速，另两个分别用于车削左、右螺纹及正常螺距、扩大螺距的变换。主轴箱内共设置有三套操纵机构，分别操纵这些滑移齿轮。

图 3-12 所示为轴Ⅱ和轴Ⅲ上滑动齿轮的操纵机构立体图，此操纵机构由装在主轴箱前侧面上的变速手柄操纵。手柄通过传动比为 1∶1 的链轮传动，驱动固定在轴 1 上的盘形凸轮 2 和曲柄 4 转动。盘形凸轮 2 上有一条封闭曲线槽，由两段不同半径的圆弧槽和两段过渡曲线槽组成。凸轮曲线槽通过安装在杠杆 3 上的滚子及杠杆 3 操纵轴Ⅱ上的双联滑动齿轮 *A*。当杠杆 3 的滚子中心处于凸轮曲线槽的大半径处时，齿轮 *A* 处于左端位置；当其处于小半径处时，齿轮 *A* 移到右端位置。曲柄 4 上的滚子装在拨叉 5 的直槽中。当曲柄 4 随着轴 1 转动时，可拨动拨叉 5，并由拨叉 5 操纵轴Ⅲ上的滑移齿轮 *B*，使其处于左、中、右 3 种不同的轴向位置。因此，顺次地转动轴 1 使盘形凸轮 2 处于 6 个不同的变速位置（图中以①～⑥标出的位置），就可使滑动齿轮 *A* 和 *B* 的轴向位置实现 6 种不同的组合，使轴Ⅲ得到 $2\times3=6$ 种不同的转速。滑动齿轮移至规定的位置后，必须可靠地定位。在此操纵机构中采用钢球定位装置。

2. 进给箱典型机械结构

进给箱由变换螺纹种类的移换机构（图 3-13 左虚线框）、基本螺距机构（图 3-13 中虚线框）、倍增机构（图 3-13 右虚线框）及操纵机构等组成，箱内主要传动轴以两组同心轴的形式布置。

轴Ⅻ、ⅩⅣ、ⅩⅦ及丝杠布置在同一轴线上，轴ⅩⅣ的两端以半圆键连接两个内齿离合器，并以套在离合器上的两个深沟球轴承支承在箱体上。内齿离合器的内孔中安装有圆锥滚子轴承，分别作为轴Ⅻ和轴ⅩⅦ左端的支承。轴ⅩⅦ右端由轴ⅩⅧ左端内齿离合器孔内的圆锥滚子轴承支承。轴ⅩⅧ由固定在箱体上的支承套6支承，并通过联轴器与丝杠相连。两侧的推力球轴承5和7分别承受丝杠工作时所产生的两个方向的进给力。松开锁紧螺母8，然后拧动其左侧的调整螺母，可调整轴ⅩⅧ两侧推力轴承的间隙，以防止丝杠在工作时产生轴向窜动。拧动轴Ⅻ左端的调整螺母2，可以通过轴承、内齿离合器端面以及轴肩而使同心轴上的所有圆锥滚子轴承的间隙得到调整。

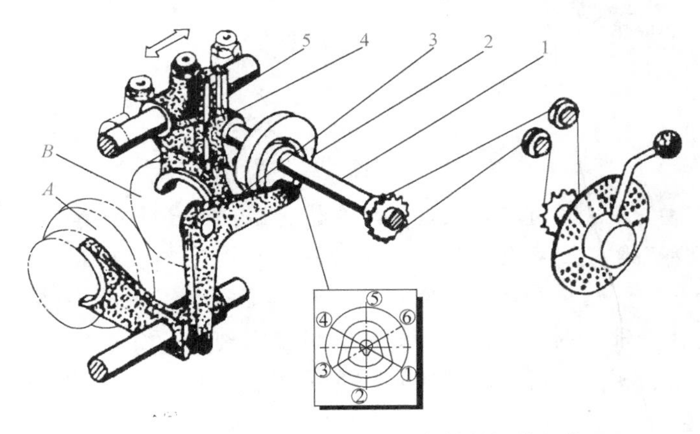

图3-12　轴Ⅱ和轴Ⅲ上滑动齿轮的操纵机构

1—轴　2—盘形凸轮　3—杠杆　4—曲柄　5—拨叉　A、B—滑动齿轮

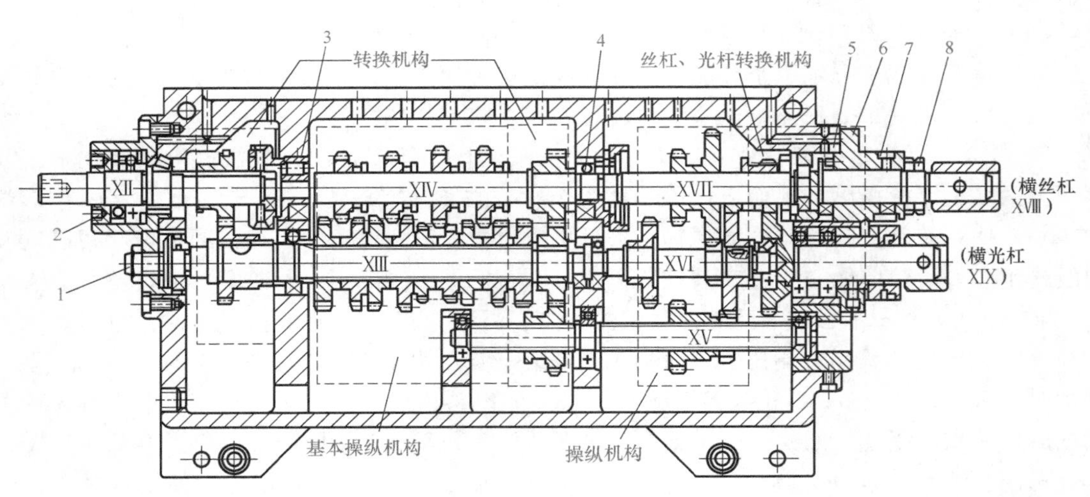

图3-13　进给箱结构图

1—调节螺钉　2—调整螺母　3、4—深沟球轴承　5、7—推力球轴承　6—支承套　8—锁紧螺母

3. 溜板箱

溜板箱主要包括以下机械装置或机构：实现刀架快慢移动转换的超越离合器；起过载保护作用的安全离合器；接通、断开丝杠传动的开合螺母机构；接通、断开和转换纵、横向机动进给运动的操纵机构，以及避免运动干涉的互锁机构等。

（1）超越离合器及安全离合器　离合器用来使同轴线的两轴或轴与轴上的空套传动件随时接合或脱开，以实现车床运动的起动、停止、变速和变向等。离合器的种类很多，

CA6140 型卧式车床上的离合器有超越离合器和安全离合器等。

1）超越离合器的结构及工作原理。为了节省辅助时间及简化操作动作，在刀架快速移动过程中，光杠仍可继续转动而不必脱开进给运动传动链。这时，为了避免光杠和快速电动机同时传动同一运动部件而使运动部件损坏，可在溜板箱中使用超越离合器。图 3-14 所示为 CA6140 型卧式车床超越离合器和安全离合器的结构。超越离合器装在齿轮 Z_{56} 与轴 XX 上，由齿轮 Z_{56}、三个滚柱 8、三个弹簧 14 和星形体 5 组成。星形体 5 空套在轴 XX 上，而齿轮 Z_{56} 空套在星形体 5 上。当刀架机动进给时，由光杠传来的运动通过超越离合器传给安全离合器（后面将详细介绍）后再传至轴 XX。这时，齿轮 Z_{56}（即外环）按图示的逆时针方向旋转，三个短圆柱滚柱 8 分别在弹簧 14 的弹力及滚柱 8 与外环间的摩擦力作用下，楔紧在外环和星形体 5 之间，外环通过滚柱带动星形体 5 一起转动，于是运动便经过安全离合器传至轴 XX。这时如果将手柄扳到相应的位置，便可使刀架做相应的纵向或横向进给。当按下快速电动机起动按钮使刀架做快速移动时，运动由齿轮副 $\frac{13}{29}$ 传至轴 XX，轴 XX 及星形体 5 得到一个与齿轮 Z_{56} 转向相同而转速却快得多的旋转运动。结果，由于滚柱 8 与外环及星形体 5 之间的摩擦力，使滚柱 8 压缩弹簧 14 而向楔形槽的宽端滚动，从而脱开外环与星形体 5（以及轴 XX）间的传动联系。这时，虽然光杠 XIX 及齿轮 Z_{56} 仍在旋转，但不再传动轴 XX。当快速电动机停止转动时，在弹簧 14 和摩擦力的作用下，滚柱 8 又楔紧于齿轮 Z_{56} 和星形体 5 之间，光杠传来的运动又正常接通。

由以上分析可知，超越离合器主要用于有快、慢两个运动交替传动的轴上，以实现运动的快、慢速自动转换。由于 CA6140 型车床使用的是单向超越离合器，所以要求光杠及快速电动机都只能做单方向转动。若光杠反向旋转，则不能实现纵向或横向机动进给；若快速电动机反向旋转，则超越离合器不起超越作用。

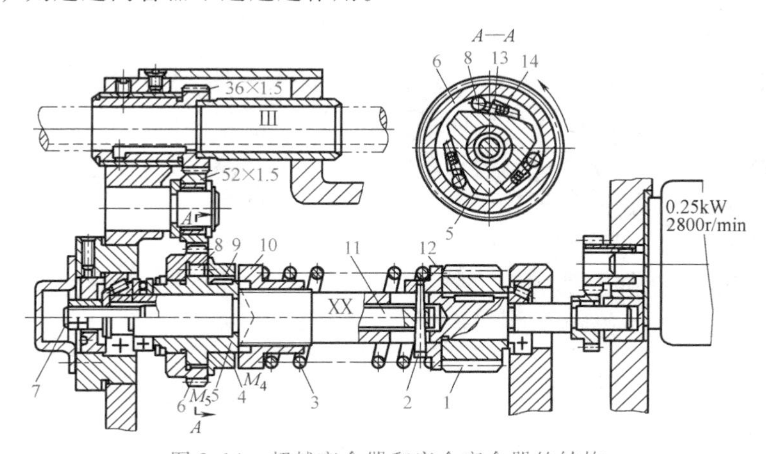

图 3-14　超越离合器和安全离合器的结构

1—蜗杆　2—圆柱销　3、14—弹簧　4—左接合子　5—星形体　6—齿轮 Z_{56}（超越离合器外环）
7—调整螺母　8—滚柱　9—平键　10—右接合子　11—拉杆　12—弹簧座　13—顶销

2）安全离合器的结构及调整。安全离合器是一种过载保护机构，可使机床的传动零件在过载时自动断开传动，以免机构损坏。安全离合器的作用是在机动进给过程中，当进给力过大或刀架运动受到阻碍时，能自动停止进给运动，避免传动机件损坏，因此又称其为进给过载保护机构。

在图 3-14 中，安全离合器 M_7 由两个端面带螺旋形齿爪的结合子 4 和 10 组成，左接合子 4 通过平键 9 与星形体 5 相连，右接合子 10 通过花键与轴XX相连，并通过弹簧 3 的作用与左接合子紧紧啮合。在正常情况下，运动由齿轮 6 传至左接合子 4，并通过螺旋形齿爪，将运动经右接合子 10 传于轴XX。当过载时，齿爪在传动中产生的进给力 $F_{轴}$ 超过预先调好的弹簧力，使右接合子 10 压缩弹簧向右移动，并与左接合子 4 脱开，两接合子之间产生打滑现象，从而断开传动，保护机构不受损坏。过载现象消除后，右接合子在弹簧作用下又重新与左接合子啮合，使轴得以继续转动。因此，该机构可保证过载时传动件不损坏。改变弹簧的压缩量，可调整安全离合器传递的转矩的大小。

(2) 开合螺母（对开螺母） 开合螺母的功用是接通或断开从丝杠传来的运动。车削螺纹和蜗杆时，将开合螺母合上，丝杠通过开合螺母带动溜板箱及刀架运动。

开合螺母由上、下两个半螺母 2 和 1 组成，它装在溜板箱体后壁的燕尾形导轨中，可上下移动（图 3-15）。上、下半螺母的背面各装有一个圆柱销 3，其伸出端分别嵌在圆盘 4 的两条曲线槽中。扳动手柄 6，经轴 7 使槽盘逆时针方向转动时，曲线槽迫使两圆柱销互相靠近，带动上、下螺母合拢，与丝杠啮合，刀架便由丝杠螺母经溜板箱传动。圆盘顺时针方向转动时，曲线槽通过圆柱销使两半螺母分离，与丝杠脱开啮合，刀架便停止进给。开合螺母合上时的啮合位置，由销钉 10 限定。利用螺钉 9 调节销钉的伸出长度，可调整丝杠与螺母之间的间隙。开合螺母与箱体上燕尾导轨间的间隙，可用螺钉 8 和平镶条 5 进行调整。

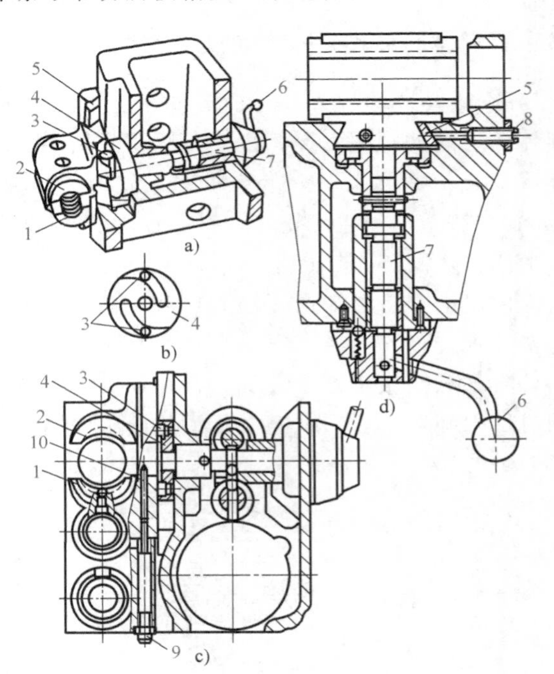

图 3-15 开合螺母机构

1—下半螺母 2—上半螺母 3—圆柱销 4—圆盘 5—平镶条 6—手柄 7—轴 8、9—螺钉 10—销钉

(3) 纵、横向机动进给及快速移动的操纵机构 车床操纵机构的作用是改变离合器的工作状态和滑移齿轮的啮合位置，实现主运动和进给运动的起动、停止、变速、变向等动作。

在车床上，除一些较简单的拨叉操纵外，常采用集中操纵的方式，即用一个手柄操纵几个滑移齿轮或离合器等传动件。这样可减少手柄的数量，便于操作。CA6140 型卧式车床上有主轴变速操纵机构和纵、横向机动进给操纵机构。

纵、横向机动进给及快速移动是由一个手柄集中操纵的（图 3-16）。当需要刀架做纵向移动时，向相应方向（向左或向右）扳动操纵手柄 1。由于轴 14 用台阶及卡环轴向固定在箱体上，操纵手柄 1 只能绕销 a 摆动，使轴 3 做轴向移动。轴 3 通过杠杆 7 及推杆 8 使鼓形凸轮 9 转动，鼓形凸轮 9 的曲线槽迫使拨叉 10 移动，从而操纵轴XXIV上的牙嵌式离合器 M_6 向相应方向啮合。这时如光杠转动，就可使刀架做纵向机动进给。如将操纵手柄 1 上端的快

速移动按钮按下，起动快速电动机，刀架就可做快速移动；松开快速移动按钮，则自动转为工作进给。如向前或向后扳动手柄1，可使轴14和鼓形凸轮13转动，鼓形凸轮13的曲线槽迫使杠杆12摆动，并拨动拨叉11移动，从而操纵轴XXIII上的牙嵌式离合器 M_7 向相应方向啮合。这时如光杠转动或快速电动机起动，就可使刀架实现向前或向后的横向机动进给或快移运动。操纵手柄1处于中间位置时，离合器 M_6 和 M_7 脱开，机动进给和快速移动均被断开。

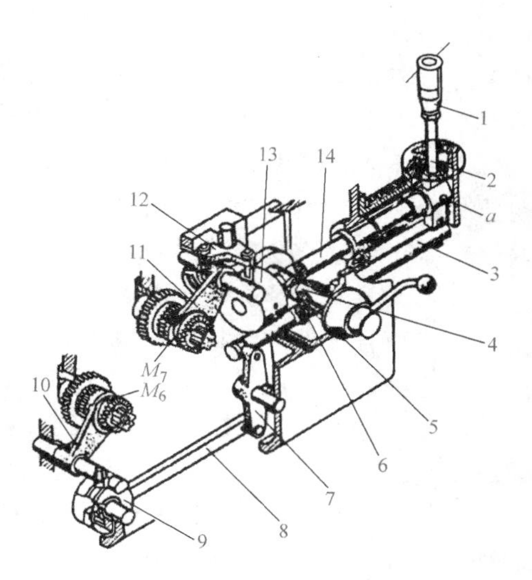

图3-16　溜板箱操纵机构立体图

1—操纵手柄　2—盖板　3、4、14—轴　5—销　6—弹簧销　7、12—杠杆　8—推杆　9、13—鼓形凸轮　10、11—拨叉

为了避免同时接通纵向和横向的机动进给，在盖板2的底座上开有十字形槽，限制手柄1的位置，使它不能同时接通纵向和横向运动。

（4）互锁机构　为了避免损坏机床，在接通机动进给或快速移动时，开合螺母不应合上；反之，在合上开合螺母时，就不允许接通机动进给或快速移动。图3-17所示为开合螺母操纵手柄（安装在轴4上）与刀架进给及快移操纵手柄之间的互锁机构的工作原理图。图3-17a所示是中间位置时的情况，这时机动进给（或快速移动）未接通，开合螺母处于脱开状态，所以可任意地操作开合螺母操纵手柄或机动进给操纵手柄。图3-17b所示是合上开合螺母时的情况，这时由于操作开合螺母操纵手柄使轴4顺时针方向转过了一个角度，使其凸肩旋入到轴14的槽中，将轴14卡住，使之不能转动，同时凸肩又将销5压入到轴3的孔中，由于销5的另一半尚留在固定套16中，使轴3不能轴向移动。由此可见，如合上开合螺母，机动进给及快速移动的操纵手柄就被锁住，不能扳动，因此就能避免同时再接通机动进给或快速移动。图3-17c所示是向左扳动机动进给及快移操纵手柄1时的情况（接通向左的纵向进给或快速

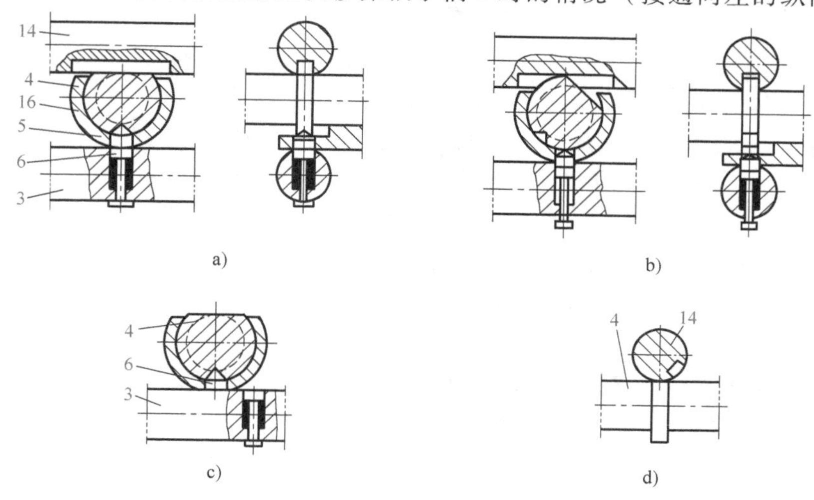

图3-17　互锁机构的工作原理图

3、4、14—轴　5—销　6—弹簧销　16—固定套

移动），这时轴3向右移动，轴3上的圆孔及安装在圆孔内的弹簧销6也随之移开，销5被轴3的外圆表面顶住而不能再往下移动（销5的圆柱段均处在固定套16的圆孔中），而其上端则卡在轴4的V形槽内，将手柄轴4锁住，使开合螺母操纵手柄不能转动，也就是使开合螺母不能再闭合。图3-17d所示是向前扳动纵横操纵手柄时的情况（接通向前的横向进给或快速移动），这时由于轴14转动，其上的长槽也随之转开而不对准轴4，于是轴4上的凸肩被轴14顶住，使轴4不能转动，开合螺母也就不能再闭合。

4. CA6140型卧式车床润滑系统

正确而合理地润滑机床，可以减少机床相对运动件的磨损，延长机床的使用寿命，减少摩擦引起的动力消耗，提高机械效率，这是保证机床连续正常工作的重要措施。

CA6140型卧式车床的润滑系统包括手工润滑和集中循环润滑等。集中循环润滑是用油泵将润滑油经油管输送到各个润滑点，并经回油管流回油箱。

CA6140型卧式车床主轴箱及进给箱采用集中循环润滑。下面以主轴箱的润滑系统为例进行介绍。

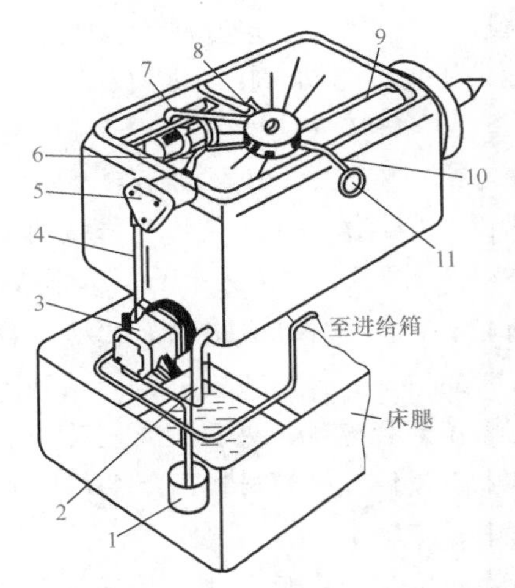

图3-18　CA6140型卧式车床主轴箱的润滑系统

1—网式过滤器　2—回油管　3—油泵　4、6、7、9、10—油管　5—细过滤器　8—分油器　11—油标

图3-18所示为CA6140型卧式车床主轴箱的润滑系统：油泵3装在左床腿上，由主电动机经V带驱动；润滑油装在左床腿中的油池中，由油泵经网式过滤器1吸入后，经油管4、细过滤器5和油管6输送到分油器8；分油器8经油管7、9、10将润滑油分别供给摩擦离合器、主轴前轴承及油标11，以保证摩擦离合器和主轴前轴承的充分润滑和冷却，且通过油标11观察润滑系统的工作情况。此外，分油器8上还有很多径向油孔，可使具有一定压力的润滑油从油孔向外喷射，从而被高速旋转的齿轮溅至各处，对主轴箱的其他传动件及操纵机构等进行润滑。从各处流回的润滑油集中在主轴箱底部，经回油管2流入左床腿的油池中。这一润滑系统采用外循环润滑方式，主轴箱中因摩擦而产生的热量由润滑油带至箱体外部，冷却后再送入箱体内，因而可降低主轴箱的温升，减少主轴箱的热变形，有利于保证机床的加工精度，同时还可使主轴箱内的脏物及时排除，减少传动件的磨损。

5. 制动装置

制动装置的功能是在车床停车的过程中，克服主轴箱内运动件的旋转惯性，使主轴迅速停止转动，以缩短辅助时间。CA6140型卧式车床上的制动装置采用的是闸带式制动器。

6. 变速机构

变速机构用来改变主动轴与从动轴之间的传动比，在主动轴转速固定不变的条件下，使从动轴获得多种不同的转速。车床上常用的变速机构有滑移齿轮变速机构和离合器变速机构等。

7. 变向机构

变向机构用来改变车床运动部件的运动方向，如主轴的旋转方向、床鞍和中滑板的进给方向等。车床上常用的变向机构有滑移齿轮变向机构、圆柱齿轮和摩擦离合器组成的变向机构等。

3.1.4　车床的电气控制系统

CA6140 型卧式车床的电气控制系统采用继电器—接触器控制方式。主轴的正反转用机械式双向多片摩擦离合器转换，主轴制动使用了摩擦轮。刀架的快速移动由快速电动机驱动。电气控制箱位于机床的左床腿内，主电动机在床身左后部，切削液泵装在右床腿处，快进电动机装在溜板箱内。

1. 电气控制电路的特点

图 3-19 所示为 CA6140 型卧式车床的电气控制原理图。控制系统主要由 3 台交流笼型异步电动机、断路器、继电器、控制变压器、熔断器、按钮和开关等组成，控制电路的特点如下：

1）控制系统的电源总开关采用断路器，在控制系统发生漏电或过载时，能自动切断电源，对操作人员和电气设备进行保护。

2）车床上 3 台电动机的容量都较小（<10kW），全采用简单的全压起动方式，全部单向旋转，其中的两台小电动机为点动控制。

3）切削液泵电动机与主轴电动机采用联锁控制，在主轴电动机优先起动后，切削液泵电动机才能起动。

4）设置有交换齿轮箱门与电气控制箱门关闭情况的检测开关，只有当交换齿轮箱门、电气控制箱门关闭到位后，两个检测开关才使控制电路与主电路通电，电动机起动操作才能有效。

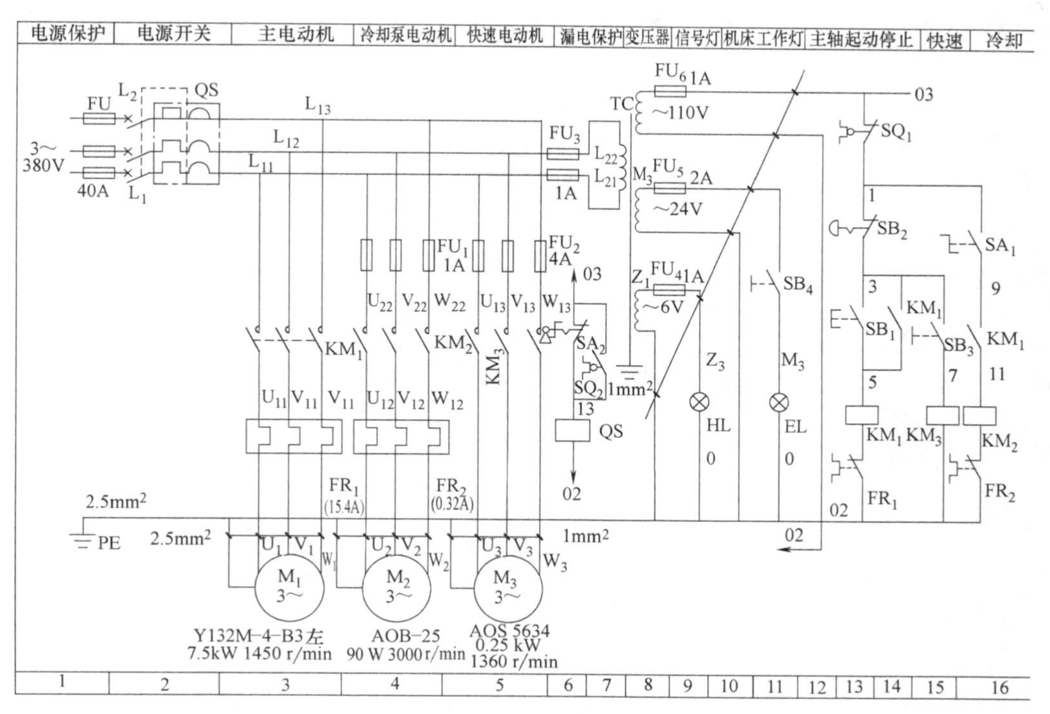

图 3-19　CA6140 型卧式车床的电气控制原理图

2. 电气控制系统

由图 3-19 还可以看出，CA6140 型卧式车床的电气控制系统由主电路、控制电路、信号电路和照明电路 4 部分组成。

（1）主电路　主电路中有 3 台电动机：其中为 M_1 主轴电动机，带动主轴旋转、刀架做进给运动；M_2 为切削液泵电动机，输送切削液；M_3 为刀架快速移动电动机。

（2）控制电路　控制变压器 TC 二次侧一分离绕组输出交流 110V 电压作为控制电路的电源。熔断器 FU_6 为控制电路的短路保护。

控制回路的电源由变压器 TC 副边输出 110V 电压提供。

1）主轴电动机的控制：按下起动按钮 SB_2，接触器 KM_1 的线圈获电动作，其主触头闭合，主轴电动机 M_1 起动运行。同时 KM_1 的自触头和另一副常开触头闭合。按下停止按钮 SB_1，主轴电动机 M_1 停车。

2）切削液泵电动机控制：如果车削加工过程中，工艺需要使用切削液时，合上开关 QS，在主轴电动机 M_1 运转情况下，接触器 KM_1 线圈获电吸合，其主触头闭合，切削液泵电动机获电运行。由电气控制原理图可知，只有当主轴电动机 M_1 起动后，切削液泵电动机 M_2 才有可能起动，当 M_1 停止运行时，M_2 也就自动停止。

3）溜板快速移动电动机的控制：溜板快速移动电动机 M_3 的起动是由安装在进给操纵手柄顶端的按钮 SB_3 来控制，它与中间继电器 KM_3 组成点动控制环节。将操纵手柄扳到所需要的方向，压下按钮 SB_3，继电器 KM_3 获电吸合，M_3 起动，溜板就向指定方向快速移动。

（3）信号、照明电路　信号电路和照明电路的交流电源为 6V 和 24V，均由控制变压器 TC 供给。熔断器 FU_4、FU_5 分别为这两个电路的短路保护。EL 为机床的工作灯，由 SB_4 控制；HL 为电源的信号灯。

3. 电气设备位置图

通过电气设备位置图，工作人员可以更直观地了解电气系统，给维修带来了方便。图 3-20 所示为 CA6140 型卧式车床按钮、开关等电气设备位置图，其他如熔断器、变压器、接触器、继电器等都装在电气箱内的控制板上。

3.1.5　车床的维护保养

为了使机床保持良好的状态，防止或减少事故的发生，把故障消灭在萌芽之中，除了发生故障应及时修理外，还应坚持定期检查，经常维护保养机床。

1. 日常保养

（1）班前保养

1）擦净机床外露导轨及滑动面上的尘土。

2）按规定润滑各部位。

3）检查各手柄位置。

4）空车试运转。

（2）班后保养

1）打扫场地卫生，保证机床底下无切屑、无垃圾，保证工作环境干净。

2）将铁屑全部清扫干净。

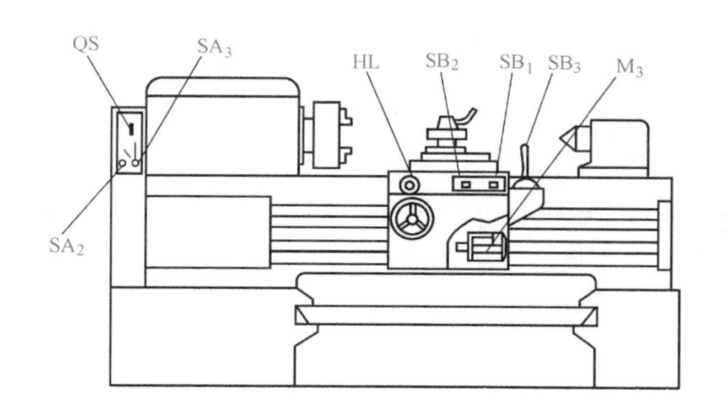

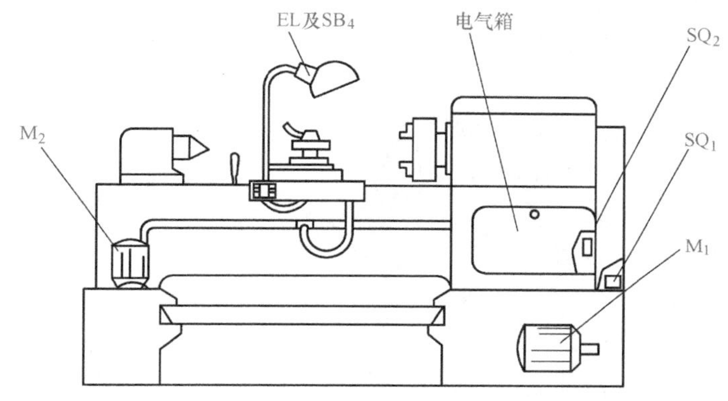

图 3-20 CA6140 型卧式车床按钮、开关等电气设备位置图

3）擦净机床各部位，保持各部位无污迹，各导轨面（大、中、小）无水迹。

4）对各导轨面（大、中、小）和刀架加机油防锈。

5）清理工、量、夹具，使其干净归位；部件归位。

6）每个工作班结束后，应关闭机床总电源。

2. 各部位定期保养

（1）主轴箱

1）拆洗过滤器。

2）检查主轴定位螺钉，调整适当。

3）调整摩擦片间隙和制动阀。

4）检查油质是否保持良好。

5）清洗或更换润滑油。

6）检查并更换必要的磨损件。

（2）刀架及滑板

1）拆洗刀架、小滑板、中滑板各件。

2）安装时调整好中滑板、小滑板的丝杠间隙和塞铁间隙。

3）拆洗大滑板，疏通油路，消除毛刺。

4）检查并更换必要的磨损件。

（3）交换齿轮箱

1）拆洗交换齿轮及交换齿轮架，并检查轴套有无晃动现象。

2）安装时调整好齿轮间隙，并注入新润滑脂。

3）检查并更换必要的磨损件。

（4）尾座

1）拆洗尾座各件。

2）清除研伤毛刺，检查丝杠、螺母间隙。

3）安装时要求达到灵活可靠。

4）检查、修复尾座套筒锥度。

5）检查并更换必要的磨损件。

（5）进给箱、溜板箱

1）清洗油路，注入新油。

2）进给箱及溜板箱整体拆下，清洗、检查并更换必要的磨损件。

（6）外表

1）清洗机床外表及死角，拆洗各罩盖，要求内外清洁、无锈蚀、无油污。

2）清洗三杠及齿条，要求无油污。

3）检查补齐螺钉、手球、手柄。

4）检查导轨面，修光毛刺，对研伤部位进行维修。

（7）电器

1）清扫电器及电器箱内外尘土。

2）检查、擦拭电器元件及触点，要求完好、可靠无灰尘，线路安全可靠。

3）检修电气装置，根据需要拆洗电动机，更换润滑油、润滑脂。

3. 车床的润滑

上班时注意检查各润滑部位的润滑油量是否充足及是否有漏油现象。

1）车床采用全损耗系统用油润滑。主轴箱及进给箱采用箱外循环强制润滑。油泵由主电动机驱动，由油泵把油箱的润滑油输送到主轴箱和进给箱内。开机后应观察主轴箱油窗，检查是否供油。起动主电动机空转1min，待主轴箱内形成油雾，使各部位得到润滑油后，方可起动主轴。

进给箱上有储油槽，以使油润滑到各点，最后流回油箱。主轴箱后端的三角形过滤器，应每周用煤油清洗一次。主轴箱中主轴后轴承以油绳润滑。主轴箱其他部位用齿轮溅油法润滑，换油期为每三个月一次。

2）溜板箱下部是储油箱，油箱和溜板箱的润滑油在两班制的车间50~60天更换一次，但第一次和第二次应为10天或20天更换，以便排出试车时未能洗净的污物。废油放净后，要用干净煤油彻底洗净储油箱和油箱。注入的油应用过滤网过滤，油面不得低于油标中心线。床鞍和床身导轨的润滑是由床鞍内的油盒供给润滑油的，每班加一次油，加油时旋转床鞍手柄将滑板移至床鞍后方或前方，在床鞍中部的油盒中加油，溜板箱上有储油槽，由羊毛线引油润滑各轴承。蜗杆和部分齿轮浸在油中，在转动时形成油雾润滑各齿轮。当油位低于油标时，应打开加油孔向溜板箱内注油。

3）刀架和横向丝杠用油枪加油。床鞍防护油毡应每周用煤油清洗一次，并及时更换已磨损的油毡。

4）交换齿轮轴头有一油塞，每班拧动一次，使轴内的钙基润滑脂供应轴与套之间的润滑。

5）床尾套筒和丝杠、螺母的润滑可油枪每班加油一次完成。

6）丝杠、光杠及变向杠的轴颈润滑由后托架的储油池内的羊毛线引油，每班注油一次。

7）变向机构的立轴每星期应注油一次（在电气箱内）。

8）交换齿轮箱机构主要是靠齿轮溅油法进行润滑，换油期同样为每三个月一次。

9）进给箱。

① 进给箱内的轴承和齿轮，主要用齿轮溅油法进行润滑。

② 进给箱上部的储油槽，可通过油绳进行润滑。每班还要给进给箱上部的储油槽适量加油一次。

10）溜板箱

① 溜板箱内的蜗杆机构采用浸油润滑。

② 溜板箱内的其他机构，用其上部储油槽里的油绳进行润滑，通常每班加油一次。

11）床身导轨面和大、中、小滑板导轨面用油壶浇油润滑，每班一次。

4. 日常维护

机床的日常维护是提高工作效率，保持较长的机床使用寿命的前提条件。每班维护要求操作者做到：班前对机床进行检查，并按规定加润滑油，确认正常后才能开机。在工作中要严格按机床操作规程使用机床，随时观察机床外露导轨的磨损情况。如果听到机床传动的声音异常，应立即停机，及时处理。对轴承部位的温度也要经常检查，滚动轴承部位温度应低于70℃，用手摸时一般不应烫手。下班前要对机床进行认真清扫擦拭，并在导轨上涂上润滑油。

周末维护要求在每周末或节假日前，利用一段时间对机床进行较细致的清扫、擦拭和润滑，要求做到“整齐、清洁、润滑、安全”。

5. 使用车床时必须注意的事项

1）各箱体中润滑油不得低于各油标中心，否则会因润滑不良而损坏机床。

2）所有润滑点必须按时注入干净的润滑油。

3）注意经常观察主轴箱油窗，检查是否供油，确保主轴箱及进给箱有足够的润滑油。

4）定期检查并调整V带的松紧度。

5）每天工作前应使主电动机空转1min，随后机床各部位也做空转，使润滑油散布至各处。

6）主轴回转时在任何情况下均不得扳动变速手柄。

7）丝杠只能在车削螺纹时使用，以保持其精度及寿命。

8）使用中心架或跟刀架时，必须润滑中心架或跟刀架的支承面与工件的接触表面。

9）溜板箱增加限位碰停时，碰停环装在转向杆上，并将其固定在刀架不碰到卡盘的位置上。

10）在装夹工件前，必须先把嵌在工件中的泥砂等杂质清除掉，以免杂质嵌进滑板滑动面，加剧磨损或“咬坏”导轨。在装夹及找正一些尺寸较大、形状复杂而装夹面积又较小的工件时，应预先在工件下面的车床床面上安放一块木板，同时用压板或回转顶尖顶住工件，防止其掉下来砸坏床面。找正时，如发现工件的位置不正确或歪斜，切忌用力敲击，以免影响车床主轴的精度，而需先将卡爪、压板或顶尖略微松开，再进行找正。

6. 工具和刀具的放置

工具和刀具不要放在床面上，以免碰坏导轨。需要的话，一般先在床面上盖上床盖板，再把工具和刀具放在床盖板上。

7. 车床的清洁保养

1）在砂光工件时，要将工件下面的床面用床盖板或纸盖住，并在砂光工件后，仔细擦净床面。

2）在车铸铁工件时，应在溜板上装护轨罩盖，同时擦去切屑能够飞溅到的一段床面上的润滑油。

3）每班下班时，必须做好车床的清洁保养工作，防止切屑、砂粒或杂质进入车床导轨滑动面而把导轨“咬坏”或磨损导轨。

4）在使用切削液前，必须清除车床导轨及切削液盛盘里的垃圾；使用后，要把导轨上的切削液擦干，并加润滑油保养。

3.2 数控机床

3.2.1 概述

1. 数控机床的发展概况

随着科学技术的不断发展，机械产品日趋精密、复杂，而且更新换代速度加快，这就对制造机械产品的机床提出了高性能、高精度、高效率和高度自动化的要求。在机械产品中，单件和小批量产品占到70%～80%，采用普通机床加工这些零件效率低、劳动强度大，有些复杂形面甚至无法加工。采用组合机床或自动化机床加工这类零件也不合理，因为需要经常改装与调整设备。数控机床就是为了解决单件、小批量，特别是高精度、复杂形面零件加工的自动化要求而产生的。

数控机床是一种高度自动化的机床，它是用计算机通过数字化信息来实现自动控制的机电一体化产品，综合应用了微电子技术、计算机自动控制、精密检测、伺服驱动、机械设计与制造技术等多方面的最新成果，是一种先进的机械加工设备。数控机床不仅能够提高产品的质量和生产率，降低生产成本，还能够大大改善工人的劳动条件。

数控机床技术发展的总趋势是高速、高效、高精度、高可靠性、智能和绿色。近几年来，数控机床技术在实用化和产业化等方面取得了可喜成绩，主要表现在以下几方面。

（1）机床复合技术进一步扩展　随着数控机床技术进步，复合加工技术日趋成熟，包括铣—车复合、车—镗—钻—齿轮加工复合、车—磨复合、成形复合加工、特种复合加工等。复合加工相对于传统加工，其精度和效率大大提高。复合加工机床发展正呈现多样化的态势。

（2）智能化技术有新突破　自动调整干涉防碰撞功能、断电后工件自动退出安全区断电保护功能、加工零件检测和自动补偿功能、高精度加工零件智能化参数选用功能、加工过程自动消除机床振动等功能已进入实用化阶段，智能化提升了机床的功能和品质。

（3）机器人使柔性化组合效率更高　机器人与主机的柔性化组合得到广泛应用，使得

柔性线更加灵活、功能进一步扩展、柔性线进一步缩短、效率更高。机器人与加工中心、车铣复合机床、磨床、齿轮加工机床、工具磨床、电加工机床、锯床、压力机、激光加工机床、水切割机床等组成多种形式的柔性单元和柔性生产线，并已广泛应用。

（4）精密加工技术有了新进展　数控机床的加工精度已从原来的丝级提升到目前的微米级，有些品种已达到0.05μm左右。超精密数控机床的微细切削和磨削加工，精度可达到0.05μm左右，形状精度可达0.01μm左右。采用光、电、化学等能源的特种加工精度可达到纳米级。通过机床结构设计优化、机床零部件的超精加工和精密装配、采用高精度的全闭环控制及温度、振动等动态误差补偿技术，可提高机床加工的几何精度，降低几何误差、表面粗糙度值等，从而使数控机床进入亚微米、纳米级超精加工时代。

（5）功能部件性能不断提高　功能部件不断向高速度、高精度、大功率和智能化方向发展，并取得成熟的应用。全数字交流伺服电动机和驱动装置，高技术含量的电主轴、力矩电动机、直线电动机，高性能的直线滚动组件，高精度主轴单元等功能部件的推广应用，极大地提高了数控机床的技术水平。

2. 数控机床的工作原理及组成

（1）数控机床的工作原理　数控机床根据被加工零件的图样与工艺规程，在加工零件之前由编程人员用规定的代码和程序格式编制零件的加工程序（复杂零件采用CAM软件编程，如汽轮机的叶片），这是数控机床自动加工零件的工作指令；然后将所编程序输入到机床数控装置的存储器中，再由数控装置中的CPU对程序（代码）进行译码、运算、逻辑处理后，控制机床主运动的起停、变速、换向，进给运动的方向、速度和位移大小，以及其他诸如刀具选择交换、工件夹紧松开和冷却润滑等动作，使刀具与工件及其他辅助装置严格地按照数控程序规定的顺序、路程和参数进行工作，从而加工出形状、尺寸与精度符合要求的零件。

在加工前要分析零件图，拟订零件加工工艺方案（如刀具选择），明确加工工艺参数（如刀具移动位置），然后按照程序编制规则编制程序（程序代码有若干种类型，不同的数控系统其编写指令有一些差异），然后将程序输入到CNC装置的存储器中，经过试运行无误后即可起动机床，运行数控加工程序。

（2）数控机床的组成　数控机床一般由输入/输出装置、数控装置、可编程序控制器（PLC）、伺服驱动系统、位置检测反馈装置、机床本体和辅助装置等组成，如图3-21所示。

1）输入/输出装置。输入装置可将不同的加工信息传递给计算机。在数控机床产生的初期，输入装置为穿孔纸带，现已趋于淘汰；目前，使用键盘、磁盘等作为输入装置，大大方便了信息输入工作。

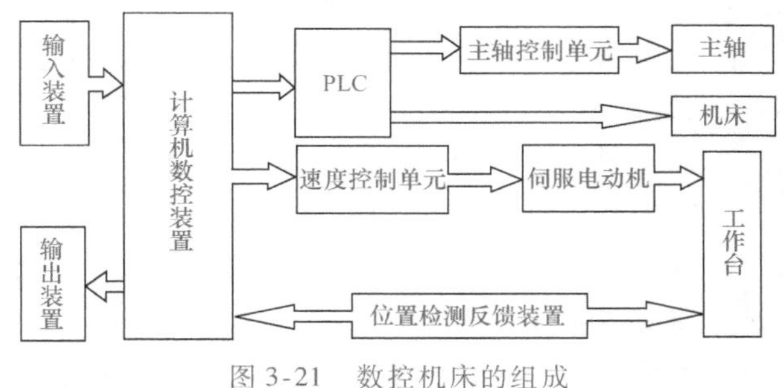

图3-21　数控机床的组成

输出装置输出内部工作参数（含机床正常、理想工作状态下的原始参数，故障诊断参数等），一般在机床刚工作时，输出这些参数并记录保存，待机床工作一段时间后，再将输出参数与原始资料做比较、对照，可帮助判断机床工作是否维持正常。

2）数控系统。数控系统是数控机床的核心，如图3-22所示，计算机数控系统（CNC）主要由数控装置、可编程序控制器、外围设备（PLC）等组成。

① 数控装置。数控装置是数控系统的核心部分，它接受输入装置送来的脉冲信号，经过数控装置的系统软件或逻辑电路进行编译、运算和逻辑处理后，输出各种信号和指令控制机床各部分，进行规定的、有序的动作。其中最基本的控制信号是经插补运算确定的各坐标轴（即做进给运动的各执行部件）的进给速度、进给方向和位移量指令，经伺服驱动系统驱动执行部件做进给运动。其他还有主运动部件的变速、换向和起停信号；选择和交换刀具的刀具指令信号；控制冷却、润滑的起停，工件和机床部件的松开、夹紧，分度工作台转位等辅助指令信号等。

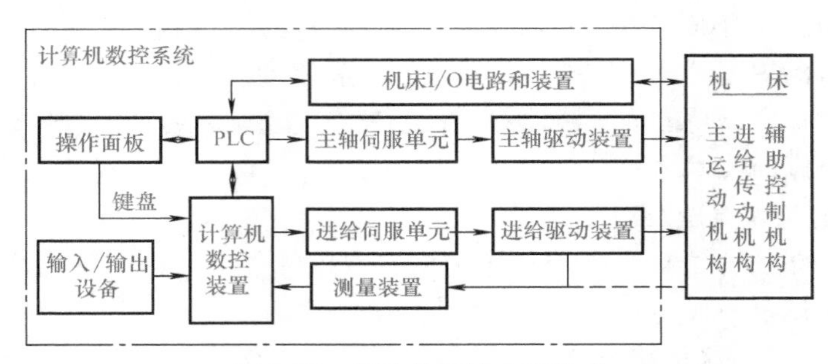

图3-22　CNC的系统主要组成

数控装置由硬件和软件两大部分组成。硬件包括输入/输出（I/O）接口、CPU、键盘、CRT显示器、存储器和串行通信接口等；软件包括管理软件和控制软件。管理软件主要具有输入/输出（I/O）、显示和诊断等功能，控制软件主要具有译码、刀具补偿、速度控制、插补运算和位置控制等功能。数控装置主要具有以下功能。

a. 多坐标控制。

b. 实现多种函数的插补运算。

c. 多种程序输入功能（人机对话、手动数据输入、由上级计算机及其他计算机输入设备的程序输入）以及对程序的编辑和修改功能。

d. 信息转换功能：EIA/ISO代码转换、寸制/米制转换、坐标转换、绝对值/增量值转换、计数转换。

e. 补偿功能：刀具半径补偿、刀具长度补偿、传动间隙补偿和螺距误差补偿等。

f. 多功能加工方法的选择：可以实现多种加工循环、重复加工和镜像加工等。

g. 故障自诊断功能。

h. 显示功能：用显示器（CRT）可以显示字符、轨迹、平面图形和动态三维图形。

i. 通信和联网功能。

② 可编程序控制器（PLC）。PLC可以对主轴单元实现控制，对程序中的转速指令进行处理而控制主轴转速；管理刀库，进行自动刀具交换、选刀方式、刀具累计使用次数、刀具剩余寿命及刀具刃磨次数等管理；控制主轴正反转和停止、准停、切削液开关、卡盘夹紧松开、机械手取送刀等动作；还对机床外部运行信号（行程开关、压力开关、温控开关等）进行控制；对输出信号（刀库、机械手、回转工作台等）进行控制。

③ 外围设备。数控机床外围设备主要包括操作面板、键盘、显示器和外部存储器等。

这些设备大都是通用的外围输入/输出（I/O）设备。

a. 操作面板主要用于安装操纵机床的各种控制开关、按键，以及工作状态指示器、报警用的信号指示等。通过操作面板，操作人员可以控制数控机床。

b. 显示器主要用于 CNC 系统的有关信息显示。例如机床工作台的位置、速度、主轴转速、刀具位置等机床信息，工件加工的程序输入编辑、修改时的显示和加工轨迹的显示等。目前常用的显示器有 CRT 和 TFT 两种。

c. 外部存储器有 CF 卡等，用于存放和读取加工程序以及有关的数据信息，CNC 系统也用于存取系统控制程序。

（3）伺服驱动系统　伺服驱动系统是数控系统和机床本体之间的电传动联系环节，主要由伺服电动机、驱动控制系统和位置检测与反馈装置等组成。伺服电动机是系统的执行元件，驱动控制系统是伺服电动机的动力源。数控系统发出的指令信号与位置反馈信号比较后作为位移指令，在经过驱动系统的功率放大后，驱动电动机运转，通过机械传动装置拖动工作台或刀架运动。常见的伺服系统有步进电动机伺服系统和交流及直流伺服系统。

1）步进电动机伺服系统。步进电动机接受一个脉冲，电动机转过一个固定角度，从驱动工作台移动一个位置，即脉冲当量。步进电动机伺服系统精度较低，但价格低廉，故常用于开环伺服系统中。

2）交流伺服系统。交流伺服电动机有交流同步电动机和交流异步电动机。通过计算机对交流电动机的磁场做矢量变换来控制交流电动机的运动，通过电动机轴上的脉冲编码器检测电动机的转角，转换反馈给数控系统实现半闭环控制，能得到较好的定位精度。同时，由于交流伺服电动机过载能力强，故交流伺服系统在机床进给驱动系统中得到了广泛的使用。

（4）检测反馈装置　检测反馈装置由检测元件和相应的电路组成，主要检测速度和位移，并将信息反馈给数控装置，实现闭环控制，以保证数控机床的加工精度。图 3-23 所示为安装在床身上的光栅，用于检测工作台的直线位移。

（5）机床本体　数控机床的主体包括床身、主轴、进给传动机构等机械部件。与传统的普通机床相比较，数控机床的本体同样由主运动部件、进给传动执行部件（如工作台、滑板、刀架）和支承部件（如床身、立柱等）组成，但数控机床的整体布局与外观造型等方面都有所不同。数控机床机械部件的组成与普通机床相似，但传动机构要求更为简单，在精度、刚度、抗振性等方面要求更高，而且其传动和变速系统要便于实现自动化控制。

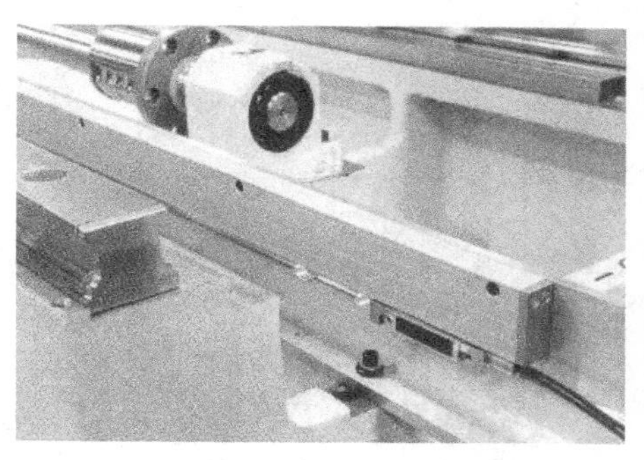

图 3-23　安装在床身上的光栅

（6）辅助装置　辅助装置主要包括自动换刀装置、自动交换工作台、工件夹紧松开机构、回转工作台、液压控制系统、过载保护装置、润滑装置、切削液装置和排屑装置等。对于加工中心类的数控机床，还有存放刀具的刀库和交换刀具的机械手等部件。

3. 数控机床的分类

数控机床的品种和规格繁多，根据其控制原理、功能和组成，可以按照不同的方式进行分类。

各种类型的数控机床基本上起源于同类型的普通机床，按工艺用途可分为：数控车床、数控铣床、数控钻床、数控镗床、数控冲压机床、数控坐标测量机、数控平面磨床、数控外圆磨床、数控轮廓磨床、数控坐标磨床、数控工具磨床、数控电火花加工机床、数控线切割机床、数控激光加工机床、数控工具磨床、数控超声波加工机床和数控齿轮加工机床，还有数控等离子切割机、数控火焰切割机、数控折弯机、数控弯管机和数控水切割机等，见表3-7。

4. 数控机床的特点

与普通机床相比，数控机床具有以下一些特点。

1）零件加工的适应性强、灵活性好，可以加工不同形状的工件。自动化机床采用数字程序控制，当生产品种改变时，只要重新编制零件加工程序，就能实现不同零件的自动化生产。它能适应当前市场竞争中对产品不断更新换代的要求，解决了多品种、单件小批量生产的自动化问题，也能满足飞机、汽车、造船、动力设备、国防军工等领域所需的形状复杂零件的加工需要。数控设备生产准备周期短，有利于机械产品不断更新换代。广泛的适应性是数控设备最突出的优点之一，也是数控设备得以产生和迅速发展的重要原因。

表3-7 数控机床的分类

序号	机床分类	主要用途	序号	机床分类	主要用途
1	数控车床	车削成形面，带圆弧、锥度的复杂轴类零件	8	数控齿轮加工机床	加工各类圆柱、螺旋齿轮
2	车削中心	车削成形面，带圆弧、锥度的复杂盘类、轴类零件，还能进行铣平面、横钻孔	9	数控电火花加工机床	加工曲线、成形板、模具
3	数控铣床	成形铣削复杂工件（也可钻孔、攻螺纹）	10	数控激光加工机床	特殊材料钻孔、成形、切割、淬火
4	数控钻床	加工各种孔和螺纹孔	11	数控压力机	冲裁各类面板
5	数控镗床	钻、镗、铣一般精度的复杂工件	12	数控弯管机	弯曲各种管材
6	加工中心	成形面加工、非成形面复杂箱体加工	13	数控切割机	① 用喷射水切割板材 ② 用气体火焰切割板材
7	数控磨床	磨削成形外圆、内孔、端面、盘面凸轮	14	数控坐标测量机	对工件形状和精度进行检测

2）生产率和加工精度高、加工质量稳定。数控机床上可以采用较大的切削用量，进行强力切削，同时还可以自动换速、自动换刀和自动装夹工件，能够有效地减少零件的加工时间和辅助时间。数控机床是按照预定程序自动工作的，一般情况下工作过程不需要人工干预，这就消除了操作者人为产生的误差。数控装置的脉冲当量（或分辨率）目前可达0.0001～0.01mm，并且可以通过实时检测反馈修正误差或补偿来获得更高的精度。因此，数控机床可以获得比机床本身精度更高的加工精度，尤其提高了同批零件生产的一致性，使产品质量稳定。

3）工序集中，一机多用。数控加工中心可以进行车、铣、镗、钻、磨等各种粗、精加工，实现了在一台机床上进行多道工序的连续加工，减少了半成品的工序间周转时间，还可节省机床占地面积。

4）减轻劳动强度，改善劳动条件。由于数控机床是按所编程序自动完成零件加工的，操作者主要进行程序的输入、装卸零件、加工状态的观测、零件的检验等工作，劳动强度极大降低。机床一般是封闭式加工，既清洁又安全。

5）能实现复杂形面零件的加工。数控机床可以完成普通机床难以完成或根本不能加工的复杂曲面零件的加工，可以实现几乎是任意轨迹的运动和加工任何形状的空间曲面，适用于各种复杂形面的零件加工。

6）有利于现代化生产管理。数控机床采用数字信息与标准代码处理、传递信息，特别是在数控机床上使用计算机控制，为计算机辅助设计、制造以及管理一体化奠定了基础。目前已与计算机辅助设计与制造（CAD/CAM）有机地结合起来，是现代集成制造技术（CIMS）的基础，一机多工序加工，减化了生产过程的管理，减少了管理人员，并且可实现无人化生产。

7）数控机床的操作和维护要求较高。为保证数控加工的综合经济效益，要求机床的使用者和维修人员应具有较高的专业素质。

5. 数控机床的应用

随着现代经济和科学技术的迅猛发展，尤其是计算机数控系统的出现及微型计算机的迅速发展，再加上数控技术的普及，这些有利的条件都使得数控机床的应用范围越来越广泛，其加工成本不断降低，加工精度不断提高。在要求可靠性高、柔性强和实现机电一体化等方面的生产加工中，数控机床都有广泛的应用。由于数控机床属于精密设备，致使成本较高，因此目前多用于形状复杂、精度要求高的中小批量零件的加工。

不同类型的数控机床有着不同的用途，在选用数控机床之前应对其类型、规格、性能、特点、用途和应用范围有所了解，才能选择最适合加工零件的数控机床。根据数控加工的特点和国内外大量应用实践，数控机床通常最适合加工具有以下特点的零件。

1）多品种、小批量生产的零件或新产品试制中的零件。随着数控机床制造成本的逐步下降，现在不管是国内还是国外，加工大批量零件的情况已经出现。加工批量很小和单件生产时，如能缩短程序的调试时间和工装的准备时间，也可以选用数控机床。

2）形状复杂、加工精度要求高，要求对刀精确，能方便地进行尺寸补偿，通用机床无法加工或很难保证加工质量的零件。

3）表面粗糙度值小的零件。数控车床具有恒线速切削功能，车端面和不同直径外圆时可以用相同的线速度，保证表面粗糙度值既小又一致。在加工表面粗糙度值不同的表面时，表面粗糙度值小的表面选用小的进给速度，表面粗糙度值大的表面选用大些的进给速度，可变性很好，这点在普通机床中很难做到。

4）轮廓形状复杂的零件。任意平面曲线都可以用直线或圆弧来逼近，数控机床具有圆弧插补功能，可以加工各种复杂轮廓的零件。

5）具有难测量、难控制进给、难控制尺寸的不开敞内腔的壳体或盒形零件。

6）必须在一次装夹中完成铣、镗、锪、铰或攻螺纹等多工序的零件。

7）价格昂贵，加工中不允许报废的关键零件。

8）需要最短生产周期的急需零件。

9）在通用机床加工时极易受人为因素（如技术水平高低、体力强弱等）干扰，零件价值又高，一旦质量失控会造成重大经济损失的零件。

3.2.2 数控车床

1. 数控车床的用途和特点

在金属切削加工中，车削加工占有很大比重，因此在数控机床中数控车床所占的比重也很大。与普通车床一样，数控车床也用来加工轴类或盘类的回转体零件。但由于数控车床是自动完成内、外圆柱面、圆弧面、圆锥面、端面、螺纹等工序的切削加工的，所以数控车床特别适合加工形状复杂的轴类或盘类零件。

数控车床具有加工灵活、通用性强、操作方便、效率高、能适应产品的品种和规格频繁变化的特点，能够满足新产品的开发和多品种、小批量、生产自动化的要求，因此被广泛应用于机械制造业。

2. 数控车床的布局及机械结构

数控车床的床身结构和导轨有多种形式，主要有平床身、斜床身、平床身斜滑板和立床身等，如图 3-24 所示。一般中小型数控车床多采用斜床身或平床身斜滑板结构。这种布局结构具有机床外形美观，占地面积小，易于排屑和切削液的排流，便于操作者操作与观察，易于装上、下料机械手，实现全面自动化等特点。斜床身还可以采用封闭截面整体结构，以提高床身的刚度。现以济南第一机床厂生产的 MJ-50 型数控车床为例，说明数控车床的布局及机械结构。图 3-25 所示为 MJ-50 型数控车床的外观图。

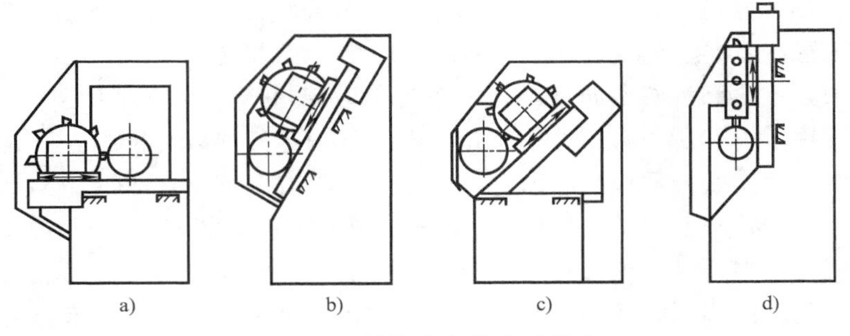

图 3-24 数控车床的布局形式

a）平床身 b）斜床身 c）平床身斜滑板 d）立床身

该数控车床采用的即为平床身斜滑板的布局形式。床身 14 的导轨上支承着倾斜 30°的滑板 13，导轨横截面为矩形，支承刚性好。导轨上配置有导轨防护罩 8。

主轴箱位于床身上方，主轴由交流伺服电动机驱动，免去了变速传动装置，主轴箱结构简单。主轴卡盘 3 的夹紧与松开由主轴尾部的液压缸控制。回转刀架 11 安装于滑板的倾斜导轨上，刀架上有 10 个工位，可以安装 10 把刀具。在加工过程中，可按照零件加工程序自动转位，将所需的刀具转到加工位置。滑板上配有 X 轴和 Z 轴的进给传动装置。

主轴箱前端面可以安装对刀仪，用于机床机内对刀。测刀时，对刀仪转臂 9 摆出，其上端的接触式传感器测头对所用刀具进行检测。测完后，转臂再摆回图中所示位置，测头进入对刀仪防护罩 7 中被锁住。加工时关上机床防护门，可以防止切屑飞溅伤人。

3. 数控车床的传动系统

MJ-50 型数控车床的传动系统如图 3-26 所示。

数控车床的主传动系统一般采用直流或交流无级调速电动机，通过带传动带动主轴旋

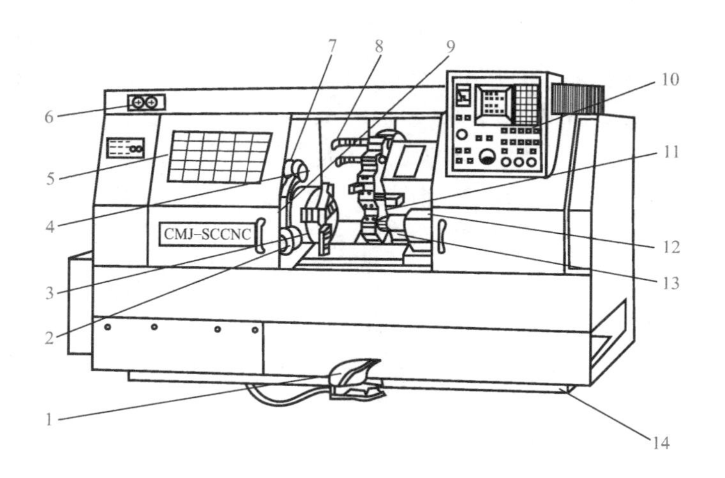

图 3-25　MJ-50 型数控车床的外观图

1—脚踏开关　2—对刀仪　3—主轴卡盘　4—主轴箱　5—机床防护门　6—压力表　7—对刀仪防护罩　8—导轨防护罩　9—对刀仪转臂　10—操作面板　11—回转刀架　12—尾座　13—滑板　14—床身

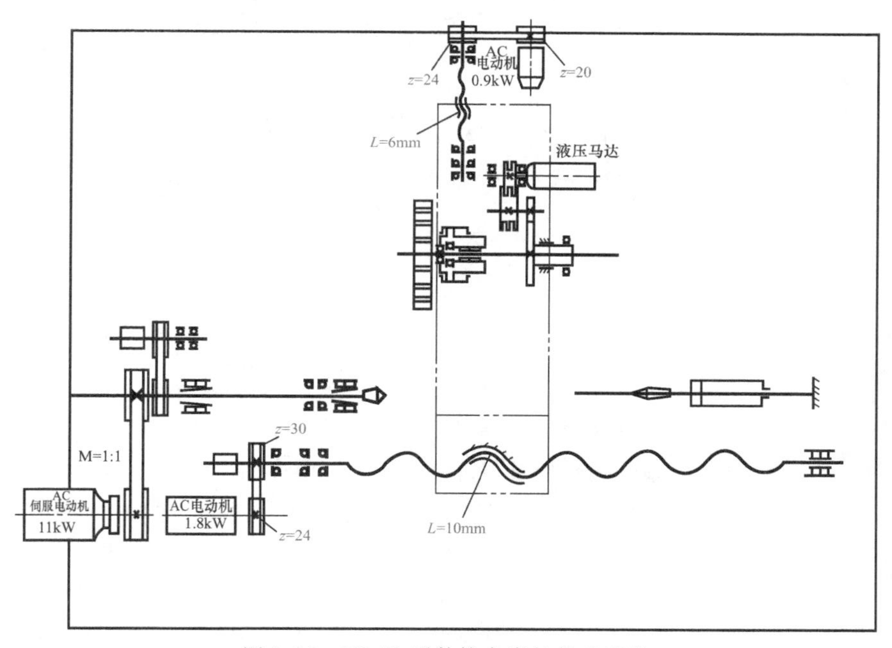

图 3-26　MJ-50 型数控车床的传动系统

转，实现自动无级调速及恒线速度控制。主电动机是功率为 11kW 的交流伺服电动机，经一级 1:1 的带传动带动主轴旋转，使主轴在 35 ~ 3500r/min 的转速范围内实现无级调速。在机床连续运转状态下，主轴的转速在 437 ~ 3500r/min 范围内，能传递电动机的全部功率 11kW，为主轴的恒功率区。从最高转速起，最大输出转矩随转速的下降而提高，主轴转速在 35 ~ 437r/min 范围内，主轴的输出转矩不变，为主轴的恒转矩区。在这个区域内，主轴所传递的功率随主轴转速的降低而降低。MJ-50 型数控车床的进给传动系统分为 X 轴进给传动和 Z 轴进给传动。X 轴进给由功率为 0.9kW 的交流伺服电动机驱动，经 20/24 的同步带轮传到滚珠丝杠上，由螺母带动回转刀架移动，滚珠丝杠导程（螺距）为 6mm。Z 轴进给由功率为 1.8kW 的交流伺服电动机驱动，经 24/30 的同步带轮传动到滚珠丝杠，其上的螺母带动滑板移动，滚珠丝杠导程（螺距）为 10mm。

在数控车床上进行车削加工时，其自动化程度高，能获得较高的加工质量。目前，在数控车床上大多应用了液压传动技术。机床中由液压系统实现的动作有：卡盘的夹紧与松开、刀架的夹紧与松开、刀架的正转与反转、尾座套筒的伸出与缩回。液压系统中各电磁阀的电磁铁动作是由数控系统的 PLC 控制实现的。

4. 数控车床的主轴部件

主轴部件是数控车床实现旋转运动的执行件。某数控车床主轴部件结构如图 3-27 所示。

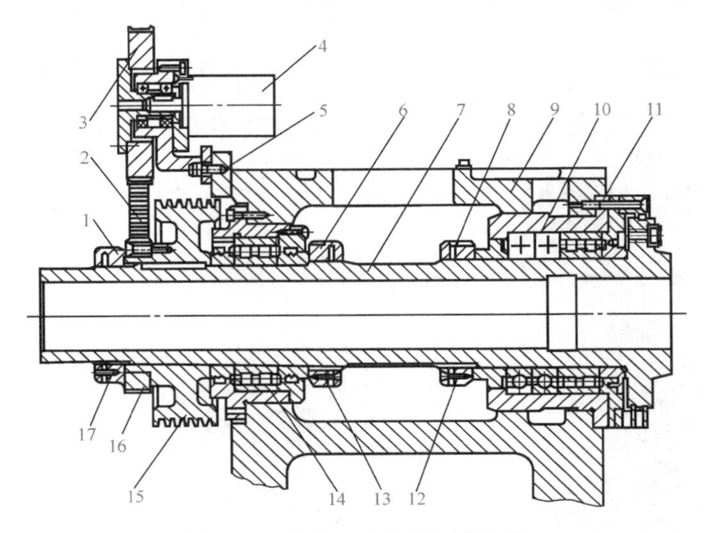

图 3-27　数控车床主轴部件结构

1、6、8—螺母　2—同步带　3、15、16—带轮　4—脉冲编码器　5、12、13、17—螺钉
7—主轴　9—主轴箱体　10—角接触球轴承　11、14—双列圆柱滚子轴承

其工作原理为：交流主轴电动机通过带轮 15 把运动传给主轴 7。主轴有前后两个支承，前支承有一个圆锥孔，内装双列圆柱滚子轴承 11 和一对角接触球轴承 10 ，轴承 11 用来承受径向载荷，两个角接触球轴承一个大口向外（ 朝向主轴前端 ），另一个大口向里（朝向主轴后端），用来承受双向的轴向载荷和径向载荷。前支承轴承的间隙用螺母 8 来调整。螺钉 12 用来防止螺母 8 松动。主轴的后支承为圆锥孔，内装双列圆柱滚子轴承 14 ，轴承间隙由螺母 1 和 6 来调整。螺钉 17 和 13 是防止螺螺母 1 和 6 松动的。主轴的支承形式为前端定位，主轴受热膨胀向后伸长。前后支承所用圆锥孔双列圆柱滚子轴承支承刚性好，允许的极限转速高。前支承中的角接触球轴承能承受较大的轴向载荷，且允许的极限转速高。主轴所采用的支承结构适宜低速大载荷的需要。主轴经过同步带轮 16 和 3 以及同步带 2 带动脉冲编码器 4，使其与主轴同速运转。脉冲编码器用螺钉 5 固定在主轴箱体 9 上。

5. 数控车床的方刀架

数控车床方刀架是在普通车床四方刀架的基础上发展的一种自动换刀装置，其功能和普通四方刀架相同：有 4 个刀位，能装夹 4 把不同功能的刀具，方刀架回转 90°时，刀具变换一个刀位；但方刀架的回转和刀位号的选择是由加工程序指令控制的。换刀时方

刀架的动作顺序是：刀架抬起、刀架转位、刀架定位和夹紧刀架。WZD4 型刀架的结构如图 3-28 所示。

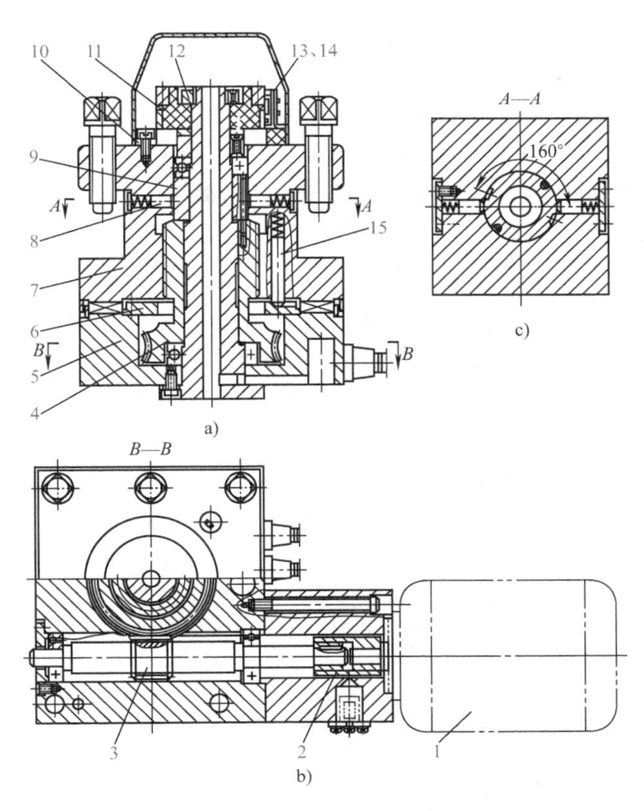

图 3-28　WZD4 型刀架的结构

1—电动机　2—联轴器　3—蜗杆轴　4—蜗轮　5—刀架底座　6—粗定位盘　7—刀架体　8—球头销　9—转位套　10—电刷座　11—发信体　12—螺母　13、14—电刷　15—粗定位销

该刀架可以安装 4 把不同的刀具，转位信号由加工程序指定。当换刀指令发出后，小型电动机 1 起动正转，通过平键套筒联轴器 2 使蜗杆轴 3 转动，从而带动蜗轮 4 转动。蜗轮 4 的上部外圆柱加工有外螺纹，故又称该零件为蜗轮丝杠。刀架体 7 内孔加工有内螺纹，与蜗轮丝杠旋合。蜗轮丝杠内孔与刀架中心轴外圆是间隙配合，在转位换刀时，中心轴固定不动。蜗轮丝杠环绕中心轴旋转。当蜗轮开始转动时，由于在刀架底座 5 和刀架体 7 上的端面齿处在啮合状态，且蜗轮丝杠轴向固定，这时刀架体 7 抬起。当刀架体抬至一定距离后，端面齿脱开。转位套 9 用销钉与蜗轮丝杠连接，随蜗轮丝杠一同转动，当端面齿完全脱开时，转位套 9 正好转过 160°，如图 3-28 中 *A—A* 剖视图所示。球头销 8 在弹簧力的作用下进入转位套 9 的槽中，带动刀架体转位。刀架体 7 转动时带着电刷座 10 转动，当转到程序指定的刀号时，粗定位销 15 在弹簧的作用下进入粗定位盘 6 的槽中进行粗定位，同时电刷 13、14 接触导通，使电动机 1 反转。由于粗定位槽的限制，刀架体 7 不能转动，使其在该位置垂直落下，刀架体 7 和刀架底座 5 上的端面齿啮合，实现精确定位。电动机继续反转，此时蜗轮停止转动，蜗杆轴 3 继续转动，随夹紧力增加，转矩不断增大，达到一定值时，在传感器的控制下，电动机 1 停止转动。

译码装置由发信体11、电刷13、14组成，电刷13负责发信，电刷14负责位置判断。当刀架定位出现过位或不到位时，可松开螺母12调好发信体11与电刷14的相对位置。这种刀架在经济型数控车床及普通车床的数控化改造中得到广泛的应用。

6. 高速动力卡盘

在数控机床中，高速动力卡盘一般只用于数控车床。在金属切削加工中，为提高数控车床的生产率，对其主轴转速提出越来越高的要求，以实现高速、甚至超高速切削。现在数控车床的最高转速已由1000～2000r/min提高到每分钟数千转，有的数控车床甚至达到10000r/min。对于这样高的转速，一般的卡盘已不适用，必须采用高速动力卡盘才能保证安全可靠地进行加工。

图3-29所示为中空式动力卡盘结构图。图中下方为KEF250型卡盘，上方为P24160A型液压缸。这种卡盘的工作原理是：当液压缸21的右腔进入压力油使活塞22向左移动时，通过与连接螺母5相连接的中空拉杆26，使滑动体6随连接螺母5一起向左移动，滑动体6上有三组斜槽，分别与三个卡爪座10相啮合，借助10°的斜槽，卡爪座10带着卡爪1向内移动，夹紧工件；反之，当液压缸21的左腔进入压力油使活塞22向右移动时，卡爪座10带着卡爪1向外移动，松开工件。当卡盘高速回转时，卡爪组件产生的离心力使夹紧力减小。与此同时，平衡块3产生的离心力通过杠杆4变成压向卡爪座的夹紧力，且平衡块3越重，其补偿作用越大。为了实现卡爪的快速调整和更换，卡爪1和卡爪座10采用端面梳形齿的活爪连接，只要拧松卡爪1上的螺钉，即可迅速调整卡爪位置或更换卡爪。

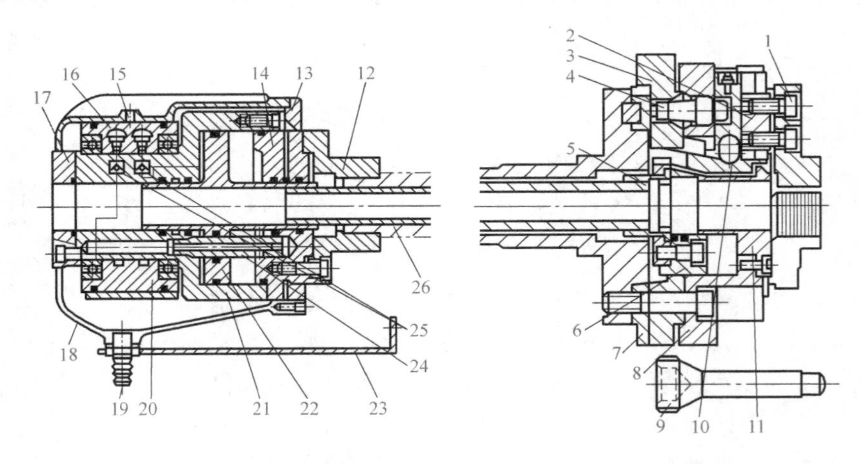

图3-29 中空式动力卡盘结构

1—卡爪 2—T形块 3—平衡块 4—杠杆 5—连接螺母 6—滑动体 7—法兰盘 8—盘体 9—扳手 10—卡爪座 11—防护盖 12—法兰盘 13—前盖 14—液压缸盖 15—紧定螺钉 16—压力管接头 17—后盖 18—罩壳 19—漏油管接头 20—导油套 21—液压缸 22—活塞 23—防转支架 24—导向杆 25—安全阀 26—中空拉杆

7. 盘形自动回转刀架

图3-30所示为CK7815型数控车床采用的回转刀架结构图。该刀架可配置12位（A型或B型）、8位（C型）刀盘。A、B型回转刀盘的外切刀可使用25mm×150mm标准刀具和刀杆截面为25mm×25mm的可调刀具，C型回转刀盘可用尺寸为20mm×20mm×125mm的标准刀具，镗刀杆直径最大为32mm。

刀架转位为机械传动，端面齿盘定位。转位开始时，电磁制动器断电，电动机11通电转动，通过传动齿轮 10、9、8 带动蜗杆 7 旋转，使蜗轮 5 转动。蜗轮内孔有螺纹与轴 6 上的螺纹配合。端面齿盘 3 被固定在刀架箱体上，轴 6 固连在端面齿盘 2 上，端面齿盘 2 和端面齿盘 3 处于啮合状态，所以当蜗轮转动时，轴 6、端面齿盘 2 和刀架 1 同时向左移动，直到端面齿盘 2 与 3 脱离啮合。轴 6 的外圆柱面上有两个对称槽，内装滑块 4。蜗轮 5 的右侧固定连接圆环 14，圆环左侧端面上有凸块，所以蜗轮和圆环同时旋转。当端面齿盘 2、3 脱开后，与蜗轮固定在一起的圆环 14 上的凸块正好碰到滑块 4，蜗轮继续转动，通过圆环 14 上的凸块带动滑块 4 连同轴 6、刀盘一起进行转位。到达要求位置后，电刷选择器发出信号，使电动机 11 反转，这时蜗轮 5 及圆环 14 反向旋转，凸块与滑块 4 脱离，不再带动轴 6 转动；同时，蜗轮 5 与轴 6 上的旋合螺纹使轴 6 右移，端面齿盘 2、3 啮合并定位。压紧端面齿盘的同时，轴 6 右端的小轴 13 压下微动开关 12，发出转位结束信号，电动机断电，电磁制动器通电，维持电动机轴上的反转力矩，以保持端面齿盘之间有一定的压紧力。

刀具在刀盘上由压板 15 和调节楔铁 16（图 3-30b）夹紧，更换和对刀十分方便。刀位选择由电刷选择器进行，松开、夹紧位置检测由微动开关 12 控制。整个刀架控制是一个电气系统，结构简单。

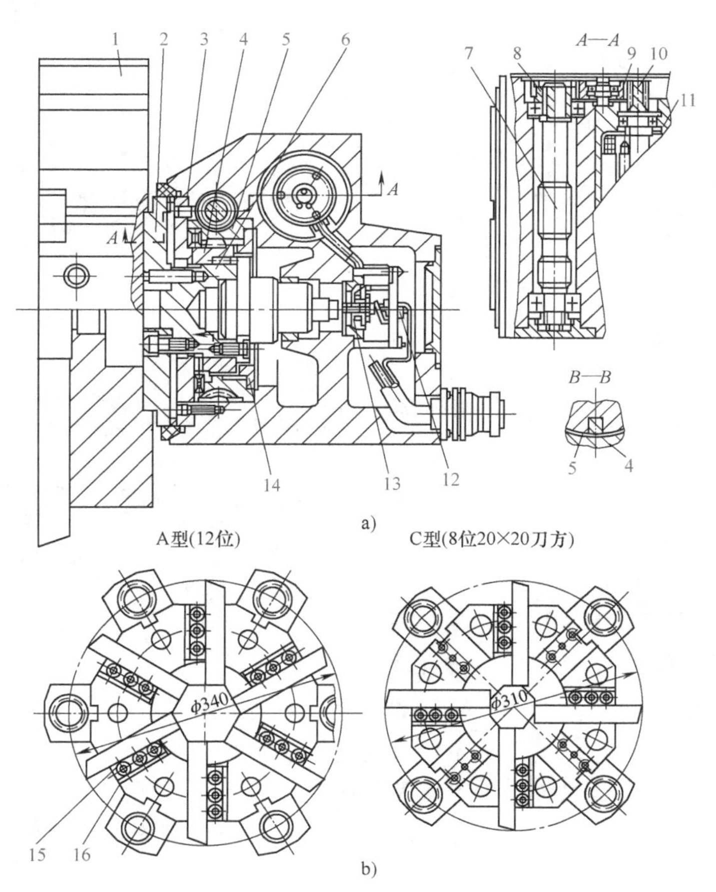

图 3-30 回转刀架

1—刀架 2、3—端面齿盘 4—滑块 5—蜗轮 6—轴 7—蜗杆 8、9、10—传动齿轮 11—电动机 12—微动开关 13—小轴 14—圆环 15—压板 16—调节楔铁

3.2.3 数控铣床

数控铣床可以加工由直线和圆弧两种几何要素构成的平面轮廓，也可以直接用逼近法加工非圆曲线构成的平面轮廓（采用多轴联动控制），还可以加工立体曲面和空间曲线。它可进行镗、铣、扩、铰等多种工序的加工，特别适用于板类、盘类、壳体类、模具类等复杂形状的零件或对精度保持性要求较高的中、小批量零件的加工。

常见的数控铣床有立式、卧式和龙门式三种，分别如图 3-31～图 3-33 所示。

1. 数控铣床的布局和结构

（1）工件重量、尺寸与布局的关系　图 3-34 所示为数控铣床总体布局示意图，由图可见，同是用于铣削加工的铣床，根据工件的重量和尺寸的不同，可以有四种不同的布局方案。

图 3-31　立式数控铣床外形图

图 3-32　卧式数控铣床外形图

图 3-33　龙门式数控铣床外形图

图 3-34a 所示为加工工件较轻的升降台数控铣床，工件三个方向的进给运动分别由工作台、滑鞍和升降台来实现。当加工工件较重或者高度尺寸较大时，则不宜由升降台带着工件进行垂直方向的进给运动，而是改由铣头带着刀具来完成垂直进给运动，图 3-34b所示，这种布局方案铣床的尺寸参数即加工尺寸范围可以取得大一些。图 3-34c所示为龙门式数控铣床，其工作台载着工件进行一个方向上的进给运动，其他两个方向的进给运动由多个刀架即铣头部件在立柱与横梁上的移动来完成。这样的布局不仅适用于重量大的工件，而且由于增多了铣头，使铣床的生产率得到了很大的提高。当加工更大、更重的工件时，由工件进行进给运动在结构上是难以实现的，因此采用如图 3-34d 所示的布局方案，全部进给运动均由铣头运动来完成，这种布局形式可以减小铣床的结构尺寸和重量。

还有运动的分配与部件的布局、机床的结构性能和使用要求与总体布局都有关系。总之在加工功能与运动要求相同的条件下，数控铣床的总体布局方案是多种多样的，以铣床的刚度、抗振性和热稳定性等结构性能作为评价指标。

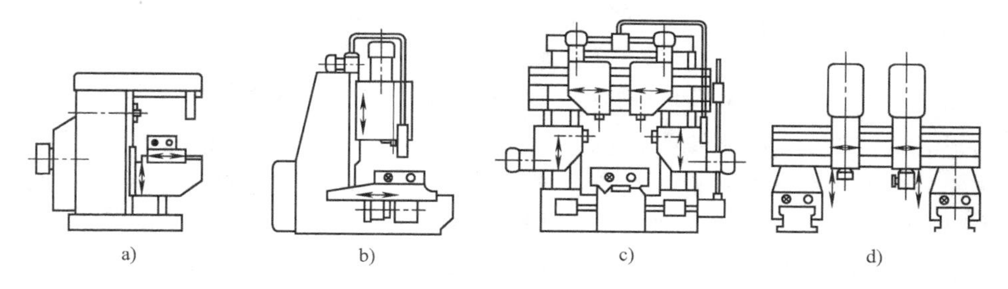

图 3-34　数控铣床总体布局示意图

a）工件进给运动的升降台数控铣床

b）铣头垂直进给运动的升降台数控铣床　c）工件一个方向进给运动的龙门式数控铣床

d）铣头垂直进给运动的龙门式数控铣床

（2）数控铣床结构的主要特点　数控铣床在外观上与通用的普通铣床有不少相似之处，但数控铣床在结构上要复杂得多，与其他数控机床（如数控车床、数控钻镗床等）相比，数控铣床在结构上主要有以下几个特点。

1）控制机床运动的坐标。为了把工件上各种复杂的形状轮廓连续加工出来，必须控制刀具沿设定的直线、圆弧或空间的直线、圆弧轨迹运动，因此要求数控铣床的伺服系统能在多坐标轴方向同时协调动作，并保持预定的相互关系，即要求机床能实现多坐标轴联动。数控铣床要控制的坐标轴数至少是三坐标轴中任意两坐标轴联动，要实现连续加工直线变斜角工件，至少要实现四坐标轴联动，而若要加工曲线变斜角工件，则要求实现五坐标轴联动。

2）数控铣床主轴的开启与停止、正反转及变速等都可以按程序自动执行。不同的机床其变速功能与范围也不同，有的采用变频机组，固定几种转速，可任选一种编入程序，但不能在运转时改变；有的采用变频器调速，将转速分为几档，编程时可任选一档，在运转中可通过控制面板上的旋钮在本档范围内自由调节；有的则不分档，编程可在整个调速范围内任选一值，在主轴运转中可以在全速范围内进行无级调整。但从安全角度考虑，每次的速度变化必须在允许的范围内，不能有大起大落的突变。在数控铣床的主轴套筒内一般设有自动拉、退刀装置，能在数秒内完成装刀与卸刀，使换刀显得较方便。此外，多坐标轴数控铣床的主轴可以绕 X、Y 或 Z 轴做摆动，也有的数控铣床带有万能主轴头，扩大了主轴自身的运动范围，但主轴结构更加复杂。

2. XKA5750 型数控铣床的主要结构和传动系统

XKA5750 型数控铣床的外形如图 3-35 所示。

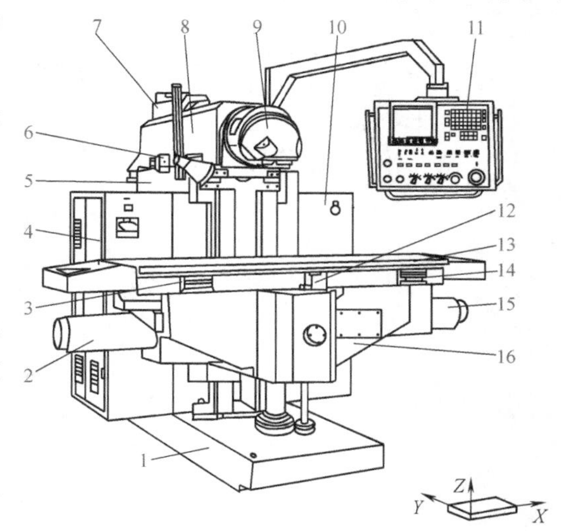

图 3-35　XKA5750 型数控铣床的外形图

1—底座　2、15—伺服电动机　3、14—行程限位开关　4—强电柜　5—床身　6—横向限位开关　7—后壳体　8—滑枕　9—万能铣头　10—数控柜　11—按钮站　12—纵向限位开关　13—工作台　16—升降滑座

（1）XKA5750 型数控铣床的主要结构　XKA-5750 型数控铣床为带有万能铣头的立卧两用数控

铣床，三坐标轴联动，可以铣削具有复杂曲线轮廓的零件，如凸轮、模具、样板、叶片和弧形槽等零件。

如图 3-35 所示，工作台 13 由伺服电动机 15 带动在升降滑座 16 上做纵向（*X* 轴）左右移动；伺服电动机 2 带动滑座 16 做垂直（*Z* 轴）上下移动；滑枕 8 做横向（*Y* 轴）进给运动。用滑枕实现横向运动可获得较大的行程。机床主运动由交流无级变速电动机驱动，万能铣头 9 不仅可以将铣头主轴调整到立式和卧式位置，还可以在前半球面内使主轴中心线处于任意空间角度。纵向行程限位开关 3、14 起限位保护作用，6、12 为横向、纵向限位开关，4、10 分别为强电柜和数控柜，悬挂按钮站 11 上集中了机床的全部操作和控制键与开关。

机床的数控系统采用的是 AUTOCON TECH 公司的 DELTA40MCNC 系统，可以附加坐标轴增至四轴联动，程序输入/输出可通过磁盘驱动器和 RS 232C 接口连接。主轴驱动和进给采用 AUTOCON TECH 公司主轴伺服驱动和进给伺服驱动装置以及交流伺服电动机，其电动机机械特性硬，连续工作范围大，加减速能力强，可以使机床获得稳定的切削过程。检测装置为脉冲编码器，与伺服电动机装成一体，采用半闭环控制，主轴有锁定功能。电气控制采用可编程序控制器和分立电气元件相结合的控制方式，使电动机系统由可编程序控制器软件控制，结构件简单，提高了控制能力和运行可靠性。

（2）XKA5750 型数控铣床的传动系统　图 3-36 所示为 XKA5750 型数控铣床的传动系统。

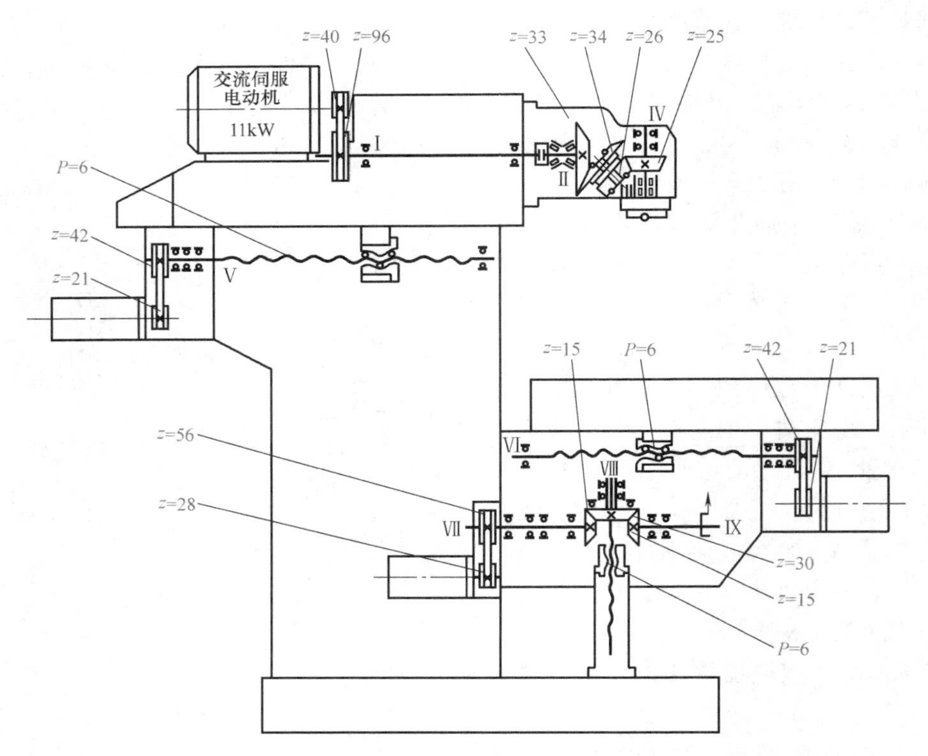

图 3-36　XKA5750 型数控铣床的传动系统

1）XKA5750 型数控铣床主运动是铣床主轴的旋转运动，由装在滑枕后部的交流主轴伺服电动机驱动，电动机的运动通过速比为 1:2.4 的一对弧齿同步带轮传到滑枕的水平轴 I

上，再经过万能铣头的两对弧齿锥齿轮副（33/34、26/25）将运动传到主轴Ⅳ，转速范围为50～2500r/min（电动机转速范围为120～600r/min）。主轴转速在625r/min（电动机转速在1500r/min）以下是恒转矩输出；主轴转速在625～1875r/min内为恒功率输出；主轴转速超过1875r/min后输出功率下降；主轴转速到2500r/mim时，输出功率下降到额定功率的1/3。

2）工作台的纵向进给和滑枕的横向进给传动由交流伺服电动机通过速比为1:2的一对圆弧齿同步带轮，将运动传至导程为6mm的滚珠丝杠。

图3-37所示为工作台纵向传动结构。交流伺服电动机20的轴上装有圆弧齿同步带轮19，通过同步带14和装在丝杠右端的同步带轮11带动丝杠2旋转，使底部装有螺母1的工作台4移动。装在伺服电动机中的编码器将检测到的位移量反馈回数控装置，形成半闭环控制。同步带轮与电动机轴，以及与丝杠之间的连接采用锥环无键式连接。这种连接方法不需要开键槽，而且配合无间隙，对中性好。滚珠丝杠两端采用角接触球轴承支承，右端支承采用三个7602030TN/P4TFTA轴承，精度等级P4，径向载荷由3个轴承分担。两个开口向右的轴承6、7承受向左的轴向载荷，向左开口的轴承8承受向右的轴向载荷。轴承的预紧力由7、8两个轴承的内、外圈轴向尺寸差实现。当用螺母10通过隔套将轴承内圈压紧时，因为外圈比内圈轴向尺寸稍短，仍有微量间隙，用螺钉9通过法兰盘12压紧轴承外圈时，就会产生预紧力。调整时修磨垫片13的厚度尺寸即可。丝杠左端的角接触球轴承，除承受径向载荷外，还通过螺母3的调整，使丝杠2产生预拉伸，以提高丝杠的刚度和减小丝杠的热变形。

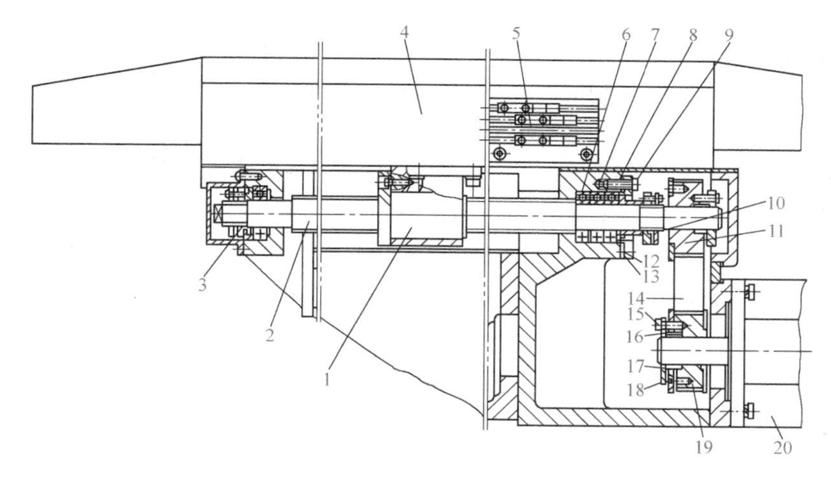

图3-37　工作台纵向传动机构

1、3、10—螺母　2—丝杠　4—工作台　5—限位行程挡铁　6、7、8—轴承　9、15—螺钉　11、19—同步带轮　12—法兰盘　13—垫片　14—同步带　16—外锥环　17—内锥环　18—端盖　20—交流伺服电动机

3）升降台的垂直进给运动由交流伺服电动机通过速比为1:2的一对同步带轮将运动传到轴Ⅶ，再经过一对弧齿锥齿轮传到垂直滚珠丝杠上，带动升降台运动。垂直滚珠丝杠上的弧齿锥齿轮还带动轴Ⅸ上的锥齿轮，经单向超越离合器与自锁器相连，防止升降台因自重而下滑。

图3-38所示为升降台升降传动机构。交流伺服电动机1经一对同步带轮2、3将运动传到传动轴Ⅶ，轴Ⅶ右端的弧齿锥齿轮7带动锥齿轮8使垂直滚珠丝杠Ⅷ旋转，带动升降台上

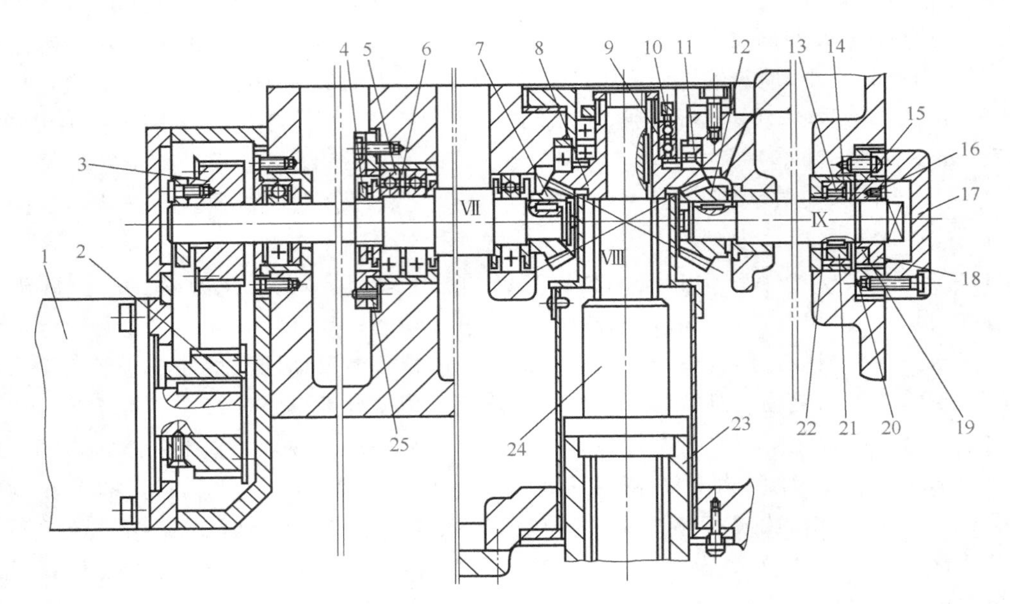

图 3-38 XKA5750 型数控铣床升降台升降传动机构

1—交流伺服电动机 2、3—同步带轮 4、18、24—螺母 5、6—隔套 7、8、12—锥齿轮 9—深沟球轴承 10—角接触球轴承 11—滚子轴承 13—滚子 14—外环 15、22—摩擦环 16、25—螺钉 17—端盖 19—碟形弹簧 20—防转销 21—星轮 23—支承套

升或下降。传动轴Ⅶ有左、中、右三点支承，轴向定位由中间支承的一对角接触球轴承来保证，由螺母 4 锁定轴承与传动轴的轴向位置，并对轴承预紧，预紧量用修磨两轴承的内外圈之间的隔套 5、6 的厚度来保证。传动轴Ⅶ的轴向定位由螺钉 25 调节。垂直滚珠丝杠螺母副的螺母 24 由支承套 23 固定在机床底座上，丝杠通过锥齿轮 8 与升降台连接，由深沟球轴承 9 和角接触球轴承 10 承受径向载荷，由 D 级精度的推力圆柱滚子轴承 11 承受轴向载荷。轴Ⅸ的实际安装位置在水平面内，与轴Ⅶ的轴线呈 90°相交（图中为展开画法）。

因滚珠丝杠无自锁能力，当其垂直放置时，在部件自重作用下，移动部件会自动下降。因此，除升降台驱动电动机带有制动器外，还在传动机构中装有自动平衡机构，一方面防止升降台因自重下落，另一方面还可平衡上升或下降时的驱动力。本机床的自动平衡机构由单向超越离合器和自锁器组成，工作原理为：丝杠旋转的同时，通过锥齿轮 12 和轴Ⅸ带动单向超越离合器的星轮 21 转动，当升降台上升时，星轮的转向使滚子 13 与超越离合器的外环 14 脱开，外环 14 不随星轮 21 转动，自锁器不起作用；当升降台下降时，星轮 21 的转向使滚子楔在星轮与外环之间，使外环随轴一起转动，外环与两端固定不动的摩擦环 15 和 22（由防转销 20 固定）形成相对运动，在碟形弹簧 19 的作用下，产生摩擦力，以增加升降台下降时的阻力，从而起到自锁作用，并使得上下运动的力量平衡。调整时，先拆下端盖 17，然后松开螺钉 16，适当旋紧螺母 18，压紧碟形弹簧 19，即可增大自锁力。调整前需用辅助装置支承升降台。

（3）XKA5750 型数控铣床的主轴部件 万能铣头部件结构如图 3-39 所示，主要由前壳体 12，后壳体 5，法兰 3，传动轴Ⅱ、Ⅲ，主轴Ⅳ及两对弧齿锥齿轮组成。万能铣头用螺柱和定位销安装在滑枕前端。铣削主运动由滑枕上的传动轴Ⅰ的端面键传到轴Ⅱ，端面键与连

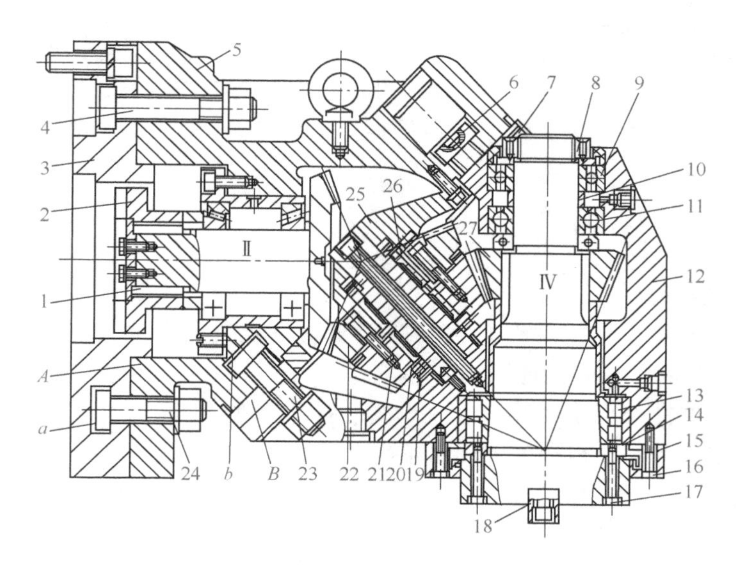

图 3-39 万能铣头部件结构

1—平键 2—连接盘 3—法兰 4、6、23、24—T 形螺柱 5—后壳体 7—锁紧螺钉 8—螺母
9、11—角接触球轴承 10—隔套 12—前壳体 13—轴承 14—半圆环垫片 15—法兰
16、17—螺钉 18—端面键 19、25—推力圆柱滚子轴承 20、26—滚针轴承 21、22、27—锥齿轮

接盘 2 的径向槽相配合，连接盘与轴Ⅱ之间由两个平键 1 传递运动。轴Ⅱ右端为弧齿锥齿轮，通过轴Ⅲ上的两个锥齿轮 22、21 和用花键连接方式装在主轴Ⅳ上的锥齿轮 27，将运动传到主轴上。主轴为空心轴，前端有 7∶24 的内锥孔，用于刀具或刀具心轴的定心；通孔用于使安装拉紧刀具的拉杆通过。主轴端面有径向槽，并装有两个端面键 18，用于主轴向刀具传递转矩。

万能铣头能通过两个互成 45°的回转面 *A* 和 *B* 调节主轴Ⅳ的方位，在法兰 3 的回转面 *A* 上开有 T 形圆环槽 *a*，松开 T 形螺柱 4 和 24，可使铣头绕水平轴Ⅱ转动，调整到要求位置后将 T 形螺柱拧紧即可；在万能铣头后壳体 5 的回转面 *B* 内，也开有 T 形圆环槽 *b*，松开 T 形螺柱 6 和 23，可使铣头主轴绕与水平轴线成 45°夹角的轴Ⅲ转动。绕两根轴线的转动组合起来，可使主轴轴线处于前半球面的任意角度。

万能铣头作为直接带动刀具的运动部件，不仅要能传递较大的功率，更要具有足够的旋转精度、刚度和抗振性。万能铣头除零件结构、制造和装配精度要求较高外，还要选用承载力和旋转精度都较高的轴承。两根传动轴都选用了 D 级精度的轴承。轴Ⅱ上为一对 D7029 型圆锥滚子轴承，轴Ⅲ上为一对 D6354906 向心滚针轴承 20、26，承受径向载荷，轴向载荷由两个型号分别为 D9107 和 D9106 的推力圆柱滚子轴承 19 和 25 承受。主轴上前后支承均为 C 级精度轴承，前支承是 C3182117 型双列圆柱滚子轴承，只承受径向载荷；后支承为两个 C36210 型角接触球轴承 9 和 11，既承受径向载荷，又承受轴向载荷。为了保证旋转精度，不仅要消除主轴轴承间隙，而且要有预紧力，轴承磨损后也要进行间隙调整。前轴承消除间隙和预紧的调整是靠改变轴承内圈在锥形颈上的位置、使内圈外胀实现的。调整时，先拧下四个螺钉 16，卸下法兰 15，再松开螺母 8 上的锁紧螺钉 7，拧松螺母 8 将主轴Ⅳ向后（向上）推动 2mm 左右；然后拧下两个螺钉 17，将半圆环垫片 14 取出，根据间隙大小磨薄垫片，最后将上述零件重新装好。后支承的两个向心推力球轴承开口向背（轴承 9 开口朝上，轴承11开口朝下），消除间隙和进行预紧调整时，采用两轴承外圈不动、内圈的端面距离相对减小的办法实现。具体是通过控制两轴承内圈隔套10的尺寸来实现。调整时取下隔套10，修磨到合适尺寸，重新装好后，用螺母8顶紧轴承内圈及隔套即可。最后要拧紧锁紧螺钉7。

3.2.4 加工中心简介

1. 加工中心的特点

（1）工序高度集中　加工中心是在数控镗床或数控铣床的基础上增加自动换刀装置，使工件在一次装夹后连续完成对工件表面自动进行钻孔、扩孔、铰孔、镗孔、攻螺纹、铣削等多工步加工，工序高度集中。加工中心一般带有自动分度回转工作台，可使工件一次装夹后自动完成多个平面或多个角度位置的多工序加工。

（2）能够自动改变加工工艺参数　加工中心能自动改变主轴转速、进给量、刀具相对工件的运动轨迹及其他辅助功能。

（3）有些加工中心可以将加工和安装工件同时进行　加工中心如果配有交换工作台，工件在工作位置的工作台上加工的同时，另外的待加工工件可在处于装卸位置的工作台上进行安装，减少辅助工作时间，提高工作效率。

加工中心大大减少了工件的装夹、测量和机床的调整时间，减少了工件的周转、搬运和存放时间，使机床的切削时间利用率达到普通机床的3~4倍；同时具有较好的加工一致性，与单机、人工操作方式比较，能排除工艺流程中人为干扰因素；特别适合形状复杂、精度要求较高、品种更换频繁工件的加工。

2. 加工中心的组成

加工中心种类繁多，外形各异，但总体看来主要由以下各部分组成。

（1）基础部件　基础部件由床身、立柱和工作台等大件组成，是加工中心的基础构件。它们可以是铸铁件，也可以是焊接钢结构件，均要承受加工中心的静载荷以及在加工时的切削载荷，故必须是刚度很高的部件，也是加工中心质量和体积最大的部件。

（2）主轴组件　它由主轴电动机、主轴箱、主轴和主轴支承等零部件组成。其起动、停止和转动等动作均由数控系统控制，并通过装在主轴上的刀具参与切削运动，是切削加工的功率输出部件。主轴是加工中心的关键部件，其结构优劣对加工中心的性能有很大的影响。

（3）计算机数控系统　单台加工中心的数控部分由CNC装置、可编程序控制器、伺服驱动装置以及电动机等部分组成。它们是加工中心执行顺序控制动作和完成加工过程的控制中心。

（4）伺服系统　伺服系统的作用是把来自数控装置的信号转换为机床移动部件的运动，其性能是决定机床的加工精度、表面质量和生产率的主要因素之一。加工中心普遍采用半闭环控制、闭环控制和混合环控制三种控制方式。

（5）自动换刀装置　它由刀库、机械手和驱动机构等部件组成。刀库是存放加工过程所使用的全部刀具的装置。刀库有盘式、鼓式和链式等多种形式，容量从几把到几百把不等。当需要换刀时，根据数控系统指令，由机械手（或通过别的方式）将刀具从刀库取出装入主轴中。机械手的结构根据刀库与主轴的相对位置及结构的不同有多种形式。有的加工中心不用机械手而利用主轴箱或刀库的移动来实现换刀。尽管换刀过程、选刀方式、刀库结构、机械手类型等各不相同，但都是在数控装置及可编程序控制器控制下，由电动机、液压或气动机构驱动刀库和机械手实现刀具的选择与交换。当机构中装入接触式传感器时，还可实现对刀具和工件误差的测量。

(6) 辅助系统　辅助系统包括润滑、冷却、排屑、防护、液压和随机检测系统等部分。辅助系统虽不直接参加切削运动，但对加工中心的加工效率、加工精度和可靠性起保障作用，因此是加工中心不可缺少的部分。

(7) 自动托盘更换系统　有的加工中心为进一步缩短非切削时间，配有两个自动交换工件托盘，一个安装在工作台上进行加工，另一个则位于工作台外装卸工件。当完成一个托盘上的工件加工后，便自动交换托盘，进行新零件的加工，这样可减少辅助时间，提高加工效率。

3.2.5 数控机床的维护保养

数控设备的正确操作和维护保养是正确使用数控设备的关键因素之一。正确的操作使用能够防止机床非正常磨损，避免突发故障；做好日常维护保养，可使设备保持良好的技术状态，延缓劣化进程，及时发现和消除故障隐患，从而保证安全运行。

1. 数控设备使用中应注意的问题

(1) 数控设备的使用环境　为提高数控设备的使用寿命，一般要求数控设备要避免阳光的直接照射和其他热辐射，要避免太潮湿、粉尘过多或有腐蚀气体的场所。精密数控设备要远离振动大的设备，如压力机和锻压设备等。

(2) 良好的电源保证　为了避免电源波动幅度大（大于 ±10%）和可能的瞬间干扰信号等影响，数控设备一般采用专线供电（如从低压配电室分一路单独供数控机床使用）或增设稳压装置等，都可减少供电质量的影响和电气干扰。

(3) 制定有效的操作规程　在数控机床的使用与管理方面，应制定一系列切合实际、行之有效的操作规程。如润滑、保养、合理使用及规范的交接班制度等，这是数控设备使用及管理的主要内容。制定和遵守操作规程是保证数控机床安全运行的重要措施之一。实践证明，遵守操作规程可减少故障。

(4) 数控设备不宜长期封存　购买数控机床以后要充分利用，尤其是投入使用的第一年，使其容易出故障的薄弱环节尽早暴露，得以在保修期内进行排除。加工中，尽量减少数控机床主轴的起闭，以降低对离合器、齿轮等部件的磨损。没有加工任务时，数控机床也要定期通电，最好是每周通电 1 ~2 次，每次空运行 1h 左右，以利用机床本身的发热量来降低机床内的湿度，使电子元件不致受潮，同时也能及时发现有无电池电量不足报警，以防止系统设定参数丢失。

2. 维护保养的内容

数控系统维护保养的具体内容，在随机的使用和维修手册中通常都做了规定，现就共同性的问题做如下介绍。

(1) 严格遵循操作规程　数控系统编程、操作和维修人员必须经过专门的技术培训，熟悉所用数控机床的机械、数控系统、强电设备，液压、气源等部分及使用环境、加工条件等；能按机床和系统使用说明书的要求正确、合理地使用机床，尽量避免因操作不当引起的故障。通常，若首次使用数控机床或由不熟练的工人来操作，在使用的第一年内，有1/3以上的系统故障是由于操作不当引起的。故应按操作规程要求进行日常维护工作，有些地方需要天天清理，有些部件需要定时加油和定期更换。

（2）防止数控装置过热　定期清理数控装置的散热通风系统。应经常检查数控装置上各冷却风扇工作是否正常；应视车间环境状况，每半年或一个季度检查清扫一次。由于环境温度过高，造成数控装置内温度达到55℃以上时，应及时加装空调装置。我国南方地区常会发生这种情况，安装空调装置之后，数控系统的可靠性有比较明显的提高。

（3）经常监视数控系统的电网电压　通常，数控系统允许的电网电压范围为额定值的85%～110%。如果超出此范围，轻则使数控系统不能稳定工作，重则会造成重要电子元器件损坏。因此，要经常注意电网电压的波动。对于电网质量比较恶劣的地区，应配置数控系统专用的交流电源稳压装置，这将明显降低故障率。

（4）系统后备电池的更换　系统参数及用户加工程序由带有断电保护的静态寄存器保存，系统关机后内存的内容由电池供电保持。因此，经常检查电池的工作状态和及时更换后备电池非常重要。当系统开机后若发现电池电压报警灯亮，应立即更换电池。更换电池时还应注意，为不遗失系统参数及程序，需在系统开机时更换。电池为高能锂电池，不可充电，正常情况下使用寿命为两年（从出厂日期起）。

（5）定期检查和更换直流电动机的电刷　目前一些老的数控机床上使用的大部分是直流电动机，这种电动机电刷的过度磨损会影响其性能甚至导致损坏。所以，必须定期检查电刷，检查步骤如下：

1）要在数控系统处于断电状态且电动机已经完全冷却的情况下进行检查。

2）取下橡胶刷帽，用旋具拧下刷盖，取出电刷。

3）测量电刷长度。电刷磨损到原长的一半左右时，必须更换同型号的新电刷。

4）仔细检查电刷的弧形接触面是否有深沟或裂缝，电刷弹簧上有无打火痕迹。如有上述现象，必须更换新电刷，并在一个月后再次检查。如还发生上述现象，则应考虑电动机的工作条件是否过分恶劣或电动机本身是否有问题。

5）用不含金属粉末及水分的压缩空气导入电刷孔，吹净沾在孔壁上的电刷粉末。如果难以吹净，可用旋具尖轻轻清理，直至孔壁全部干净为止，但要注意不要碰到换向器表面。

6）重新装上电刷，拧紧刷盖，如果更换了电刷，要使电动机空运行磨合一段时间，以使电刷表面与换向器表面配合良好。

（6）防止尘埃进入数控装置内　除了进行检修外，应尽量少开电气柜门，因为车间内空气中漂浮的灰尘和金属粉末落在印制电路板和电气插件上容易造成元件间绝缘电阻下降，从而出现故障甚至损坏。一些已受外部尘埃、油雾污染的电路板和接插件，可采用专用电子清洁剂喷洗。

（7）数控系统长期不用时的维护　当数控机床长期闲置不用时，也应定期对数控系统进行维护保养。首先，应经常给数控系统通电，在机床锁住不动的情况下，让其空运行，在空气湿度较大的梅雨季节应该天天通电，利用电气元件本身发热驱走数控柜内的潮气，以保证电子元件的性能稳定可靠。如果数控机床闲置半年以上不用，应将直流伺服电动机的电刷取出来，以免由于化学腐蚀作用，使换向器表面腐蚀，换向性能变坏，甚至损坏整台电动机。

3. 点检管理

点检管理一般包括专职点检、日常点检、生产点检。

专职点检：负责对机床的关键部位和重要部位按周期进行重点点检和设备状态检测与故障诊断，制订点检计划，做好诊断记录，分析维修结果，提出改善设备维护管理的建议。

日常点检：负责对机床一般部位进行点检处理，检查机床在运行过程中出现的故障。

生产点检：负责对生产运行中的数控机床进行点检，并负责润滑、紧固等工作。

数控机床的点检管理一般包括以下几部分内容。

（1）安全保护装置

1）开机前检查机床的各运动部件是否在停机位置。

2）检查机床的各保险及防护装置是否齐全。

3）检查各旋钮、手柄是否在规定的位置。

4）检查工装夹具的安装是否牢固可靠，有无松动位移。

5）刀具装夹是否可靠以及有无损坏，如砂轮有无裂纹。

6）工件装夹是否稳定可靠。

（2）机械及气压、液压仪器仪表开机后使机床低速运转3～5min，然后检查以下项目

1）主轴运转是否正常，有无异常声响、异味。

2）各轴向导轨是否正常，有无异常现象发生。

3）各轴能否正常回归参考点。

4）空气干燥装置中滤出的水分是否已经放出。

5）气压、液压系统是否正常，仪表读数是否在正常值范围之内。

（3）电气防护装置

1）各种电气开关、行程开关是否正常。

2）电动机运转是否正常，有无异常声响。

（4）加油润滑

1）设备低速运转时，检查导轨的上油情况是否正常。

2）按要求的位置及规定的油品加润滑油，注油后将油盖盖好，然后检查油路是否畅通。

（5）清洁文明生产

1）设备外观无灰尘、无油垢，呈现本色。

2）各润滑面无黑油、无锈蚀，应有洁净的油膜。

3）丝杠应洁净无黑油，亮泽有油膜。

4）生产现场应保持整洁有序。

3.3 桥式起重机

3.3.1 概述

桥式起重机是实现企业生产过程机械化和自动化、提高劳动生产率、减轻繁重体力劳动的重要辅助设备，它在工厂、矿山、码头、仓库、水电站和建筑工地等，都有着广泛的应

用。随着企业生产机械化、自动化程度的不断提高，在生产过程中原来作为辅助设备的起重机械，有的已经成为连续生产流程中不可缺少的专用工艺设备。

桥式起重机是机械制造工业和冶金工业中用得最广泛的一种起重机械。桥式起重机又称“行车”或“天车”，是横架在车间梁上用来吊运各种物件的设备。它既不占用地面作业面积，也不妨碍地面上的作业，可以在起升高度和大、小车轨道所允许的空间内担任任意位置的吊运工作。

图 3-40　安装在车间的桥式起重机

桥式起重机的用途是把它所工作的空间内的物品，从一个地点运送到另一个地点。桥式起重机由桥架（大车）和起重小车等构成，通过车轮支承在厂房或露天栈桥的轨道上，外观像一架金属的桥梁，所以称为桥式起重机；桥架可沿厂房或栈桥做纵向运行，而起重小车则沿桥架做横向运动，起重小车上的起升机构可使货物做升降运动。

图 3-40 所示为安装在车间的桥式起重机实例，其取物装置是抓斗。

3.3.2　桥式起重机的主要参数

1. 起重量

起重量又称额定起重量，是指起重机实际允许起吊的最大负荷量，通常以 t 或 kN 为单位。

2. 跨度

起重机主梁两端车轮中心线间的距离，即大车轨道中心线间的距离。

3. 起升高度

吊具或取物装置的上极限位置和下极限位置之间的距离。

4. 运行速度

运行机构在电动机额定转速下运行的速度。

5. 外形尺寸

起重机长、宽、高的尺寸。

3.3.3　桥式起重机的机械系统

桥式起重机一般由桥架、起升机构、取物装置、运行机构等部分组成。

1. 桥架结构

桥架由主梁、走台、端梁等几部分组成。主梁有箱型、桁架、腹板、圆管等形式。走台在主梁的外侧，用于安装及检修大车运行机构和放置某些电气设备以及小车导电滑线等。端梁一般中间带有接头。

桥架是桥式起重机的基本构件，应用最广泛的是箱型结构的桥架。双梁桥架由两个箱形主梁和两个箱形端梁组成。桁架式大车桥架的主要结构如图 3-41 所示。两个箱形主梁均制

成具有一定的上拱度形状，因为桥式起重机在运送物件时，主梁会产生下挠。如果没有上拱度，则小车在运行中会产生附加阻力或自行滑动。有了一定的上拱度，可使大车运行机构较有利地工作。

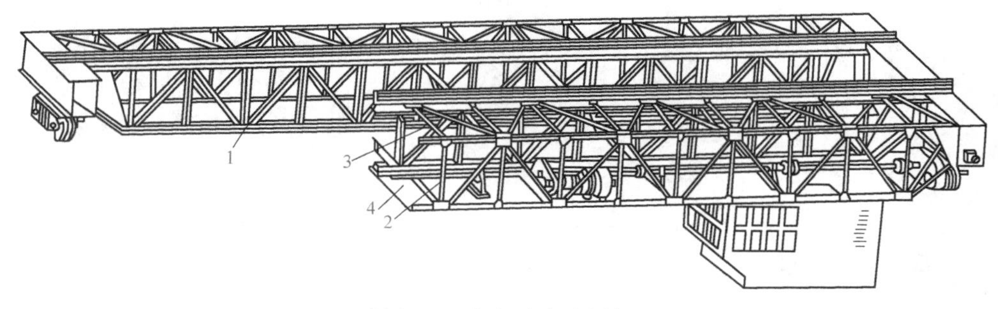

图 3-41　桁架式大车桥架

1—主桁架　2—辅助桁架　3—上水平桁架　4—下水平桁架

当起重机承受负荷时，主梁产生下挠，取消负荷后即恢复原状，这种变形称为弹性变形。起重机吊起额定负荷时，主梁产生的最大弹性变形量，不允许超过跨度的 1/800（由负荷前的实际上拱值算起）。

在两主梁的外侧装有走台，设有安全栏杆，在两端装有门，门上有安全开关。在装有驾驶室一侧的走台上装有大车运行机构，另一侧走台上装有小车上所有电气设备的供电装置，包括滑触线、集电器和电缆线等。在主梁上方铺有小车运行轨道，供小车运行。

2. 起升机构

起升机构用以吊运重物。电动机通过制动器、联轴器与减速器相连，减速器的输出轴与缠绕钢丝绳的卷筒连接，吊钩及悬挂物件随卷筒的旋转绕放钢丝绳上升和下降，如图 3-42 所示。

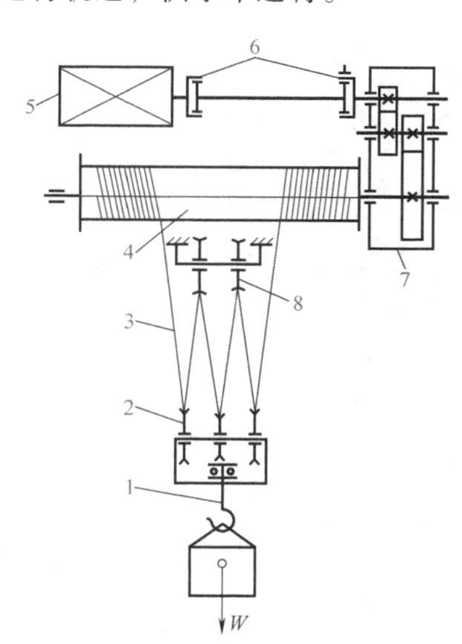

图 3-42　桥式起重机起升机构

1—吊钩　2—动滑轮　3—钢丝绳　4—卷筒　5—电动机　6—联轴器　7—减速器　8—定滑轮

起升机构都装有吊钩上升到极限位置时自行切断电源的限位器。所有起重机都必须保证上升限位开关灵活、可靠。在 15t 以上起重量的起重机上，都有两个吊钩：即主钩与副钩，副钩的起重量通常为主钩的 12% ~25% 。

（1）钢丝绳

1）钢丝绳的特性。钢丝绳是起重机上应用最广泛的绕性构件，其优点是：卷绕性好；承载能力大，对于冲击载荷的承受能力强；卷绕过程中平稳，即使在卷绕速度高的情况下也无噪声；绳股钢丝断裂是逐渐发生的，一般不会突然出现整根钢丝绳断裂的情况，因此工作时比较可靠。

2）钢丝接触状态。钢丝绳股内相邻层钢丝的接触有三种状态，如图 3-43a、b、c 所示。

① 点接触：绳股内各层之间钢丝互相交叉，呈点接触。

② 线接触：绳股内各层之间钢丝在全长上平行捻制，呈线接触。

③ 面接触：绳股内钢丝形状特殊，呈面接触。

3）钢丝绳的种类。起重机上采用的钢丝绳主要有下面几种。

① 点接触钢丝绳。这种钢丝绳又分单股和多股。单股的线性差又不能承受横向压力，故仅做拉索用。多股的性能比单股好，因此应用比较广泛。

② 线接触钢丝绳。这种钢丝绳包括外粗式（X型）、粗细式（W型）及填充式（T型）三种，其优点是：消除了点接触钢丝绳所具有的二次弯曲应力，能降低工作时总的弯曲应力，抗疲劳性能好；结构紧密，金属断面利用系数高，使用寿命比普通的点接触钢丝绳要高1~2倍。如图3-44所示为线接触钢丝绳。

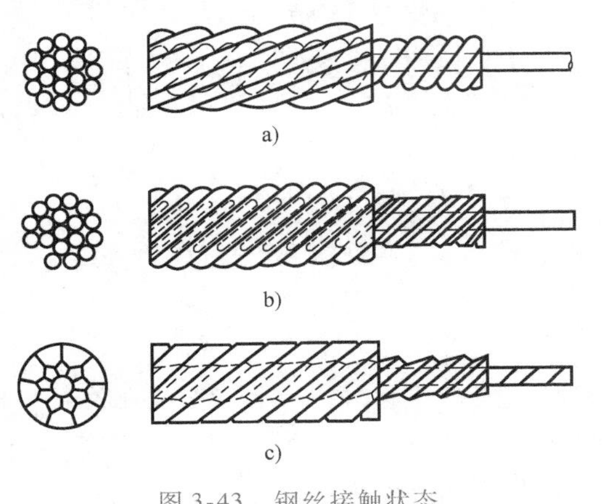

图3-43 钢丝接触状态

a）点接触 b）线接触 c）面接触

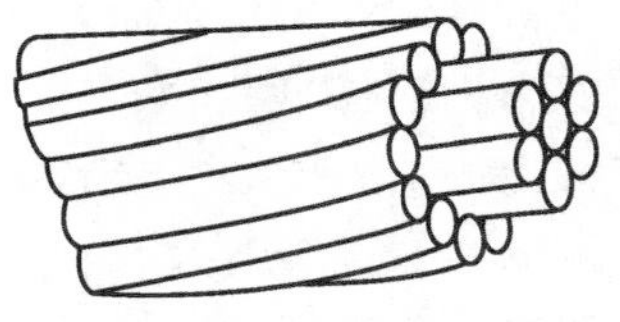

图3-44 线接触钢丝绳

4）钢丝绳的破坏形式及延长寿命的措施。

① 破坏形式。新钢丝绳在正常情况下使用不会发生突然断裂，只有安全保护装置失灵、钢丝绳承受的载荷超过其极限强度时，才会发生突然断裂。

起重机用钢丝绳的破坏过程及特征：钢丝绳通过卷绕系统时，反复弯曲和伸直并与滑轮或卷筒摩擦，在工作越繁忙的条件下，此现象越严重；经过一定时间，钢丝绳表面的钢丝发生弯曲疲劳与磨损，表面层的钢丝逐渐折断；折断的钢丝数量越多，其他未断钢丝承受的拉力越大，疲劳与磨损越严重，使断丝速度加快；当断丝数发展到一定程度时，便不能保证钢丝绳必要的安全性，这时钢丝绳应报废，不能再继续使用了。

② 延长钢丝绳寿命的措施。除设计因素外，使用时可通过如下方法延长钢丝绳的使用寿命：不能超载；经常对钢丝绳进行保养，定期注油；防止其和有棱角的物体直接接触；防止高温辐射；注意防腐等。

选用起重机钢丝绳时，还要考虑绳芯材料。钢丝绳有一个绳芯，少数钢丝绳除了绳芯外还应该有股芯。后者的绕性更好。钢丝绳芯有以下三种：有机芯（麻芯、棉芯）、石棉纤维芯和金属芯。

a. 有机芯钢丝绳的绕性和弹性较好，但承受横向压力的性能差，故不宜用在多层卷绕的场合。另外，这种钢丝绳的耐高温性差，因此不适用于高温环境下工作的起重机。

b. 石棉纤维芯钢丝绳的耐热性好，适用于高温环境下的冶金起重机。

c. 金属芯钢丝绳的强度大，能承受较高的横向压力，可用于多层卷绕及高温环境，但

其绕性和弹性较差。

5）钢丝绳绕捻方法。钢丝绳绕捻有单绕和双绕两种方法。

① 单绕钢丝绳刚性大且表面不光滑，在起重机上仅作为固定绳使用。

② 双绕钢丝绳还分顺捻和交捻两种。

顺捻——股与绳的捻向相同（右捻或左捻）。钢丝绳钢丝之间接触较好，挠性好，磨损小，使用寿命较长，但有旋转、易松散的趋向，故在自由悬挂重物的起重机中不宜采用。

交捻——股与绳的捻向相反（左、右交捻）。这种钢丝绳刚性大，虽然使用寿命短，但不易旋转、松散，故在起重机上应用较多。

6）起重机钢丝绳报废标准。钢丝绳破断拉力与容许拉力之比，称为钢丝绳安全系数，钢丝绳应该有 6～8 的安全系数。

（2）制动器　制动器是桥式起重机上的重要部件之一，习惯上把制动器叫作“抱闸”。根据结构及动力的不同，有电磁铁制动器和液压制动器之分。

在桥式起重机的各机构中，只有具备可靠的制动器后，运行机构的准确性和安全性才有保证，特别是起升机构的制动器尤其重要。

桥式起重机采用的是常闭式双闸瓦制动器，具有结构简单、工作可靠的特点。常闭式制动器平时抱紧制动轮，当起重机工作时才松开，这样在任何时候停电都会使闸瓦抱紧闸轮。图 3-45 所示为制动轮外形。

图 3-45　制动轮外形图（右图的制动轮装配有齿式联轴器）

常闭式双闸瓦制动器有长行程和短行程两种。

（3）卷筒组与滑轮组

1）卷筒组。卷筒组是起升机构的主要部件。卷筒组由卷筒、卷筒轴齿轮联轴器和轴承座组成。卷筒安装在转轴上，通过齿轮联轴器与减速器连接。其结构特点是卷筒轴只承受弯曲力矩。铸造卷筒的材料采用铸铁时，应选用 HT200～HT300 以上牌号，采用铸钢时应选用 ZG 250-350 以上牌号。在卷筒的工作面上车有螺旋槽，钢丝绳就绕在卷筒的螺旋槽里，这就增大了钢丝绳与卷筒的接触面积，降低了接触部分的应力，同时还能避免钢丝绳在卷筒上乱卷，减少钢丝绳的磨损，延长使用寿命。图 3-46 所示为卷筒的结构示意图。

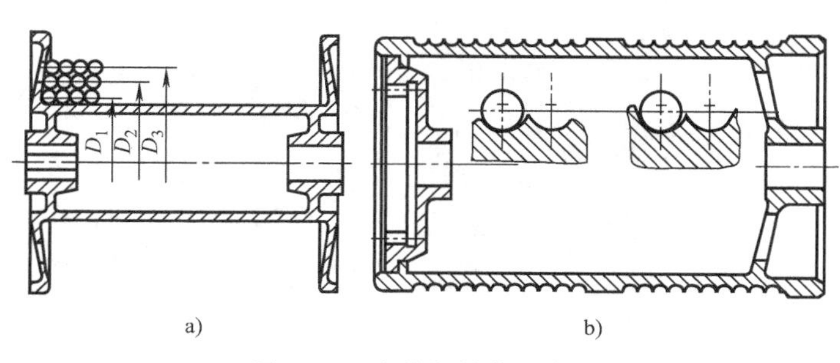

图 3-46　卷筒的结构示意图

a）光面卷筒　b）螺旋槽卷筒

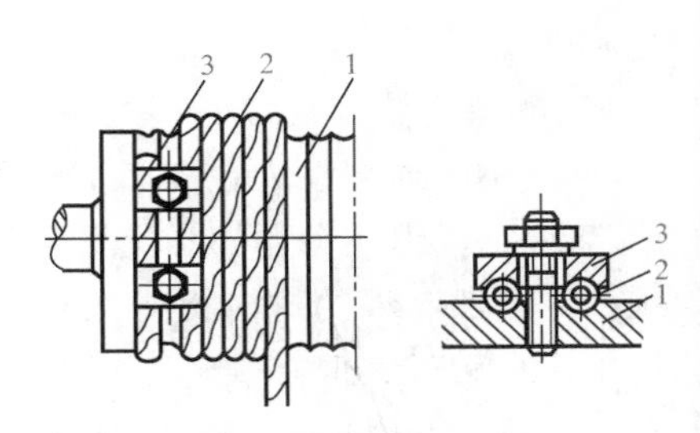

图 3-47 钢丝绳在卷筒上的固定方式
1—卷筒 2—钢丝绳 3—压板

卷筒工作面的中间和两端有一定距离的无槽表面，两组螺旋槽的螺旋方向是相反的。钢丝绳的两个绳端用压板固定在靠螺旋槽外侧的钢丝绳固定孔上，如图 3-47 所示。

卷筒的长度必须保证当吊钩降到最低位置时，余留在卷筒上的绳索每端不少于 3 圈，以减轻绳索固定处的负荷。

为了延长钢丝绳的使用寿命，卷绕钢丝绳的卷筒的直径 D 应与钢丝绳的直径 d 有一定的比例。这个比例应根据起重机的类型、使用的频繁程度等因素而定。

2）滑轮组。采用滑轮组是为了用较小功率的电动机起升较重的物件，减少起升机构传动装置的尺寸和重量。起重机的起升机构都采用双联滑轮组，双联滑轮组由平衡滑轮两侧所引出来的两条钢丝绳（平衡滑轮处的钢丝绳是整条钢丝绳的中间）经过两组滑轮组，分别绕在复式卷筒上，如图 3-48a、b、c、d 所示。

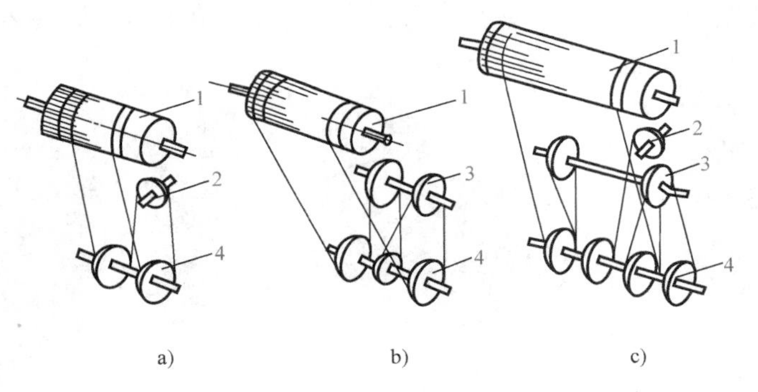
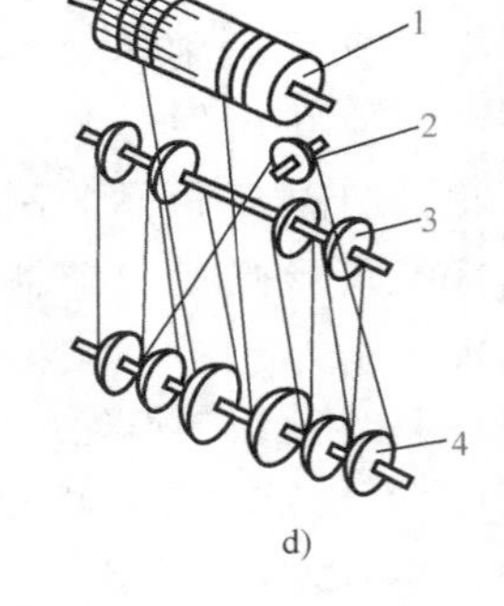

图 3-48 双联滑轮组
1—卷筒 2—定滑轮 3—平衡滑轮 4—动滑轮

起升机构的定滑轮组装在小车车架上。动滑轮组与吊钩装在一起，随吊钩一起移动，平衡滑轮位于钢丝绳的中间，用来使卷筒两侧的钢丝绳的长度平衡。四根支绳的起重机，平衡滑轮直接装在小车架上。六根支绳的起重机，平衡滑轮与动滑轮装在一起。滑轮组越多，钢丝绳的支绳数就越多，多支绳平分负荷。所以，滑轮组越多，起重量越大，即成正比关系。同时，由于滑轮组越多，支绳数就多，在卷筒转动时，吊钩的升降速度越慢，即滑轮组越多，起升速度越慢，为反比关系。

滑轮应用 HT200、ZG230-450 或 QT400-18 及以上牌号的材料制成。直径较小的滑轮可铸成实心的圆盘；直径较大时，圆盘上应带有刚性肋和减重孔。对于大直径滑轮，为减轻自重，采用焊接性良好的 Q235 钢，以焊接轮代替铸造轮。图 3-49 所示为滑轮的外形。

图 3-49 滑轮的外形

3. 取物装置

取物装置是起重机中的重要部件，在装卸、转载和安装等作业过程中，用于抓取货物。常用的取物装置有以下几种类型。

（1）吊钩组　吊钩组是起重机用得最多的取物装置，由吊钩、动滑轮、滑轮轴及轴承组成，是起重机上重要的起升部件之一。

吊钩组通常有长型吊钩组和短型吊钩组两种。

1）长型吊钩组如图 3-50 所示，滑轮 1 的两边安装着拉板 3，拉板的上部有滑轮轴 2，下部有吊钩横梁 4，它们平行地装在拉板上。横梁中部垂直孔内装着吊钩 5，吊钩尾部有固定螺母。吊钩应能绕垂直轴线和水平轴线旋转。因此，在吊钩螺母与吊钩横梁间安装有推力轴承，这样吊钩就支承在吊钩横梁上，并能绕吊钩钩颈轴线旋转。

2）短型吊钩组如图 3-51 所示。短型吊钩组的吊钩横梁拉长，在横梁两端安装滑轮，而不另设滑轮轴，使吊钩组整体高度减小，故称其为“短型”。但为使吊钩转动而又不碰触两边滑轮，它采用了长吊钩。很显然，短型吊钩组只能采用双倍滑轮组。

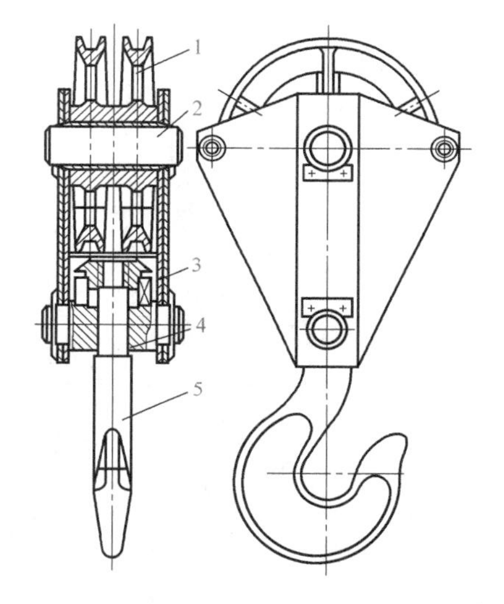

图 3-50　长型吊钩组

1—滑轮　2—滑轮轴　3—拉板

4—吊钩横梁　5—吊钩

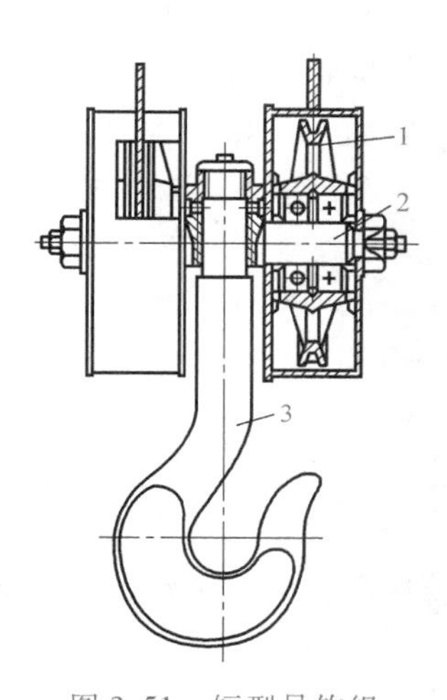

图 3-51　短型吊钩组

1—滑轮　2—滑轮轴　3—吊钩

根据使用条件不同，吊钩制成各种不同的断面形状，常用的有单钩和双钩两种，如图 3-52 所示。

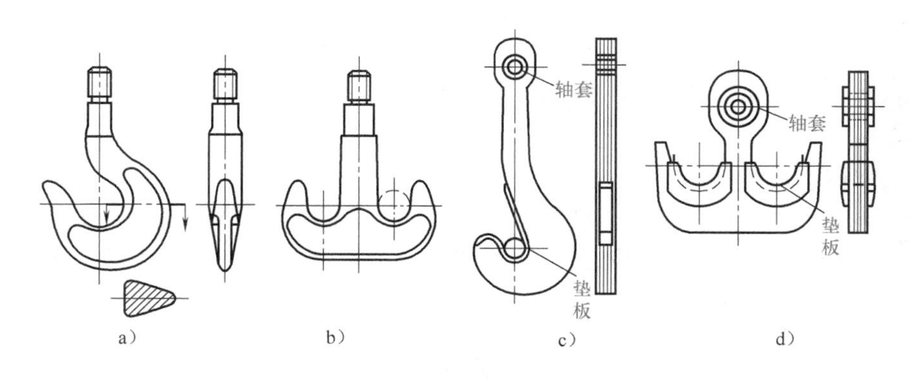

图 3-52　起重机吊钩示意图

a）锻造单钩　b）锻造双钩　c）叠板单钩　d）叠板双钩

单钩又分为长颈吊钩和短颈吊钩，长颈吊钩装置的横梁做滑轮轴。根据制造方法不同，吊钩又分为锻造钩和板钩。一般锻造钩用20钢，板钩用Q235或16Mn钢，经过锻造和冲压后退火处理，再进行机械加工，热处理后表面硬度为100～150HBW。单钩主要用在额定起重量为75t以下的起重机中。锻造钩不准有裂纹、过烧等锻造缺陷，且不得焊补。吊钩制成后，用重量为额定起重量125%的重物悬挂10min，以检查有无永久变形（测量钩口）和裂纹。75t以上大起重量的起重机中，吊钩一般都采用板钩。板钩是用30mm厚板切割成形再铆合制成的，板片表面不允许有裂纹、裂口，且不得焊补。吊钩不能用铸造或焊接方法制造。由于吊钩在起动、制动时受很大的冲击载荷，因此必须用强度高和韧性符合要求的材料制造。

吊钩使用一定时期后，钩与绳的接触部分将被磨损，当吊钩断面高度磨损达10%时，应予报废。

（2）电磁吸盘　电磁吸盘由硅钢片和导电线圈组成，如图3-53所示。它是一种利用磁性作用的取物装置，主要用于运散块状的铁块、废钢或铁屑等，多用于工矿企业的料库，以节约时间、减少挂钩人员和提高生产率。它所吊运物件的温度不得超过700℃，因为达到700℃，铁的磁性即消失，在200～300℃以下最好。若超过300℃，磁力随温度上升而逐渐减小。因此吊运300～700℃的物品时，须采用特殊散热结构的电磁吸盘。电磁吸盘吊运物品时，当线路停电或电源的电压降低时，被吊运的物件会发生坠落事故，所以电磁吸盘不准在设备上空工作。起重机因各种事故断电时，起动电磁铁的电源不应被切断。电磁吸盘的通电时间一般不大于4min。

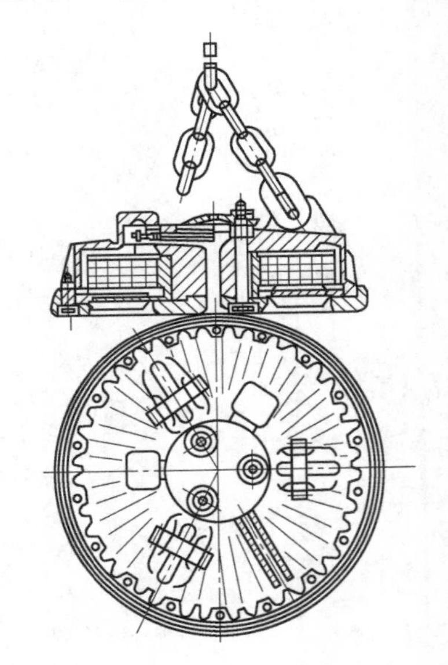

图3-53　电磁吸盘

（3）抓斗　抓斗是装卸散装物料的吊具，利用它可以提高劳动生产率。不同的物料，应采用不同的抓斗形状。在地面上抓干燥物料和块状物料的抓斗底面，大部分是圆弧形。抓斗是吊钩起重机的附属装置，通过电缆单独用电动葫芦带动。抓斗可在任意高度开闭或抓取物料。

使用抓斗的起重量（即抓斗的吨位标定），是抓斗自重与抓取物料重量之和。抓斗的自重一般约占起重量的一半，如5t桥式起重机的抓斗，抓斗自重为2.4～2.5t。因被抓取物料的不同，其密度轻的有0.5t/m^3，重的有3t/m^3。在已知起重量的情况下，应选择相应容积的抓斗，以免超载或使利用率下降。一般将各个吨位起重机的抓斗按不同的物料容重划分为轻型、中型和重型三种。

4. 运行机构

（1）大车运行机构　大车运行机构由电动机、制动器、传动轴、联轴器和车轮等部件组成。大车运行机构常见的驱动方式有三种：集中低速驱动（图3-54c、d）、集中高速驱动（图3-54a、b）和分别驱动。

集中低速驱动形式是由一台电动机通过减速器同时带动两个主动轮，使传动轴的转速低于电动机轴的转速，与车轮的转速相同，一般为50～100r/min。这种传动方式的优点是传动轴转速低，因而安全；缺点是传动转矩大，因而轴、轴承、联轴器和轴承座尺寸较大，整个

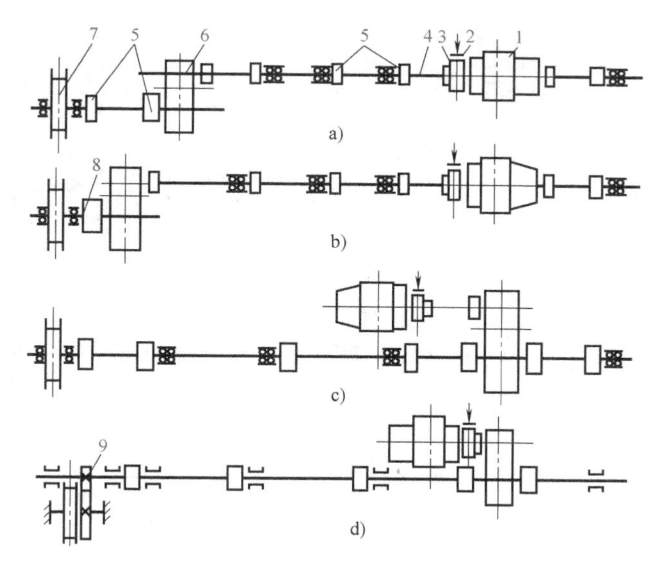

图 3-54　集中驱动方式

a）高速轴传动方案一　b）高速轴传动方案二　c）低速轴传动方案　d）中速轴传动方案

1—电动机　2—制动器　3、5—半齿联轴器　4—浮动轴　6—减速器　7—车轮　8—全齿联轴器　9—开式齿轮

机构较重，一般应用在 5～10t 小起重量、小跨度的桥式起重机上。

集中高速驱动的大车运行机构由电动机通过制动器直接与联轴器、传动轴连接，再通过减速器与车轮连接。运行机构的传动轴的转速与电动机的转速相同，一般为 700～1500r/min。其优点是传递转矩小，传动轴和轴系零件尺寸也较小，传动机构的重量也较轻；缺点是加工装配精度要求较高，以减少偏心在高速旋转中所引起的剧烈振动，一般要求轴在每 1000mm 长度上的径向圆跳动误差不大于 0.5mm。为了保证安全，在传动轴上联轴器处应加保护罩。

分别驱动的大车传动机构中，中间没有较长的传动轴，在装有运行机构的走台两端各有一套驱动装置。每套驱动装置由电动机通过制动器、联轴器、减速器与大车车轮相连接。分别驱动的运行机构是用同一控制器控制两台同样型号的电动机，如图 3-55 所示。

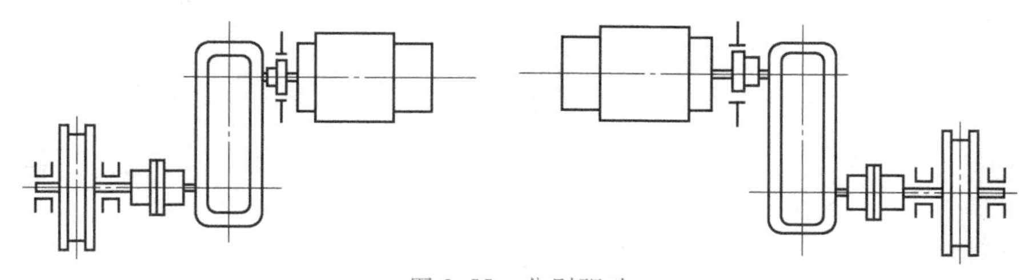

图 3-55　分别驱动

分别驱动与集中驱动相比较，具有下列优点：由于省去了传动轴，自重较轻，安装和维修方便，实践证明使用效果良好。目前国产桥式起重机大部分采用分别驱动方式。

（2）小车运行机构　小车又称台车，主要包括小车架、小车运行机构和起升机构。小车架由钢板焊接而成，其上装有小车运行机构、起升机构、栏杆和卷扬限位开关，小车运行的两端装有缓冲器和限位开关。小车运行机构主要是用来驱动小车，使其沿着主梁上的轨道运行。它包括电动机、联轴器、减速器和角形轴承箱及车轮等。如图 3-56 所示为小车外形图。

图 3-56　小车外形图

小车运行机构分两种：一种减速器在中间，另一种减速器在一侧。如图 3-57a 所示，小车运行机构的减速器位于小车中间，这种方式使小车减速器的输出轴及两侧的传动轴所承受的转矩比较均匀。如图 3-57b 所示的结构是减速器位于小车一侧，这种结构的特点是安装和维修比较方便。小车的从动轮与大车从动轮一样独立运行。

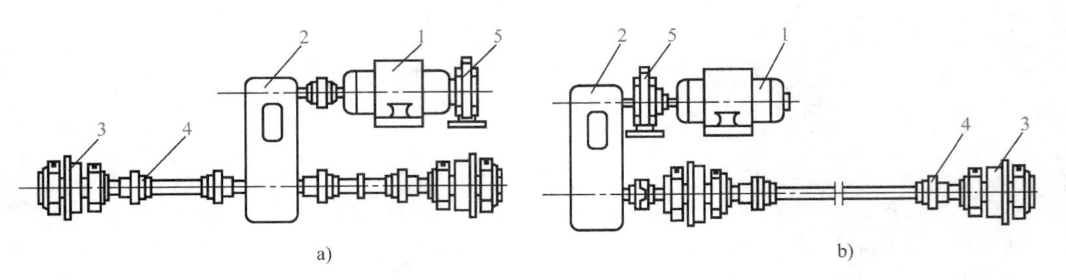

图 3-57　小车运行机构

1—电动机　2—减速器　3—车轮　4—联轴器　5—制动器

（3）减速器　减速器是桥式起重机运行机构的主要部件，其作用是传递转矩，减小传动机构的转速。起重机上所使用的减速器属于闭式齿轮传动，齿轮装在密封的闭式箱内，这种减速器的润滑性好，同时又不容易受灰尘和各种气体侵袭。

目前桥式起重机上所采用的减速器，卧式的多用于大车及起升机构中；立式的多用于小车运行机构中。卧式减速器有 ZQ 型（渐开线）和 ZQH 型（圆弧）两种。常用立式减速器用 ZSC 型来表示。

根据工作需要，减速器又有级数、种类之分，其种类根据输入与输出轴的型式和排列方式分为若干种。减速器的级数根据传动轴数分为二级、三级等。级数是根据变级区分的，如三轴的减速器，实际变级两次，为二级；四轴的减速器实际变级三次，为三级。减速器的内部结构如图 3-58 所示。

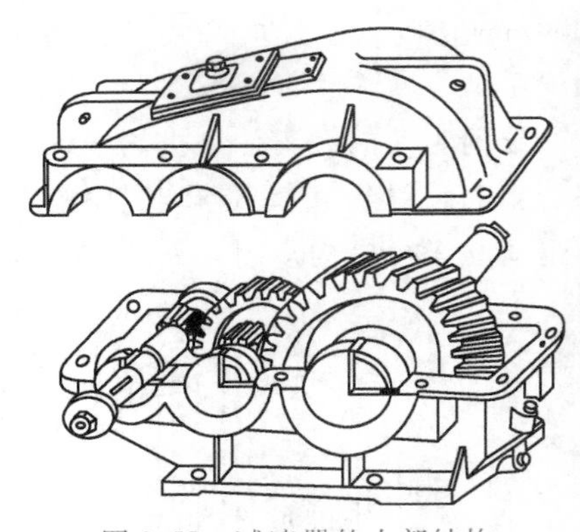
图 3-58　减速器的内部结构

在输入轴上有一个较小的齿轮，该齿轮与一级轴（第二根轴）上的大齿轮啮合。由于大齿轮齿数多，使大齿轮带动的轴转速慢。在一级轴上有一个小齿轮（与大齿轮同转速），小齿轮又与二级轴（第三根轴）上的大齿轮啮合，二级轴再降速。如果是三级、四级，则按上述传动方式继续降速，形成减速作用。减速器的速比就是输入轴与输出轴的转速之比。

1）减速器的检查。减速器要每天检查，主要注意以下几方面。

① 振动。检查与主动轴、从动轴连接部件（如电动机、卷筒组、车轮组等）的轴线是

否同心和松动，底座、支架是否松动。

② 发热。减速器箱体易发热，特别是各轴承处。如果温度超过周围空气温度40℃时，检查轴承是否损坏，齿轮或轴承是否缺乏润滑油脂，负荷持续时间是否过长，旋转时是否有卡住现象。

③ 螺栓松动。检查小车立式减速器各支架上的螺栓是否紧固，尤其是减速器装配位置侧面的情况。否则键和键槽很容易损坏，一旦发现缺陷应立即消除，不得迁就使用。

2）减速器漏油的原因和修理方法。桥式起重机在使用过程中，漏油是个关键问题。特别是夏季，漏油更为严重，不但不文明而且不安全，一不小心，很容易摔伤修理人员和操作者。因此，必须根除漏油问题。

① 减速器漏油的部位和原因。减速器漏油的部位主要是：减速器上箱体与下箱体的结合面漏油，因结合面不平，减速器的两半壳体经过一段时间使用后产生变形，因而从壳体之间向外漏油；减速器端盖下部漏油，主要是端盖与轴承孔之间的间隙过大造成的；可通盖轴孔漏油，主要是因为可通盖内的回油沟（回油孔）堵塞，轴与可通盖之间总有一定的间隙，油顺着这个间隙慢慢流出来；观察孔漏油，主要原因是观察孔的结合面不平，观察孔上盖变形或螺钉没拧紧，结合面上的纸垫因为经过几次加油或打开盖子后受到破坏，造成漏油。

② 减速器漏油的修理。根据实际情况和工作环境的不同，提出以下几种修理方案。

a）在减速器的壳体结合面加垫或加铅丝。这种方法容易使轴承孔的径向间隙增大，使轴承不易被压紧，而容易产生定位不良。

b）在结合面上加白铅油。这种方法也不好，除了有上述加垫的缺点之外，还因白铅油干得慢，容易被机油冲掉从而造成结合面更加不平。

c）涂漆片。这种方法适用于减速器壳体的结合面及端盖下部的漏油。当减速器壳体结合面的间隙不太大时，用起来比较好，对消除漏油有比较明显的效果。但其也有缺点，每当打开减速器壳体时，均需仔细消除结合面和油沟里的污物，再重新涂漆。

d）开回油沟。即在减速器下半壳体轴承孔的最低部位开回油沟，通常把油沟开成斜坡式，越靠近壳体内壁越深。回油沟的宽度在5mm左右较为合适。这种方法与涂漆片同时使用，对消除减速器端盖的漏油比较有效。在开回油沟的同时，也应该对减速器的端盖进行修理。

e）刮研减速器两半壳体的结合面。该方法是解决减速器壳体结合面漏油的有效方法，也是最彻底的一种方法，但费时太多。另外，新制造的减速器壳体，不宜采用这种方法，因为新减速器壳体在使用一段时间后，不免要产生变形，因此虽经过刮研，但在一定时间之后又会产生漏油现象。对于使用几年的减速器壳体，可以采用这种方法，因为长时间的时效，使其内应力逐渐消除，壳体的变形处于稳定状态，刮研之后不会再产生明显的变形。

除了上述几种解决漏油的方法外，有的维修单位还利用在机油中加黄油（润滑脂）的方法来解决漏油问题。这种做法会增加油的黏度，因而给齿轮的转动带来更大的阻力，阻力加大就会使油温升高，造成一种不正常工作状态。要想彻底解决减速器漏油问题，还是采用刮研的办法比较好。目前国内外制造厂对减速器结合面均采用密封胶。许多单位采用二硫化钼润滑剂解决减速器漏油问题，取得了很好的效果。

（4）联轴器　联轴器用来连接运行机构的传动轴，仅起连接作用。不能补偿两根轴之间的径向和轴向位移的联轴器，称为刚性联轴器。允许被连接的两根轴之间有一定径向和轴向位移的联轴器称为补偿联轴器。补偿联轴器在桥式起重机上有特殊的含义，它可以保证桥架在吊运物件而产生弹性变形时，起重机能够有较好的运行特性。

起重机上常用的补偿联轴器，主要是齿式联轴器，分为 CL 型（全齿式）和 CLZ 型（半齿式）两种，如图 3-59 和图 3-60 所示。

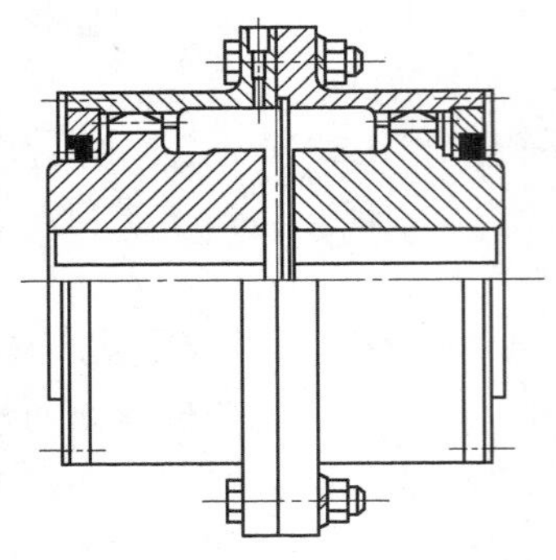

图 3-59 CL 型（全齿式）联轴器

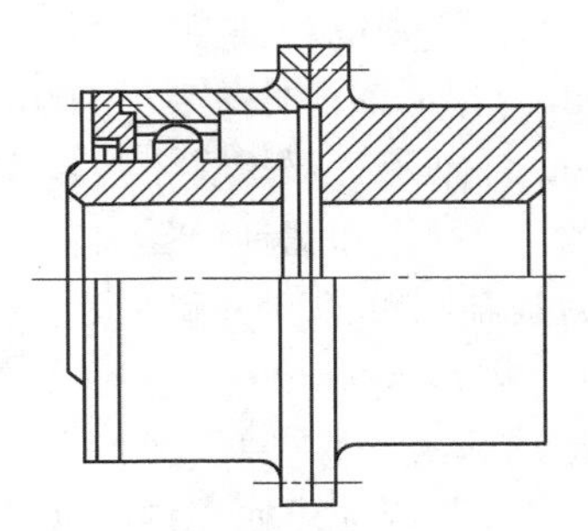

图 3-60 CLZ 型（半齿式）联轴器

齿式联轴器有全齿式和半齿式之分，在齿式联轴器上装有润滑孔。齿式联轴器在使用中的主要问题是齿的磨损，原因主要是安装精度差，被连接的两轴间有较大偏移量，缺乏良好的润滑，对使用寿命均有重要影响。齿式联轴器的齿处于一种无相对运动的啮合形式，齿面上的油脂被挤去后，不及时添加就无法自行补充，严重时，使用很短时间就会磨损到报废标准。由于整个齿圈上的齿被磨尖、磨秃，电动机虽然在转动而起重机构却不动。特别是起升机构制动轮齿轮联轴器，因为制动轮摩擦发热的温度很高，破坏了齿的润滑，使齿的磨损特别严重，可能造成严重事故。对此必须引起重视，必须按规定润滑，延长其使用寿命。

（5）车轮组　车轮踏面分为圆柱形和圆锥形。从动轮大多数是圆柱形的。圆锥形车轮能在一定程度上防止桥架扭斜。圆锥形车轮必须配用圆弧顶面的轨道，且轮径的大端应放在跨度的内侧。踏面的锥度与轨道头部的弧半径有关，统一采用 1:10 锥度。大车车轮的踏面两侧都有轮缘（双轮缘），作用是导向，以防止脱轨。小车车轮采用单轮缘，有轮缘的一端安置在轨道的外侧。

车轮组由车轮、轴、轴承和轴承箱组成。为便于安装和维修，将车轮安装在可整体拆装的角形轴承箱中。车轮有三种形式，即双轮缘车轮、单轮缘车轮和无轮缘车轮，如图 3-61 所示。

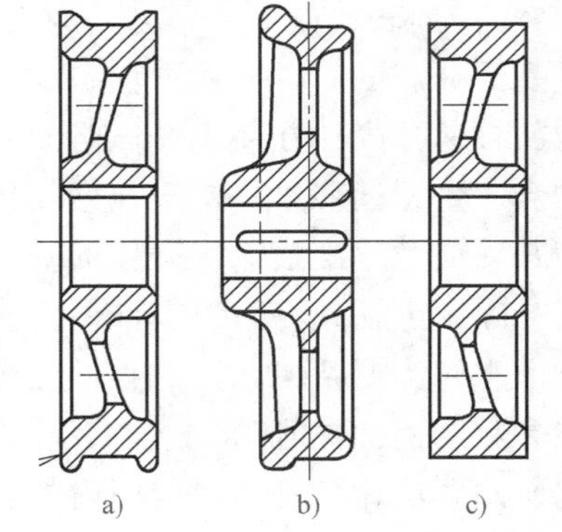

图 3-61 车轮的三种形式
a）双轮缘车轮　b）单轮缘车轮
c）无轮缘车轮

（6）轨道　桥式起重机的运行轨道是承受起重机总重及荷重的主要组成部分。如果轨道安装不当或技术标准超差太多，就会影响起重机的安全运行，所以必须选用适当的轨道和安装技术条件。桥式起重机常用的轨道有起重机专用轨、铁路车轨和方钢三种。轨道在金属梁和钢筋混凝土梁上的固定方法如图 3-62 所示。

起重机专用的轨道底部宽高度小，具有较大的接触面积。车轮踏面的宽度比轨道宽度大，圆柱形大车轮的踏面宽度比轨道宽 30mm；圆锥形大车轮的踏面宽度比轨道宽 40mm；小车轮工作面宽度比小车轨道宽 15～20mm。

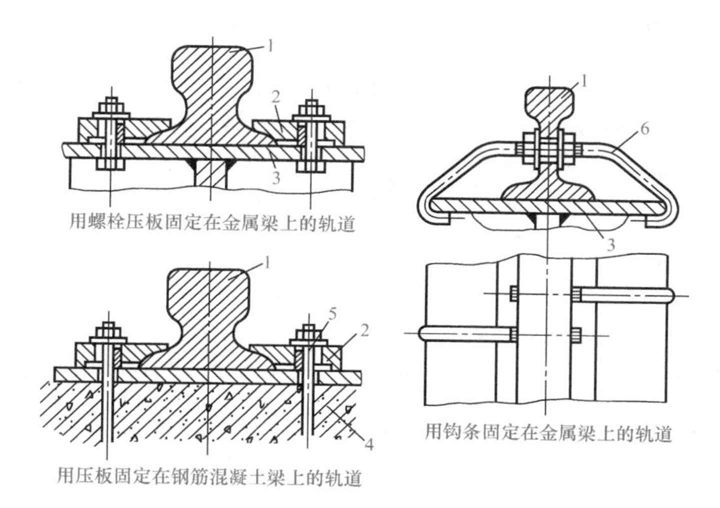

图 3-62 轨道的固定方法

1—轨道 2—压板 3—金属梁 4—钢筋混凝土梁 5—螺栓 6—钩条

3.3.4 桥式起重机的电气控制系统

起重机钢结构负责支承载荷；起重机机构负责动作运转；起重机机构动作的起动、运转、换向和停止等均由电气或液压控制系统来完成，起重机运转动作能平稳、准确、安全可靠，离不开电气控制系统有效的传动、控制与保护。

1. 起重机电气传动

起重机对电气传动的要求有：调速平稳或快速起制动、纠偏、同步保持、机构间的动作协调、吊重止摆等。其中调速常作为重要要求。电气调速分为两大类：直流调速和交流调速。

直流调速有以下三种方案：固定电压供电的直流串激电动机，改变外串电阻和接法的直流调速；可控电压供电的直流发电机——电动机的直流调速；可控电压供电的晶闸管供电——直流电动机系统的直流调速。直流调速具有过负荷能力大、调速比大、起制动性能好、适合频繁的起制动、事故率低等优点，缺点是系统结构复杂、价格昂贵、需要直流电源等。

交流调速分为三大类：变频、变极、变转差率。变频调速技术目前已大量地应用到起重机的无级调速作业当中，电子变压变频调速系统的主体——变频器已有系列产品供货。变极调速目前主要应用在葫芦式起重机的笼型双绕组变极电动机上，采用改变电动机极对数的方法来实现调速。变转差率调速方式较多，如改变绕线异步电动机外串电阻法、转子晶闸管脉冲调速法等。

此外还有双电动机调速、液力推动器调速、动力制动调速、转子脉冲调速、涡流制动器调速和定子调压调速等。

2. 起重机的自动控制

（1）可编程序控制器　程序控制装置一般由电子数字控制系统组成，其程序自动控制功能主要由可编程序控制器来实现。

（2）自动定位装置　起重机的自动定位一般是根据被控对象的使用环境、精度要求来确定装置的结构形式。自动定位装置通常使用各种检测元件与继电接触器或可编程序控制器，相互配合达到自动定位的目的。

（3）纠偏和电气同步　纠偏分为人为纠偏和自动纠偏。人为纠偏是当偏斜超过一定值后，偏斜信号发生器发出信号，驾驶员断开超前支腿侧的电动机，接通滞后支腿侧的电动机进行调整。自动纠偏是当偏斜超过一定值时，纠偏指令发生器发出指令，系统进行自动纠偏。电气同步在交流传动中常采用带有均衡电动机的电轴系统实现。

（4）起重机的电源引入装置　起重机的电源引入装置分为三类：硬滑线供电、软电缆供电和集电环集电器。硬滑线供电的电源引入装置有裸角钢平面集电器、圆钢（或铜）滑轮集电器和内藏式滑触线集电器。软电缆供电的电源引入装置是采用带有绝缘护套的多芯软电线制成的。软电缆有圆电缆和扁电缆两种形式，它们通过吊挂的供电跑车引入电源。

（5）起重机的电气设备与电气回路　不同类型起重机的电气设备是多种多样的，其电气回路也不一样，但基本上还是由主回路、控制回路和保护回路等组成。

3.3.5　桥式起重机的维护保养

起重机除了计划检修外，还要进行保养和检查。因为修理间隔期至少为一个月，在这期间难免不产生缺陷。所以每周至少对起重机做一次全面检查，重点查看各部件的磨损情况，以及紧固件有无松动。

1. 桥式起重机安全检查的内容

（1）钢丝绳的检查保养　为了避免钢丝绳磨损过快，必须经常对钢丝绳进行检查，查看是否有断丝和磨损是否达到报废标准。

对钢丝绳润滑时，一定要用钢丝绳润滑脂仔细润滑。润滑时，要将润滑脂加热到60℃，以使其渗入钢丝绳股之间。润滑之前，先用钢丝刷刷去钢丝绳上的脏物和旧润滑脂，禁止用有酸碱性成分的润滑油来润滑钢丝绳。必须经常检查固定钢丝绳处的螺钉是否有松动现象，也必须经常检查固定钢丝绳的绳头是否牢固。

（2）轴承的检查保养　检查滚动轴承时，必须检查轴承座的固定是否牢固，轴承内润滑油是否充足。在换油时，必须先将轴承用煤油洗净。轴承的温度在正常工作情况下应不超过60~70℃。轴承温度过高时，一定要检查润滑油脂污染情况、是否缺少润滑油脂以及装配正确与否、钢珠有无损坏。拆卸轴承时，最好将其在油中加热至80~100℃，用拉拔器拉出。

（3）卷筒和滑轮的检查保养　检查卷筒和滑轮时，应检查轮槽表面情况，看其是否完整无损；轴承润滑系统是否良好；滑轮能否在轴上自由旋转。

（4）减速器的检查保养　检查减速器内齿轮传动时，必须检查轮齿工作表面情况、磨损程度以及啮合的正确性；齿轮传动情况是否正常，齿轮传动时不应发出强烈的噪声及撞击声。另外，还要检查齿轮在轴上是否可靠，齿轮绝对不可以在轴上有轴向移动。减速器两半体的结合面不可漏油，内部必须存有一定量的合格润滑油，油量应与油标尺的刻度相符并且要及时清洗更换。

（5）联轴器的检查保养　联轴器必须牢固地固定在轴上，用螺杆连接的部分应旋紧，在工作时不准有跳动现象。

（6）制动器的检查保养　起升机构的制动器应做到每班检查，运行机构的制动器应于2~3天内检查一次。检查时应注意：制动器各部分要有精确的动作，轴栓不可有被咬住的现象，闸瓦应正确地贴合在闸轮上，闸瓦上面的衬料应良好，闸瓦张开时在闸轮两侧的空隙应相等。

2. 桥式起重机的润滑

起重机各机构的使用寿命，很大程度取决于正确的润滑，因此润滑是起重机维护工作的主要内容之一。如连续工作的起重机，部件能够得到及时的润滑，可使用多年。如不能很好润滑，零部件很快就会严重磨损。操作人员和维修人员应认识到润滑的重要性，经常检查各运动部件的润滑情况，定期、合理地向各润滑点加注润滑油脂。

（1）润滑方式　起重机各机构的润滑方法有分散润滑和集中润滑。

1）集中润滑。在大起重量的起重机上，采用手动泵开油（润滑脂）和电动泵开油集中润滑两种方式。

2）分散润滑。中小吨位的起重机一般都采用分散润滑。润滑时，使用油枪或油杯对各润滑点分别注油。分散润滑的优点是：结构简单、润滑可靠、维护方便，所用工具（油枪、油杯）购置方便；缺点是：润滑点分散，添加油脂时占用时间较长，工作量大。

（2）起重机的润滑点　桥式起重机上各润滑点主要分布如下：

1）吊钩滑轮组两端及吊钩螺母下的推力轴承。

2）固定滑轮轴两端（在小车架上）。

3）钢丝绳。

4）各减速器。

5）各齿轮联轴器。

6）各轴承箱（包括车轮组角形轴承箱）。

7）电动机轴承。

8）各制动器上的各铰接点。

9）长行程电磁铁的活塞部分。

10）液压制动器的液压缸。

在润滑工作中应注意：凡是有轴和孔做动配合的地方以及有摩擦面的机械部分，都要定期进行润滑。

（3）润滑工作的注意事项

1）润滑材料必须保持清洁。

2）不同牌号的润滑脂不可混合使用。

3）经常检查润滑系统的密封情况。

4）选用适宜的润滑材料，按规定的时间进行润滑工作。

5）在起重机完全断电时，才允许进行润滑操作。

6）采用油池润滑，应定期检查润滑油的质量，加油时应达到油标尺规定的刻度。

（4）润滑油料的材质　起重机常用的润滑油有锭子油、变压器油、齿轮油。锭子油和变压器油含沥青质和胶质少，黏度小，流动性好，可进入到较小的缝隙中。齿轮油含沥青质和胶质多，黏度大，在较大的压力下油膜仍然完好。常用的各种润滑油脂如下：

1）钙基润滑脂。不易溶于水，但滴点低，耐热性能差，适用于工作温度不高于60℃的开式或易与空气、水气接触的摩擦部位。

2）钠基润滑脂。耐热性较好，可在120℃温度以下工作，但亲水性强，不可应用在潮湿或与水接触的润滑部位。

3）复合铝基润滑脂。复合铝基润滑脂有耐热、耐潮湿的特性，没有硬化现象，对金属表面有良好的保护作用。

4）工业锂基润滑脂。它是一种高效能的润滑脂，有良好的抗水性，可在 -20 ~ 120℃温度范围内高速工作。

5）特种润滑脂。它具有耐热耐磨、防水性能好的特点，可在 -30 ~ 120℃的温度范围内工作。

6）合成石墨钙基润滑脂。它抗压能力很强，能耐较高温度，耐水、耐磨性好。

（5）桥式起重机的润滑方案　桥式起重机各典型零部件的润滑方案见表 3-8。

表 3-8　桥式起重机各典型零部件的润滑方案

序号	零部件名称	添加时间	润滑情况	润滑材料
1	钢丝绳	一般 15 ~ 30 天一次，根据实际使用中的润滑情况而定	把润滑脂加热到 80 ~ 100℃，浸涂均匀	1）采用钢丝绳麻芯脂 2）使用合成石墨钙基润滑脂
2	减速器	使用初期每季换一次，以后根据油的清洁情况半年至一年换一次	夏季	用 HL30 齿轮油
			冬季	用 HL20 齿轮油
3	齿轮联轴器	快速一月一次，慢速 3 月一次	1）工作温度在 -20 ~ 50℃ 2）高于 50℃ 3）低于 -20℃	1）可用任何元素为基体的润滑脂 2）使用工业锂基润滑脂，冬季用 1 号，夏季用 2 号
4	滚动轴承	快速一月一次，慢速 3 月一次		
5	滑动轴承	快速一天一次，慢速一月一次		
6	卷筒内齿轮	每次大修时加油		
7	液压电磁铁或液压推杆	每年更换一次	1）高于 -10℃ 2）低于 -10℃	1）25 号变压器油 2）10 号航空液压油

3. 桥式起重机负荷试验和安全操作

负荷试验是对桥式起重机进行技术鉴定的项目之一。测定桥架变形程度，是负荷试验的主要内容。负荷试验分无负荷试验、静负荷试验和动负荷试验。

（1）无负荷试验　用手转动各机构的制动轮，使传动机构最后一级的轴（例如车轮或卷筒的轴）旋转一周以上，不得有卡住现象，然后分别开动各机构的电动机，各个机构应正常运转。

小车运行时不得有卡轨现象，其主动轮应在轨道全长上接触。从动轮与轨道间隙不得超过 1mm，间隙区间不大于 1m，区间的累积长度不得超过 2m。检查各限位开关的可靠性。

（2）静负荷试验　起升额定负荷，使小车在桥架上往返运行，然后卸去载荷，使小车停在桥架中间，起升 1.25 倍额定负荷，离地 100 ~ 200mm，停悬 10min，然后卸去载荷，检查桥架是否有永久变形，最多三次不应再产生永久变形。将小车开至跨端，检查实际上拱度，应大于 $0.7L/1000$（L 为跨度）。

最后使小车仍停在桥架中间，起升额定负荷，检查主梁的弹性下挠值，不得大于 $L/800$（L 为跨度，其值由实际上拱值算起）。

（3）动负荷试验　应起升 1.1 倍额定负荷做动负荷试验，在试验中要同时开动起升机构、大车运行机构和小车运行机构中的两个机构，做正反向运转。按工作类型应有间隙时间，使每个机构的累计开动时间不少于 10min。各机构应动作灵敏，工作平稳可靠，性能达到设计要求，并检查各限位开关和联锁保护装置的可靠性。

（4）安全操作规程要点

1）驾驶员应具有起重机全部机构及装置的性能和用途以及全部电气设备的常识；要具

有全部机构的操作维护知识和实际操作技能，熟悉指挥手势信号。

2）驾驶员进出起重机时只允许由指定的梯子和平台上下，禁止从这台起重机爬到另一台起重机上，不允许跨越轨道爬上爬下，不得在轨道上行走，以免发生事故。

3）驾驶员每次离开驾驶室时，应检查控制器的所有手柄是否已经放在零位，并拉开保护配电盒的刀开关。

4）驾驶员上下起重机时，双手不应拿有任何东西，以便能用双手抓住梯子的栏杆或扶手；不能拿放在工具袋内的东西，应用升降索升降，禁止从起重机上往下扔任何东西。

5）禁止接触通电的滑触线和导体，在检查各种电气设备时，应将电气设备的电源切断。

6）检修人员检修时，驾驶员只能根据指挥人员的指挥动车，除此以外，如有其他人员在桥架上，则禁止动车。

7）禁止在吊钩或物件上移运或升降人。

8）未经允许禁止其他人员上车。

9）驾驶员应会使用灭火器，驾驶室内必须备有四氯化碘灭火器，禁止用泡沫灭火器。

10）带工具走过起重机走台时，一定要将工具放在工具袋子内，不允许将工具放到小车上或桥架的通道铺板上。

（5）驾驶员工作职责要点

1）经常检查起重机各机构的活动部分、旋转部分，所有机构的轴承及润滑装置是否牢固完好，如果油不足应加油。

2）经常检查钢丝绳、吊钩等附件是否完好无损。

3）在每次合闸之前，应发出确切的响铃信号。

4）在合上总刀开关之后，在执行起重工作之前，应对大车、小车及无载吊钩进行几次空运转，仔细检查制动及终点限位开关动作的正确性和可靠性。

5）驾驶员应注意润滑，不使轴承过热，加油时应停止起重机机构的运行并切断电源。

6）在下列情况下，驾驶员应发警告信号。

① 起重机起动送电时。

② 在同一层或另一层靠近其他起重机时。

③ 在放下载荷及起升载荷时。

④ 载荷在吊运中接近下面的工作人员时。

⑤ 安全通道有人工作或有人走动时。

⑥ 载荷在地面不高的位置移动时。

⑦ 吊有载荷设备发生故障时。

7）严禁吊运的货物在人上方吊运或停留，起重机所吊物应沿着安全通道吊运，如果下面有人应发出延续信号，如果通道被人或其他东西堵住时，应停止运行。

8）使用磁盘或抓斗起重机时，在移动载荷的下面，禁止进行任何工作，不能有人通过，并应划出特别危险区。

9）起吊货物时，吊钩应垂直地安置在要升起的工作物上。

10）开始工作以后，第一次起吊载荷时，驾驶员应先将载荷升起不高于0.5m，然后放回地面，以此来了解制动动作是否完好。

11）在水平方向吊运载荷时，应把载荷吊起至比地面所能碰到的东西高出0.5m的高度。

12）当吊钩放在最低位置时，卷筒上两边的钢丝绳至少应各保留三圈以上。

13）工作结束或休息时，重物不应停留在空中。如果在吊运中起重机出了故障或停电，而重物放不下来，应立刻划出危险区，将重物可能掉下来的地方围隔起来，并发信号防止有人走到重物下面。如果长时间不能工作时，则应设法将重物垫起或人工放下，并把控制器手柄拉到零位，切断电源。

14）禁止在吊运熔化金属、液体熔渣或特别笨重的载荷时，升起载荷的同时移动大、小车。

15）吊起盛有熔化金属或液体熔渣的钢桶之前（不管重量多少），驾驶员应将钢桶吊起来不超过100mm，以检查制动性能是否良好。

16）禁止用主钩和副钩同时升降载荷。

17）开动小车、大车控制器时，应一档一档逐渐地合上，在拉回零位切断时，则应迅速。在将控制器拉回零值时，应事先估计到吊钩、大车、小车的惯性，以使它们能够停在适当的位置，禁止把手柄转过零位来制动。只有在避免事故时，才允许有例外。

18）使用带有磁盘或抓斗装置的起重机，必须确信这种装置能真正可靠地抓住被吊的重物、不会脱落下来时，才能开始吊起重物。禁止用抓斗来吊运大件重物。

3.4 电梯

3.4.1 概述

电梯是电力拖动的机械与电气结构的组合，是机电一体化的大型复杂产品，其机械部分相当于人的躯体，电气部分相当于人的神经。机与电的高度合一，使电梯成了现代科学技术的综合产品。

电梯是机、光、电合一的大型复杂产品，现代科学技术的综合产品，安装设置在机房、井道、底坑内，构成垂直运行的交通工具，是服务于规定楼层的固定式升降设备。对于电梯的结构，传统的方法是分为机械部分和电气部分，它具有一个轿厢，运行在至少两列垂直的或倾斜角小于15°的刚性导轨之间，其基本结构如图3-63所示。

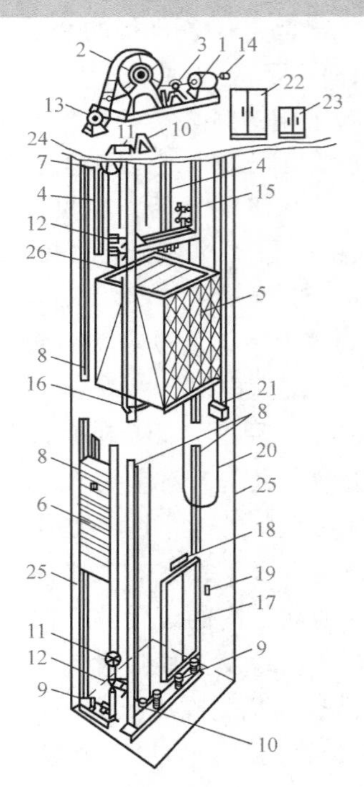

图3-63 电梯的基本结构

1—主传动电动机 2—曳引机 3—制动器 4—牵引钢丝绳 5—轿厢 6—对重装置 7—导向轮 8—导轨 9—缓冲器 10—限速器（包括转紧绳轮、安全绳轮） 11—极限开关（包括转紧绳轮、传动绳索） 12—限位开关（包括向上、向下限位） 13—楼层指示器 14—球形速度开关 15—平层感应器 16—安全钳及开关 17—厅门 18—厅外指示灯 19—召唤灯 20—供电电缆 21—接线盒及线管 22—控制屏 23—选层器 24—顶层地平 25—电梯井道 26—限位器挡块

电梯由机械和电气两大系统组成。机械系统由曳引系统、轿厢的对重装置、导向系统、厅轿门和开关门系统、机械安全保护系统组成。其中曳引系统由曳引机、导向轮、曳引钢丝绳、曳引

绳锥套等部件组成；导向系统由导轨架、导轨、导靴等部件组成；机械安全保护系统主要由缓冲器、限速器和安全钳、制动器、门锁等部件组成；厅轿门和开关门系统由轿门、厅门、开关门机构、门锁等部件组成。

电气控制系统主要由控制柜、操纵箱等十多个部件和几十个分别装在各有关电梯部件上的电器元件组成。电梯控制系统包括拖动系统、控制柜、安全系统、伺服系统。

3.4.2　电梯的分类

电梯通常可按以下方式进行分类：

1. 按用途分类

1）乘客电梯（TK，K 为运行乘客而设计的电梯，有完善的安全装置）；

2）载货电梯（TH，H 为运送货物而设计的电梯，通常有人操作，有必备的安全装置）；

3）客货两用电梯（TL，L 主要用作运送乘客，但也可运送货物，它与客梯的区别在于轿厢内部装饰结构不同）；

4）医用电梯（TB，B 为运送病床而设计的电梯，具有轿厢长而窄的特点）；

5）住宅电梯（TZ，Z 供住宅楼使用的电梯，一般采用下集选控制方式，轿厢内部装饰较简单）；

6）观光电梯（TG，G 轿厢壁透明供乘客观光之用）；

7）船用电梯（TC，C 用于船舶上的电梯，能在船舶摇晃中正常工作）；

还有一些专用电梯，如汽车用电梯（TQ）等。

2. 按速度分类

有低速梯（≤1m/s）、快速梯（≤1.75m/s）、高速梯（>2m/s）、超高速梯（>4m/s）、特高速梯（>10m/s）等类型。

3. 按曳引电动机供电电源分类

1）交流电梯曳引电动机供电电源是交流电动机。

当电动机是单速时，称为交流单速电梯；当电动机是双速时，称为交流双速电梯；当电动机具有调压调速装置时，称为交流调速电梯；当电动机具有调压调频调速装置时，称为变频调速电梯。

2）直流电梯曳引电动机供电电源是直流电动机。又分为直流有齿和直流无齿电梯。

4. 按有无减速器分类

分为有齿和无齿电梯。

5. 按传动结构分类

有钢丝绳式（分强制、摩擦）、液压式（分柱塞直顶式和柱塞侧置式）及爬轮式和螺杆式。

6. 按控制方式分类

1）有手柄控制。由司机操纵轿厢内的手柄开关，实行轿厢运行控制的电梯。

2）按钮控制。具有简单的自动控制方式的电梯，具有自动平层功能。

3）信号控制。自动控制程度较高的有司机电梯，具有自动平层、自动开门、轿厢命令登记、厅外召唤登记、自动停层、顺向截停和自动换向等功能。

4）集选控制。高度自动控制的电梯，可无司机驾驶，除信号控制电梯的功能外，还具有自动掌握停站时间、自动应召服务、自动换向应答反向层站召唤等功能。

5）下集选控制。只有在电梯下行时才能被截停的集选控制电梯。

6）并联控制。几台电梯被联在一起控制。共用厅门外召唤信号的电梯，具有集选功能。

7）梯群控制。多台集中排列，共用厅外召唤按钮，按规定程序集中调度和控制的电梯。

8）微机处理集选控制。由电脑根据客流情况，自动选择最佳运行方式的集群控制电梯。

7. 按有无机房分类

分为有机房（机房在井道顶或井道底部或井道侧部）和无机房（曳引电动机、曳引轮、制动器三位一体的曳引机放在导轨顶端或轿顶部位）。

8. 按厢体尺寸分类

分为小型、大型电梯。

9. 按载重量分类

分为小吨位、大吨位电梯。

3.4.3 电梯的型号

电梯产品型号用字母、数字表示。第一位字母表示产品类型，第二位表示产品品种，第三位表示拖动方式，第四位表示改型代号，第五位为额定载重量，第六位为额定速度，最后为控制方式。例如：TKJ1000/1.6-JK 表示交流调速乘客电梯，额定载重为 1000kg，额定速度为 1.6m/s，集选控制；型号为 YP-15-C090 的“日立”牌电梯表示交流调速乘客电梯，额定载重 15 人，中分式电梯门，额定速度 90m/min；型号为 F-1000-2Z45 电梯表示载货电梯，额定载荷 1000kg，两扇旁开式电梯门，额定速度 45m/min。

3.4.4 电梯的主要参数

1）额定载重量（乘客人数）：即指制造和设计规定的电梯载重量。对于客用电梯，还有轿厢乘客人数的限定（包括电梯司机在内）。

2）额定速度：制造和设计规定的电梯运行速度。

3）轿厢尺寸：即宽×深×高，是指轿厢内部的尺寸。

4）门的形式：如封闭式中分门和双折门、旁开式双折门或三扇门、前后两面开门、栅栏门、自动门、手动门等，并包括开门方向。

5）开门宽度：指轿厢门和层门完全开启后的净宽。

6）层站数量：即建筑物内各楼层用于出入轿厢的地点数量。

7）提升高度：指从底层端站楼面至顶层端站楼面之间的垂直距离。

8）顶层高度：即指由顶层端站楼面至机房楼板或隔层板下最突出构件的垂直距离。该参数与电梯的额定速度有关，梯速越高，顶层高度一般就越高。

9）底坑深度：是指由底层端站楼顶至井道底平面之间的垂直距离，它与梯速有关，速度越快，底坑越深。

10）井道总高度：即指由井道底平面至机房楼板或隔层楼板之间的垂直距离。

11）井道尺寸：即宽×深，是指井道内部的尺寸。

12）拖动方式：如交流电动机拖动、直流电动机拖动等。

13）控制方式。

14）信号装置：如呼梯钮，层显灯的方向、位置和呼叫方式等。

15）轿厢装置与装饰要求。

主要参数表明了电梯的基本特征，是选择电梯的重要依据。它反映电梯与建筑物结构的密切关系，建筑结构的设计与电梯产品的设计、制造必须密切配合。因电梯是以建筑物或能满足安装要求的结构体为基础进行安装的设备，所以客户在确定了电梯的类别之后，应根据电梯生产厂家提供的技术资料及有关技术要求和设计要求，再进行井道、机房、底坑、厅门口及顶层高度等具体设计。

3.4.5　电梯的机械系统

1. 曳引系统

曳引系统的主要功能是输出与传递动力，实现电梯的上下运行。曳引系统主要由曳引机、曳引钢丝绳、导向轮和反绳轮等组成。

（1）曳引机　曳引机又称主机，是电梯的动力源。它一般都放置在井道最高处的机房内，也有放置在导轨顶端、底坑一侧或某个层站井道一旁的。曳引机一般由电动机、电磁制动器、曳引轮及齿轮箱组成。按电动机与曳引轮之间有无减速箱可分为有齿与无齿两种曳引机，如图3-64所示。

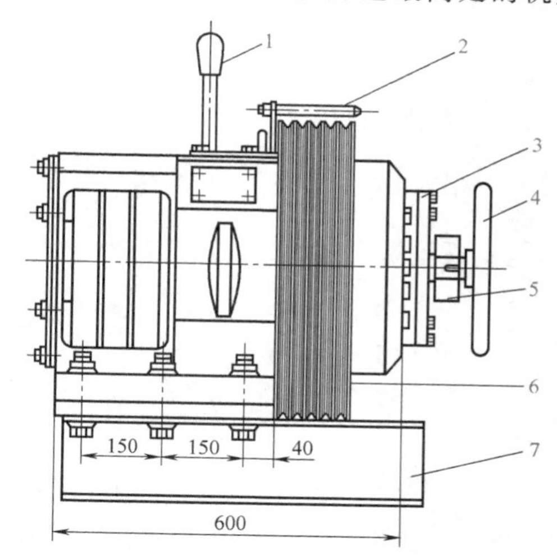

图3-64　无齿曳引机

1—松闸手柄　2—钢丝绳限位杆　3—电动机　4—盘车手轮　5—编码器　6—曳引轮　7—机架

1）曳引电动机。曳引电动机是将电能转换成机械能的电气设备。电梯用曳引电动机分直流和交流两种，直流电动机因其速度稳定、方便控制，具有传动效率高、平稳舒适优点，常用在6m/s以上的超高速电梯上。

交流电动机有异步和同步两种，异步电动机又有单速、双速、调速三种类型。异步单速电动机适用于杂货梯，异步双速电动机适用于货梯，调速电动机一般常用于客用电梯、住宅电梯和医用电梯上。交流同步电动机采用VVVF技术控制其速度，可用于小吨位的任何速度、任何用途的电梯上。

2）电磁制动器。电磁制动器是电梯的安全设施，它能防止电梯溜车，使电梯准确地制停。它安装在电动机轴与齿轮箱蜗杆轴的联轴器上，以联轴器作为制动轮。而无齿曳引机的制动器则与曳引轮铸为一体或直接安装在电动机转轴的伸出端。

电磁制动器一般由制动电磁铁、制动臂、制动瓦、制动衬料、制动弹簧、手动松闸装置以及弹簧拉杆、调整螺栓、螺母等组成，如图3-65、图3-66所示。制动器主弹簧有两个，分别安装在两制动臂上，由一根双头螺杆连在一起。制动瓦上的闸带（衬料）常采用厚度为10mm左右的石棉刹车带，用铜铆钉固定在制动瓦上。

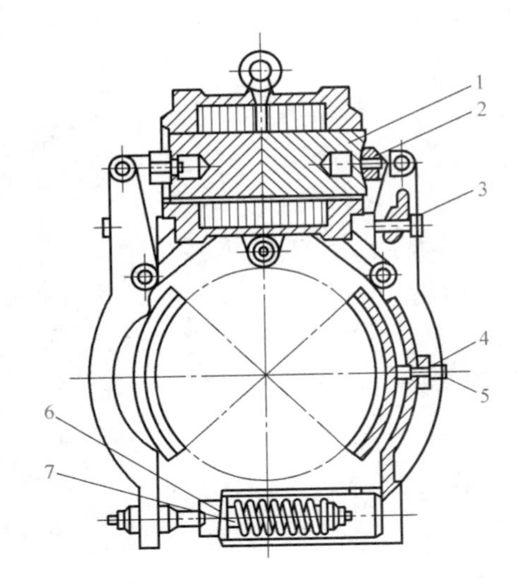

图 3-65　卧式电磁制动器图

1—铁心　2—锁紧螺母　3—限位螺钉　4—连接螺栓　5—蝶形弹簧　6—偏斜套　7—制动弹簧

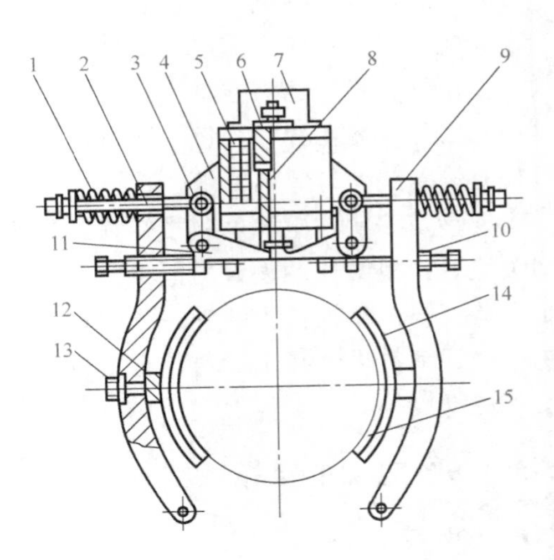

图 3-66　立式电磁制动器

1—制动弹簧　2—拉杆　3—销钉　4—电磁铁座　5—线圈　6—衔铁　7—罩盖　8—顶杆　9—制动臂　10—顶杆螺栓　11—转臂　12—球面头　13—连接螺钉　14—闸瓦块　15—制动带

为了提高制动的可靠性，以满足当一组部件不起作用时，制动轮仍可获得足够的制动力，使载有额定载荷的轿厢减速，在结构上，应把所有向制动轮施加制动力的部件分成两组装配。在大型无齿轮曳引机上也有采用内胀式制动器。

3）曳引轮。曳引轮又叫驱动轮，它既要承受轿厢自重，又要承受轿厢载重和对重、钢丝绳、平衡绳索、电缆等的重量，还要通过轮槽与曳引钢丝绳的摩擦产生驱动力。曳引轮包括轮筒、轮圈两部分。

4）减速齿轮箱。减速齿轮箱的作用主要是降低电动机输出转速和提高电动机输出转矩。

（2）曳引钢丝绳　电梯用曳引钢丝绳通常采用优质碳素钢钢丝制成（通过冷拔、热处理、镀层等工艺），通常采用特级、韧性最好的钢丝，其直径为 0.3～1.3mm。一般都是采用双重捻绕成股，各股中间有一根麻或合成纤维组成的绳芯或合成纤维组成的绳芯，起到蓄油和走绳型的作用。绕性较好的双重捻绕钢丝绳一般都采用互捻绕成绳，即捻股与捻绳方向相反，电梯常用右交互捻绳，它不会自行扭转和散股，使用方便。

2. 电梯的导向系统

导向系统的主要功能是限制轿厢和对重的活动自由度，使轿厢和对重只能沿着导轨作升降运动。导向系统主要由导轨、导靴和导轨架组成。

（1）导靴　导靴是引导轿厢和对重服从于导轨的部件，常见的有刚性滑动导靴、弹性滑动导靴和滚动导靴三种。

（2）导轨　导轨除了起导向作用外，还要承受轿厢的偏重力、制动的冲击力、安全钳紧急制动时的冲击力等。这些力的大小与电梯的载重量和速度有关。

（3）导轨架　导轨架作为支撑和固定导轨用的构件，固定在井道壁或横梁上，承受来

自导轨的各种作用力。按服务对象分，可分为轿厢导轨架、对重导轨架、轿厢与对重共用导轨架等。

3. 轿厢系统

轿厢是运送乘客和货物的电梯组件，在曳引绳牵引下沿导轨上下运行，是电梯的工作部分。轿厢由轿厢体和轿厢架组成。

（1）轿厢体　轿厢体由轿厢底、轿厢壁、轿厢顶构成，如图3-67所示。除杂物电梯外，一般内部有2m以上的净高。但有的汽车专用电梯，在不影响使用安全的条件下，省略了轿顶。

（2）轿厢架　轿厢架是固定和悬吊轿厢的框架，由底梁、立柱、上梁和拉条组成，如图3-68所示。

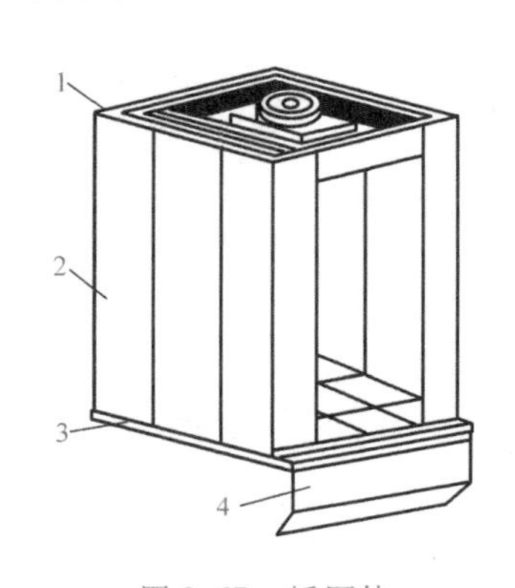

图3-67　轿厢体

1—轿厢顶　2—轿厢壁　3—轿箱底　4—防护板

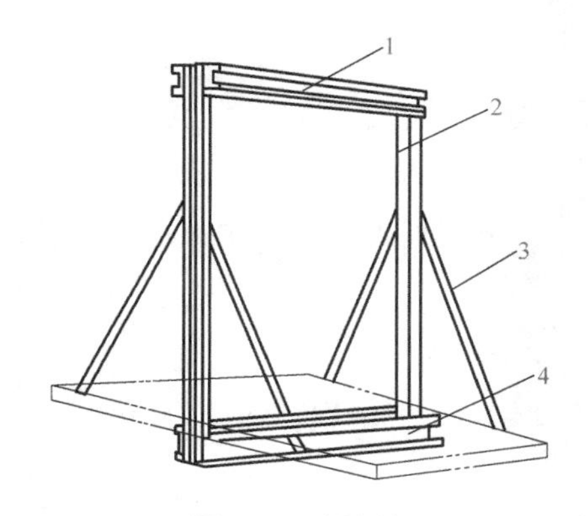

图3-68　轿厢架

1—上梁　2—立柱　3—拉条　4—底梁

4. 电梯门

门系统的主要功能是封住层站入口和轿厢入口。门系统由轿厢门、层门、开门机、门锁装置等组成。

（1）层门与轿厢门　按安装位置分为层门和轿厢门：层门装在建筑物每层层站；轿厢门挂在轿厢上坎，并与轿厢一起升降。按开门方式分为水平滑动门和垂直滑动门两类。水平滑动门分为小分式门和旁开式门；中分式门有单扇中分、双折中分；旁开式门有单扇旁开、双扇旁开（双折门）、三扇旁开（三折门），如图3-69所示。

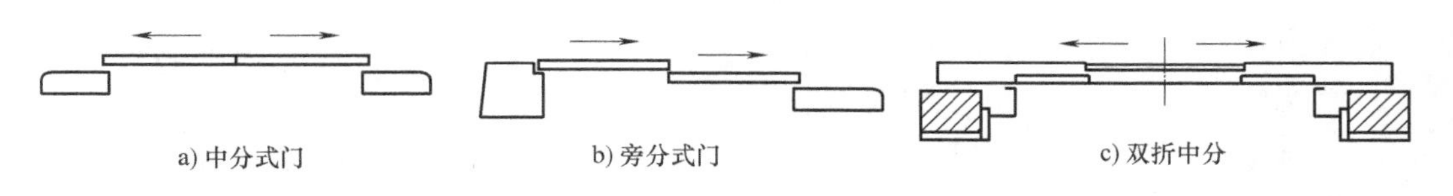

图3-69　门的类型与方式

（2）开门机　电梯的开关门方式有手动和自动两种，为使电梯运行自动化以及减轻电梯司机劳动强度，需要设置自动开关门机构。

开门机的工作原理：开门机设置在轿厢上部特制角形架上，当电梯需要开门时，开关门电动机通电旋转，通过带轮减速。当最后一级减速带轮转动180°时，门即开到最终位置。当关门时，开关门电动机反转，通过带轮减速。当最后一级减速带轮转动180°时，门即闭合到最终位置。如图 3-70 所示为开门机的结构示意图。

电梯实现计算机控制后，有了更多、更复杂的控制功能。电梯轿厢顶装配两块电子线路板，即一块电源板和一块控制板。控制板与电梯控制器通过接口连接，执行开关门指令。如图 3-71 所示为电梯开关门的计算机控制框图。

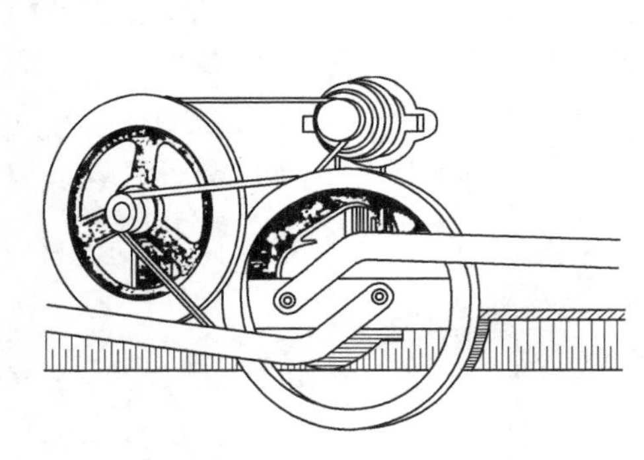

图 3-70　开门机结构示意图

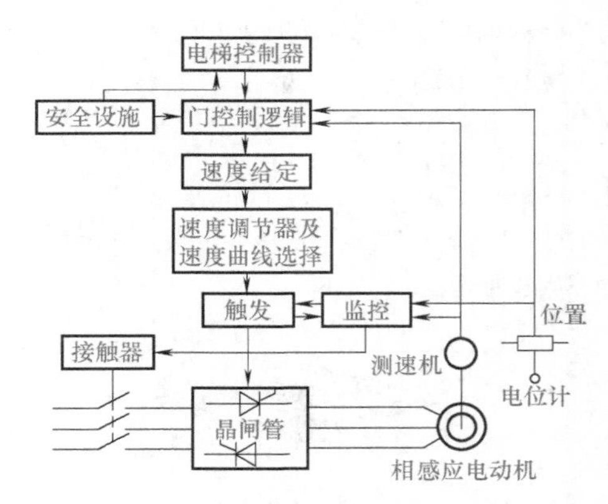

图 3-71　电梯开关门的计算机控制框图

如图 3-72 所示，变压变频（VVVF）门机是由变频电动机驱动，取消了传动的曲柄连杆机构，更精确地保证门速度的同步性，开门更平稳、安静，VVVF 门机还带有电子重开门装置，以保证乘客的安全。

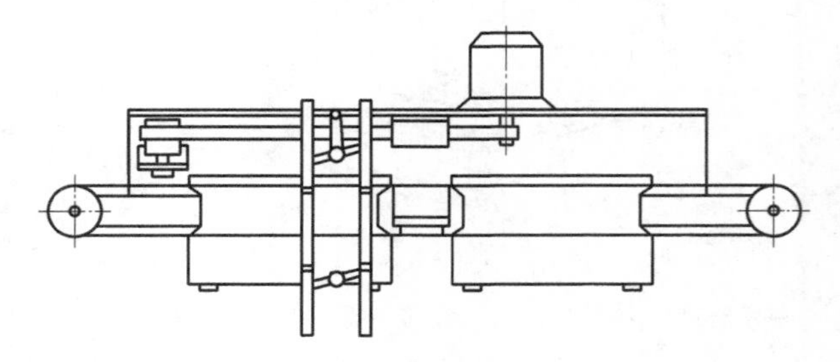

图 3-72　变压变频门机结构示意图

（3）层门门锁　层门门锁是由机械联锁和电气联锁触点两部分结合起来的一种特殊的门电锁。当电梯上所有层门上的门电锁的机械锁钩全部啮合，同时层门电气联锁触头闭合，电梯控制回路接通时，电梯才能起动运行。如果有一个层门的门电锁动作失效，电梯就无法开动。常用层门门锁有手动门锁和自动门锁两种。

5. 重量平衡系统

重量平衡系统的主要功能是相对平衡轿厢重量，在电梯工作中能使轿厢与对重间的重量差保持在限额之内，保证电梯的曳引传动正常。系统主要由对重和平衡补偿装置组成。

（1）对重　对重由对重架和对重块组成，如图 3-73 所示。对重架上安装有对重导靴。当采用 2∶1 曳引方式时，在架上设有对重轮。此时应设置一种防护装置，以避免悬挂绳松弛时脱离绳槽，并能防止绳与绳槽之间进入杂物。有的电梯在对重上设置安全钳，此时安全钳设在架的两侧。对重架通常以槽钢为主体构成。有的对重架制成双栏结构，可减小对重块

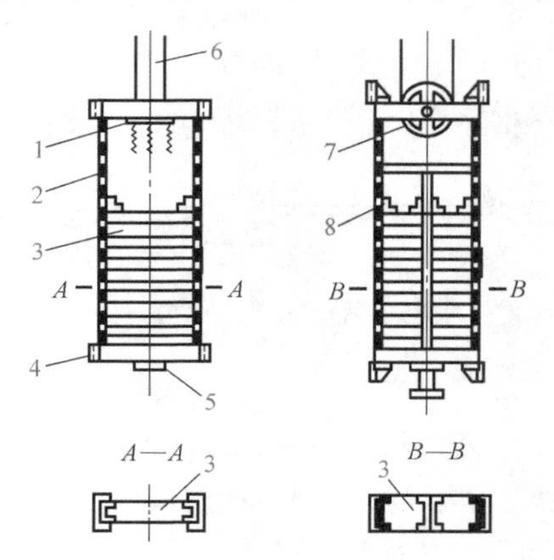

图 3-73　对重

1—绳头板　2—对重架　3—对重块　4—导靴　5—缓冲器碰块　6—曳引绳　7—对重轮　8—压块

的尺寸，便于搬运。对于金属对重块，若电梯速度不大于1m/s，则用2根拉杆将对重块紧固住。对重块用灰铸铁制造，其造型和重量均要适合安装维修人员搬运。对重块装入对重架后，需要用压板压牢，防止电梯运行中发生窜动。

（2）平衡补偿装置

1）补偿链如图3-74所示，以铁链为主体，悬挂在轿厢与对重下面。为降低运行中铁链碰撞引起的噪声，在铁链中穿上麻绳。装置结构简单，不适用于高速电梯，一般用在速度小于1.75m/s的电梯上。

2）补偿绳如图3-75所示，以钢丝绳为主体，悬挂在轿厢或对重下面，具有运行较稳定的优点。

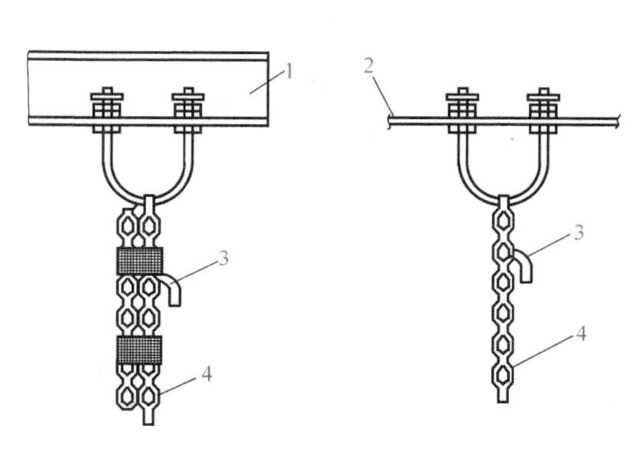

图3-74 补偿链

1—轿厢底 2—对重底 3—麻绳 4—铁链

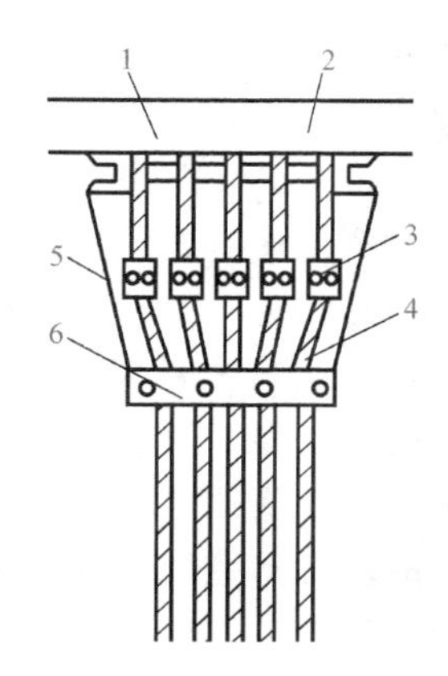

图3-75 补偿绳

1—轿厢梁 2—挂绳架 3—钢丝绳卡钳 4—钢丝绳 5—钢丝 6—定位卡板

3.4.6 电梯的电气控制系统

电梯的电力拖动对电梯的起动、加速、稳速运行、制动减速起着控制作用。拖动系统的优劣直接影响电梯起动和制动加速度、平层精度和乘坐舒适感等指标。

1. 电力拖动系统

电力拖动系统的功能是提供动力，实行电梯速度控制，主要由控制系统、电动机、传动机构、电梯轿厢四部分组成，如图3-76所示。电梯轿厢是电力拖动控制的对象，传动机构是电梯的机械传动装置，电动机是电梯拖动的主要动力设备，控制系统是电梯拖动系统的电气控制部分。

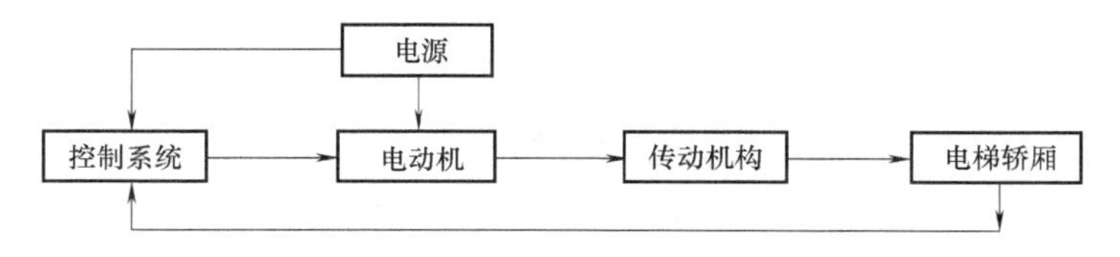

图3-76 电梯拖动系统框图

用于电梯的电力拖动主要有如下几类：

（1）交流变极调速系统 交流电动机有单速、双速及三速等类型，其变速方法是改变

电动机定子绕组的极对数。因为交流异步电动机的转速是与其极对数成反比的。改变电动机的极对数就可以改变电动机的同步转速，此种系统多数采用开环控制方式，线路简单、价格低，但乘坐舒适感差，所以一般应用于额定速度在 1m/s 以下的货梯。

(2) 交流变压调速系统　此系统采用晶闸管闭环调速，其制动减速可采用能耗制动、涡流制动、反接制动等方式，使电梯的速度控制在中、低速范围内，从而取代直流快速和交流双速电梯。它结构简单，易于维护，且舒适感、平层精确度明显优于交流双速梯，目前主要用于额定速度在 2.5m/s 以下的电梯。

(3) 变压变频（VVVF）调速系统　采用交流电动机驱动，其调速性能达到了直流电动机的水平，额定速度可达 12.5m/s，具有节能、效率高、体积小等优点。由三相交流电通过晶闸管组成的交换器变换成直流电，以脉冲幅度调制（PAM）控制直流电压；再经过电容器平滑处理后，送入由晶体管组成的逆变器，以脉冲宽度调制（PWM）输出可以变压、变频的交流电源，其电压可在 0～440V、频率可在 0～50Hz 的范围内变动，所以能对交流电动机从静止到全速作有效的控制。电动机的供电变频器具有变压和变频两种功能，使用这种变频器的电梯常称为 VVVF 型电梯。

(4) 直流电梯拖动系统　晶闸管整流器直接供电的拖动系统与发电机—电动机组供电的直流电梯拖动系统相比较，机房占地面积节省 35%，重量减轻 40%，节约能源 25%～35%。常在直流高速电梯拖动系统中应用，其调速比可达 1∶1200。如图 3-77 所示是一种晶闸管整流器供电的直流高速电梯拖动系统的原理图，主要由两组晶闸管整流器取代传统驱动系统中的直流发电机组；两组晶闸管整流器可进行相位控制，或处于整流或处于逆变状态。

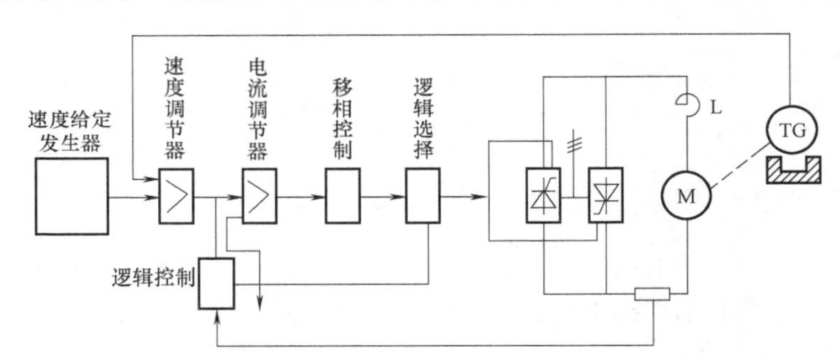

图 3-77　晶闸管整流器供电直流高速电梯拖动系统原理图

2. 信号控制系统

电气控制系统的主要功能是对电梯的运行实行操纵和控制，主要由操纵装置、位置显示装置、控制屏（柜）、平层装置、选层器等组成。

3. 安全保护系统

安全保护系统主要由安全开关和元器件组成：

(1) 急停开关　安装在轿厢内、轿厢顶、底坑的紧急停止开关，在电梯运行时遇到紧急情况，或在检修、检验时维修安装调试人员上轿厢顶或下底坑都应关断此开关，切断电梯控制电源，保证人身安全。

(2) 超速保护　当电梯运行速度超过额定值但仍小于安全钳动作速度值时，限速器开关断开，控制回路断电，电梯立即停止。

（3）安全钳动作保护　轿厢超速下降，引起安全钳动作，其联锁开关断开使控制回路断电。

（4）断绳开关　为防止安全钢丝绳松脱断裂，在底坑张绳轮上设有断绳开关，一旦限速钢丝绳松动或断开，此开关被下落的张紧装置撞开，切断控制回路电源，电梯停止运行。

（5）安全窗开关　为防止电梯因停电或故障突然停止在两层楼之间，使乘客被困，在轿厢顶留有天窗，供司机、维修人员采取应急救护措施。

（6）断相错相保护　用相序继电器防止电梯电源的错相断相，以保证电梯设备和人身安全，在电源错相断相事故状态下，控制回路断电。

（7）电动机过载保护　采用热继电器作为过载保护，当电动机过载时，热继电器动作，切断控制回路电源。

一般电梯都有以上各种电器开关保护装置，将它们串联接进继电器线路或直接接进PLC。一般常采用YJ继电器，继电器触点再接进PLC。

3.4.7　电梯的维护与保养

电梯的日常保养总的说来可以划分为三个部分：机械传动部分、电气部分、安全保护装置。机械传动部分中主要包括有：曳引机、钢丝绳、限速器、缓冲器等；电气部分主要包括有：控制柜内电子元器件、随行电缆、门联锁等；安全保护装置主要部件有：自动门防夹保护装置、限位及极限开关等。日常维护保养中主要针对机械部分进行调整、润滑、紧固，尽量减少对电气部分及安全保护装置进行调整，原则上只实验其可靠性、灵敏性即可。避免由于日常维护造成的电子元器件损坏及安全保护装置失效等意外的发生。以下对上述三个部分的日常维护保养工作展开阐述。

一、机械传动部分

机械传动部分在日常的维护保养中应占到五成以上的工作份额。以往，部分电梯工作者存在着“重电轻机”的工作误区，认为只要保证电路中各部件的正常工作即可高枕无忧，其实不然。首先，一切电子元器件传递、发出信号最终的执行者是机械部件，没有良好的硬件做基础，程序做的都是无用功。其次，机械部分的顺利传导直接影响乘梯效果，对乘梯人来说，机械部分也是对他们来说最直接的感知认识。作为日常维护保养中工作量最大的机械部分，应从以下几个部位进行重点调整。

1. 曳引机

曳引机作为电梯运转的动力源，承载着整套运转系统。

1）曳引机在运行时不得有杂音、冲击和振动。

2）电动机与曳引机联轴器无松动。

2. 制动器

现普遍使用的电梯均为零速抱闸，故对制动器闸片的磨损较小，但在日常中也应对制动器进行严格检查。

1）制动器动作应可靠，应保持有足够的制动力。

2）制动器闸片磨损不应大于原厚度的1/3。

3）制动器打不开时，闸瓦与制动轮不应发生摩擦。

4）制动器各轴销应润滑灵活。

3. 限速器

限速器为防止电梯超出额定速度的安全保护装置。

1）限速器的动作应发生在至少等于额定速度的115%。

2）限速器应由限速器钢丝绳驱动，且钢丝绳的公称直径不应小于6mm。

3）应保持限速器销轴部位润滑转动灵活，轮槽清洁无油泥，限速绳清洁无油泥，夹绳口无磨损，应有足够夹持力。

4）限速器应保持每年一次的定期检验。

4. 钢丝绳

电梯整套系统中设有钢丝绳的部位主要是曳引钢丝绳和限速器钢丝绳。接收设备时应保留该台电梯的钢丝绳检验报告。

1）连接轿厢和对重的钢丝绳公称直径不应小于8mm。

2）钢丝绳表面应清洁，无油泥，如有断丝应不超标。

3）应定期调整钢丝绳张力，保持平均受力系数。

5. 缓冲器

现普遍使用的缓冲器有两种：一种为弹簧式缓冲器（蓄能型），只能用于额定速度不大于1m/s的电梯；一种为液压式缓冲器（耗能型），可用于任何额定速度的电梯。

（1）蓄能型缓冲器

1）缓冲器可能的总行程应至少等于相当于115%额定速度的重力制停距离的2倍，无论如何，此行程不得小于65mm。

2）弹簧表面应无锈蚀、裂痕、动作后应无永久变形。

（2）耗能型缓冲器

1）缓冲器内应油量适宜，柱塞无锈蚀。

2）在缓冲器下落过程中，应可顺利触及缓冲器开关，缓冲器开关应为手动复位式。

3）当缓冲器完全压缩时，从轿厢开始离开缓冲器的瞬间起，缓冲器的柱塞应在120s内安全复位，恢复原始位置。

6. 安全钳

轿厢应装有能在下行时动作的安全钳，在达到限速器动作速度时，甚至在悬挂装置断裂的情况下，安全钳应能夹紧导轨装有额定载重量的轿厢制停并保持静止状态。

1）额定速度大于0.63m/s的电梯应采用渐进式安全钳；额定速度小于0.63m/s的电梯可采用瞬时式安全钳。

2）当安全钳动作时，只有将轿厢或对重提起，才能使轿厢或对重上的安全钳释放并自动复位。

3）安全钳传动机构应灵活，钳座固定无松动，安全钳楔块与导轨间隙均匀，动作一致。

二、电气部分

电梯作为机电设备，在日常工作中不可避免的要与一些电子元器件打交道，由于每部电梯的电气构造都大相径庭，故在此只针对一些通用部件的维保方法进行提示。

1. 控制柜

控制柜为整台电梯的“神经中枢”，承载着收集运行数据、发出接收指令信息，保证安

全回路的有效性等重要工作，在日常维保中严禁对控制柜内线路、电子元器件进行挪改，PC 机、变频器在无专业厂家的指导下，严禁进行调整。

1）控制柜内应保持干燥，电路板无尘土（如需除尘，应用专业清扫工具进行清除），夏季应注意机房降温，避免由于控制柜内温度过高，发生过热保护的现象。

2）控制柜接线整齐，线号齐全清晰，各仪表指示（显示）正确，各线接应紧固。

3）接触器或继电器的触点表面应无锈斑、凹痕及严重燃弧的现象。

2. 随行电缆

现普遍采用的电缆有圆电缆与扁电缆两种。由于圆电缆易损坏、干扰大、故在现有电梯中，大部分采用扁电缆。

1）电梯在运行过程中，电缆应自然随轿厢运动而随行，无变形扭曲。

2）随行电缆在运行时应不与井道内的任何部件发生刮蹭，外皮完好、无裂纹、无内部短路、导体无损伤。

3. 门联锁

电梯的开关门动作是由轿门与厅门联动完成的，如任何一方发生故障，都将导致开关门动作的失败。

1）门楣与地坎之间的间隙，乘客电梯不得大于 6mm，载货电梯不得大于 8mm。由于磨损，间隙值允许达到 10mm。

2）在水平滑动门和折叠门主动门扇的开启方向，以 150N 人力（不用工具）施加在一个最不利的点上（最不利施力点：对大部分上锁紧厅门，最不利施力点即为厅门最下方），所能打开的最大距离应为：旁开门≤30mm，中分门≤45mm。

3）对于水平滑动门，阻止关门力不应大于 150N，这个力的测量不得在关门行程开始的 1/3 之内进行。

4）轿厢应在锁紧元件啮合 7mm（厅门最小啮合尺度）时才能起动。

5）厅轿门各固定部位无松动，间隙尺寸无变化。

6）自动门在开启和关闭时应平稳无振动，换速准确。

7）厅门自闭功能正常，用厅门钥匙开锁后能自动复位。

三、安全保护装置

电梯作为公用设施，安全应是最基础也是最重要的环节。在电梯整套运行系统中，布置着各类安全保护装置，通常将这一套环节称为安全回路，安全回路上任意一点动作，即断开安全回路，电梯也应立即停止运行，在日常维保中应对安全保护装置做重点检查，以保证乘客的乘梯安全。

1. 自动门防夹保护装置

现普遍采用的防夹保护装置有两种：机械式，即安全触板；电子式，即光幕。

1）防夹保护装置应灵敏、可靠，光膜表面清洁，无遮挡异物。

2）自动门防夹装置的作用可在每个主动门扇最后 50mm 的行程中被消除。

2. 井道内各限位开关

一般井道内上下共设有 6 个极限位开关，自下至上分别为：下极限开关、下限位开关、下强迫换速开关、上强迫换速开关、上限位开关、上极限开关。

1）极限开关应设置在尽可能接近端站时起作用而无误动作危险的位置上。

2）极限开关应在轿厢或对重接触缓冲器之前起作用，并在缓冲器被压缩期间保持其动作状态。

3）日常检查时，应试验极限开关的准确性，符合 GB 7588—2003 中，10.5.3.1 对可变电压或连续调速电梯，极限开关应能迅速地，即在与系统向适应的最短时间内使电梯驱动主机停止运转。

3. 急停开关

急停开关应为红色双稳态开关，只可手动复位。

机房控制柜内、曳引机旁、轿厢操纵盘内、轿顶检修区、底坑（打开厅门便可触及）内均设有急停开关。

4. 满载与超载

1）满载电梯达到满员后（即实际载重量几乎接近于额定载荷时），电梯在运行过程中，应只记录轿厢内的选层信息，层站外呼信息将不被记录。

2）超载电梯实际载重量超过额定载荷的 10%（至少为 75kg）。轿内应有音响或发光信号通知使用人员，此时电梯应无法正常起动。

四、日常维护保养中的重要试验

1. 防粘连试验

防粘连功能是针对当抱闸接触器工作异常，电梯自动停止运行，防止抱闸磁铁未释放而导致的抱闸走车。GB 7588—2003 对防粘连功能的描述为“如果某个故障（第一故障）与随后的另一个故障（第二故障）组合导致危险情况，那么最迟应在第一故障元件参与的下一个操作程序中使电梯停止。只要第一故障仍存在，电梯的所有进一步操作都应是不可能的。”

试验方法：首先，控制柜内的抱闸接触器应为两个独立的接触器方可进行实验。在机房选层，电梯开始运行后，顶住其中一个抱闸接触器接触点不放，当电梯运行停止后，仍然顶住接触点使其不能释放，再次选层，此时电梯应不能起动，证明防粘连功能有效。

2. 检修优先权

在电梯整套系统中，应有三个地方安装有检修开关，即机房、轿顶、轿厢。检修优先顺序为：轿顶优先于轿厢，轿厢优先于机房。

试验方法：机房、轿顶、轿厢分别设有三名检查人员。将三个部位的检修开关全部打开，处于检修状态。此时，应只有轿顶的检修功能有效，轿厢与机房均无法操纵电梯；恢复轿顶检修开关，此时，应只有轿厢检修功能有效，机房无法操纵电梯，即说明检修优先功能正常。

3. 消防功能

每栋建筑物之内，至少有一台电梯为消防电梯。消防电梯应为独立井道。

试验方法：进入轿厢，任意选层，当电梯运行过程中，打开消防开关，此时电梯应就近平层，但不开门，在此过程中，外呼、内选均失效，直到返回到利于疏散的端站后，开门放人，随后电梯处于消防状态。进入消防状态的电梯，应符合以下特征：

1）电梯关门需长时间按住关门按钮，直至完全闭合，此过程中一旦松开关门按钮，电梯门应自动打开。

2）电梯关门后，进行手动选层，无论选择多少个层站，电梯只记录第一个选层信息，

到站后，其余内选全部消号。在此过程中，电梯外呼全部失败。

3）电梯到站后，不自动开门。只能依靠长时间按下开门按钮方可，一旦松开开门按钮，电梯门将自动关闭。

4. 限速器

限速器、安全钳联动试验。由于此实验对安全钳、导轨磨损较大，故在每个季度检查中进行试验即可。

试验方法：在机房以检修速度向下运转电梯，此时扳动限速开关，安全钳随即动作导致轧车，然后控制柜内进行封线操作，继续以检修的速度让电梯向下运行，此时如曳引轮出现打空现象，说明限速器、安全钳联动实验成功。

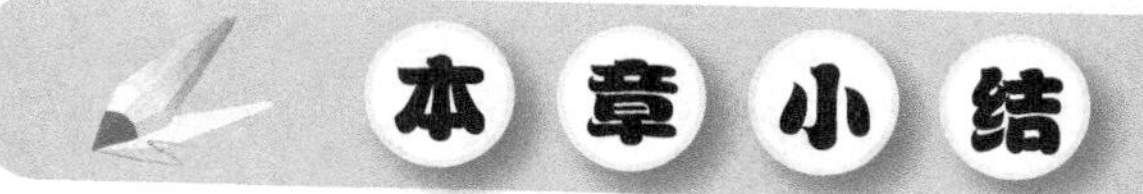

本章主要介绍了机床的类型、运动形式及机床传动链的形成和机床传动系统图，重点介绍了 CA6140 型卧式车床的工艺范围及其组成、传动系统、机械结构及操作、调试与维护保养方法、电气控制系统的组成和工作原理；介绍了数控机床的特点、分类及应用范围；数控车床和数控铣床的主要结构、工作原理与维护保养方法；加工中心的分类、主要结构及工作原理等；介绍了桥式起重机的特点、基本结构、性能参数、工作原理和桥式起重机的维护保养。介绍了电梯的分类、主要参数、机械系统、电气控制系统以及维护与保养。

思考题与习题

3-1　什么是表面成形运动、主运动、进给运动？

3-2　CA6140 型卧式车床有哪几种运动？它由哪些主要部件组成？其电路由哪几部分组成？

3-3　什么叫传动链？根据传动链的性质，传动链可分为哪些类型？

3-4　列出 CA6140 型卧式车床主运动传动链最高及最低转速（正转）的运动平衡式并计算其转速值。

3-5　用 CA6140 型卧式车床车削下列螺纹：

（1）米制螺纹 $P=2.5\text{mm}$，$k=1$；

（2）寸制螺纹 $a=4.5$ 牙/in；

试列出其传动路线表达式。

3-6　在需要车床停转时，将操纵手柄扳至中间位置后，主轴不能立即停转或仍继续旋转，试分析其原因，并提出解决措施。

3-7　CA6140 型卧式车床能否用丝杠来代替光杠做机动进给？为什么？

3-8　试分析 CA6140 型卧式车床在加工时，为何有时会发生闷车现象，如何解决？

3-9　按下 CA6140 型卧式车床主轴电动机按钮，电动机发出嗡嗡声不能起动，试分析原因。

3-10　数控机床使用中应注意的问题有哪些？

3-11 数控机床的结构要求主要有哪些？

3-12 数控机床维护保养的内容有哪些？

3-13 滚珠丝杠轴向间隙常用双螺母丝杠消除，具体方法有哪几种？

3-14 简述滚动导轨的特点。

3-15 简述静压导轨的工作原理。

3-16 桥式起重机是由哪些部件组成的？

3-17 桥式起重机有哪些安全装置？

3-18 桥式起重机的起升机构是由哪些部件组成的？

3-19 简述桥式起重机安装前的准备工作及安装要求。

3-20 简述电梯的日常维保工作。

第4章 设备管理的基础工作

【学习目标】

1. 理解设备资产管理的根本任务。
2. 熟悉设备资产的编号方法及注意事项。
3. 熟悉设备资产的登记和建档的内容。
4. 掌握设备 ABC 分类管理法的分类原则和方法。
5. 掌握设备库存管理的基本内容及库房设备保养的要求。
6. 熟悉设备折旧的含义和固定设备资产折旧的计算方法。
7. 掌握设备规章制度制定的基本原则及其主要内容。
8. 了解设备管理指标体系的基本内容。

4.1 设备资产管理

设备是生产系统的一个重要组成部分，是企业进行生产的主要物质基础保证。设备管理是企业维持和发展生产力的重要手段，它是以企业生产经营为目标，通过一系列的技术、经济、组织措施，对设备的全过程进行的科学管理，其根本任务是以良好的设备效率和投资效果来保证企业生产经营目标的实现，取得最佳的经济效益和社会效益。

设备是企业固定资产的主要组成部分，是企业施工生产的物质技术基础。企业要做好全面的设备管理工作，必须完善和加强设备管理的基础工作。

4.1.1 设备的分类、编号、登记和建档

1. 设备的分类

工业生产中企业使用的设备品种繁多，设备管理部门对生产设备进行科学的分类和资产编号，可方便企业的资产管理、生产计划管理和设备维修管理。这也是准确掌握固定资产构成份额，分析企业生产能力和开展企业经济活动的关键，是实现标准化、科学化和计算机化，满足企业生产经营管理的需要，也是国家对设备资产进行统计、汇总、核算的要求，是设备资产管理的一项重要的基础工作。

对设备进行分类编号的目的：①可以直接从编号了解设备的属类性质；②便于对设备数量进行分类统计，掌握设备构成情况。为了达到此目的，国家有关部门针对不同的行业对不

同设备进行了统一的分类和编号，将机械设备和动力设备分为若干大类别，每一大类别又分为若干分类别，每一分类别又分为若干组别，并分别用数字代号表示。常见的设备分为机械设备和动力设备两大项，其分类代号见表 4-1；其中每大项又分若干个大类，每大类又分 10 个中类，每中类又分 10 个小类，其大、中类相应类型参见表 4-2。

表 4-1　机械设备和动力设备的分类代号

机械设备		动力设备	
大类别	代号	大类别	代号
金属切削机床	0	动力发生设备	6
锻压设备	1	电器设备	7
起重运输设备	2	工业炉窑	8
木工铸造设备	3	其他动力设备	9
专用生产用设备	4		
其他机械设备	5		

表 4-2　机电设备按设备管理部门的需要划分的大类、中类及编号

分项	大类别＼内容＼中类别	0	1	2	3	4	5	6	7	8	9
机械设备	0 金属切削机床	数控金属切削机床	车床	钻床及镗床	研磨机床	联合及组合机床	齿轮及螺纹加工机床	铣床	刨、插、拉床	切断机床	其他金属切削机床
	1 锻压设备	数控锻压设备	锻锤	压力机	铸造机	锻压机	冷作机	剪切机	整形机	弹簧加工机	其他冷作设备
	2 起重运输设备		起重机	卷扬机	传送机械	运输车辆			船舶		其他起重运输设备
	3 木工铸造设备		木工机械	铸造设备							
	4 专用生产用设备		螺钉专用设备	汽车专用设备	轴承专用设备	电线、电缆专用设备	电瓷专用设备	电池专用设备			其他专用设备
	5 其他机械设备		油漆机械	油处理机械	管用机械	破碎机械	土建机械	材料试验机	精密度量设备		其他专业机械
动力设备	6 动力发生设备			氧气站设备	煤气及保护气体发生设备	乙炔压缩设备	二氧化碳设备	工业泵	锅炉房设备	操作机械	气动动能发生设备
	7 电器设备		变压器	高、低压配电设备	变频、高频变流设备	电气检查设备	焊切设备	电气线路	弱电设备	蒸汽及内燃机设备	其他电器设备
	8 工业炉窑		熔铸炉	加热炉	热处理炉（窑）	干燥炉	溶剂竖窑			其他工业炉窑	
	9 其他动力设备		通风采暖设备	恒温设备	管道	电镀设备及工艺用槽	除尘设备		涂漆设备	容器	其他动力设备

2. 设备的编号

设备编号用来区别设备资产中某一设备与其他设备，所有新购设备或自研设备进厂后都应该有自己的编号。新购设备或自研设备经安装调试合格验收后，办理移交手续，转为固定资产时，由企业设备管理部门给予统一的编号，同时企业的财务部门和设备管理维修部门也将其纳入正常管理。

设备的编号方法可以因地区、行业和单位的不同而有所不同。目前，通常采用三段式编号法。各段的代号可以用拼音字母、阿拉伯数字或字母与数字混合，每段代号用短横线连接，如图4-1所示。也有采用两段式编号法，是将三段式的中间设备名称顺序号省略而得，如图4-2所示。

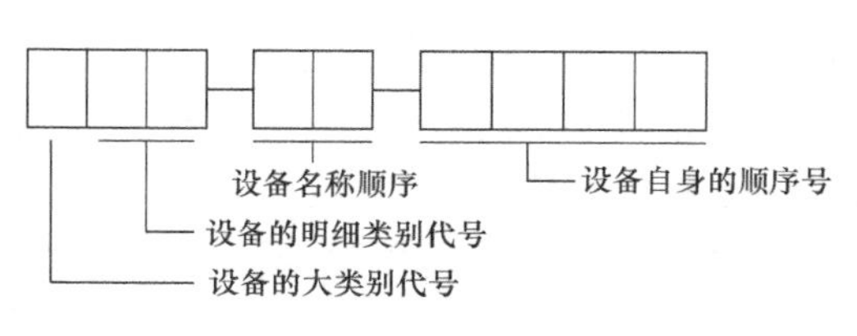

图4-1　三段式编号方式及代号意义

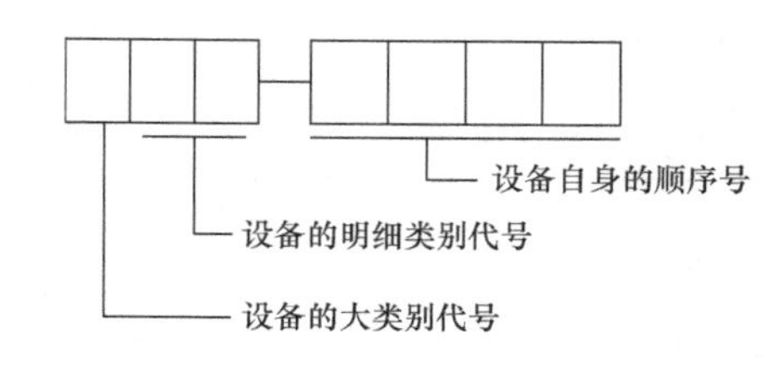

图4-2　两段式编号方式及代号意义

在设备的编号中，第一段以三位数字为代号，表示固定资产的大类别代号和明细分类（包含分类代号和组别代号）；第二段以两位数字为代号，表示该设备的名称顺序；第三段以四位数字或三位数字为代号，表示同类别、同型号设备自身的生产序号。如：某重型工程机械厂生产的一台起重汽车，其编号牌如图4-3所示。第一段201表示该工程汽车是运输设备，属固定资产第二大类，故本段第一位表示大类的数码为2；起重汽车是无轨运输设备，在第二大类代号中属第一明细分类，故本段后两位表示明细分类的数码为01。起重汽车的名称序号为5，故第二段的两位数字为05。该厂共有起重汽车500辆，按顺序编号应为0001至0500，第三段数字中的0406表示挂此牌号的起重汽车应是第406辆。

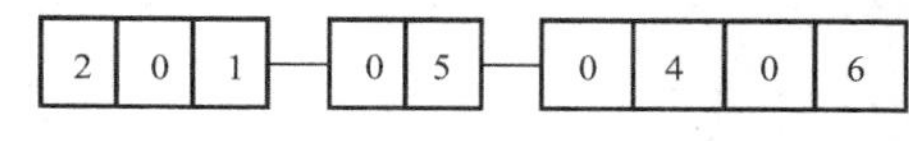

图4-3　某起重汽车的编号牌

执行统一编号应注意以下几点问题。

1）每一个设备编号只能对应一台设备。在一个企业中，不允许两台设备采用同一个编号。

2）设备统一编号应由企业设备管理部门在设备验收转入固定资产时统一编排，编号一经确定，不得任意改变。

3）报废或调出本系统的设备，其编号应立即作废，不得继续使用。

4）编号位置标志。大型设备指定在主机机体上的明显位置喷涂单位名称及统一编号；小型和固定安装设备可用统一式样的金属标牌固定于机体上。

3. 登记

每台设备进入企业后都要进行设备登记，设备登记分为一账和一卡，即设备台账和设备登记卡（或设备卡片）。

设备登记卡是设备资产的凭证，要求单台单独设置登记卡片，在设备验收移交、正式运行时，工程部、财务部、生产部门应建立相应的设备卡片。它的主要内容有设备的名称、编号、设备型号、基本参数等基本情况，还应包括设备的故障检修及更新改造记录情况。设备登记卡根据内容不同，分正、背两面使用，分别见表4-3和表4-4。

表4-3 设备登记卡（正面）

设备名称		设备型号	
设备编号		设备规格	
安装日期		出厂日期	
安装地点		制造厂家	
电机功率		设备原值	
已提折旧		额定电压	
工作介质		使用年限	
使用说明书	册	技术资料	份

表4-4 设备登记卡（背面）

检修记录					
日期	修前问题	修后状况	检修费用	检修员	备注

事故记录：

日期	事故原因	损坏情况	记录单号	备注

设备台账主要记录设备资产状况，便于掌握各类设备的拥有量、设备分布及维修记录情况等。设备台账有三种编制形式：按购入时间先后形成财务部的固定资产台账、按使用时间形成使用部门的设备使用台账、按设备的系统顺序形成工程部的设备台账。设备台账通常一式两份：一份交财务部门作为固定资产管理的参考资料；另一份由设备管理部门保存。设备台账见表4-5。

表4-5 设备台账

序号	资产编号	设备名称	设备型号	主要规格	精度登记	制造厂商	出厂年月	出厂标号	电机功率	购置人	使用地点	使用年限	使用日期	备注

设备台账和设备卡片由设备管理部门保管，凡发生设备变动、损坏、报废、出售、提取折旧等，均要同时在设备台账上登记。通过设备登记的完善，可进一步掌握设备情况，便于加强管理，进行经济运行、维护保养、更新改造。

4. 建档

设备建档是对设备进行全过程管理的所有文字、图片、图样、照片等资料的集合。建立设备档案是为了很好地分析和研究设备的运行和维护活动的规律而进行的收集、积累原始信息资料的重要工作。每一台（套）设备都应有其完整的档案资料。

【例 4-1】 某单位建立设备历史资料档案的内容如下：

1）前期调研报告（包括经济技术分析、审批文件和资料）；

2）设备出厂合格证、检验单据；

3）安装过程记录；

4）各类单项测试报告及数据；

5）试车记录及验收报告（包括单机及联动，空载与荷载试车过程）；

6）试运行阶段、磨合阶段的运行记录及性能记录；

7）历次保养与维修内容记录；

8）事故报告与事故维修记录；

9）维修及养护费用记录；

10）日常巡视及检查记录；

11）设备改造记录及费用；

12）设备技术资料档案；

13）设备原文及中文使用说明书；

14）设备安装工程设计图；

15）竣工图（包括设备及设备系统安装竣工图）；

16）设备安装管线图（包括动力设备和管道竣工图）；

17）给排水系统，供配电线路，蒸汽、热水、压缩空气等系统安装设计图及分布图；

18）自动消防报警及控制系统，监测系统原理图、分布图、点位图（包括报警监测点位地址码）；

19）设备（进口）报关、通关文件；

20）设备开箱记录及清单；

21）设备专用维修工具、备品备件、易损零配件清单；

22）设备组装图；

23）其他有关文件、资料、图样。

4.1.2　设备 ABC 分类管理法

ABC 分类管理法又称帕雷托分析法（也称主次因素分析法），是项目管理中常用的一种方法。在企业大量设备资产中，由于各设备在生产中所起的作用以及重要性不相同，故对设备进行管理时不能同等对待。一般认为，在企业生产中占重要地位或起重要作用的设备，应列为企业的重点设备，并对其实行重点管理，以确保企业施工生产目标的顺利实现。重点设备重点管理是现代设备科学管理的重要方法之一。

1. 设备的 ABC 分类

（1）分类的原则　根据设备发生故障后和修理停机时对生产、质量、成本、安全、维修等方面的影响程度和造成损失大小等综合因素，运用 ABC 分析法，可将企业设备划分为三类：A 类为重点设备，B 类为主要设备，C 类为一般设备。其中重点设备的选定依据可参见表 4-6。

表 4-6 设备的 ABC 分类依据

影响关系	分类依据
质量方面	1. 生产质量关键的工序上其他设备无法顶替 2. 发生故障时影响产品质量的设备
生产方面	1. 关键工序中必不可少且无法替换的设备 2. 利用率高、出故障后影响生产率的设备 3. 故障频繁,经常影响生产的设备
成本方面	1. 高性能、高效率、高价位的设备 2. 耗能大的设备 3. 停机维修对产量、产值影响严重的设备
安全方面	1. 运行风险大的设备 2. 运行风险小的设备
维修方面	1. 结构复杂、精密、损坏后不易恢复的设备 2. 停修期长的设备 3. 配件供应困难的设备
其他方面	精密设备、大型设备和稀少设备

(2) A 类设备选定的方法　A 类重点设备的选定方法通常有经验判定法和分项评分法两种。

经验判定法：指由设备管理部门根据日常使用和维修设备的经验积累，对一些关键性的、影响生产能力大的设备进行初选，经相关部门综合参考意见后，选定 A 类重点设备报领导审定，在实施中再进行修改或补充。该方法简单，但准确度差。

分项评分法：将重点设备划分依据中的 5 个方面分解为 8 项，按 3 种情况定出每项的评分标准及分值，再对每台设备进行实情评分，根据分值高低划分为 A、B、C 3 类。设备分项评分标准见表 4-7。其中 A 类重点设备以不超过总设备的 10% 为宜。企业可根据本单位具体情况拟定设备评分标准。

表 4-7 设备分项评分标准

序号	项　　目	评分	评 分 标 准
1	运转情况	5 3 1	每月大于 200 台 每月大于 100 台 每月小于 100 台
2	有无替代	5 3 1	无替代 有替代,但代价大、效率低 有替代,对生产无影响
3	故障时对其他设备的影响程度	5 3 1	影响范围较大 局部受影响 无影响
4	对产品质量的影响	5 3 1	对质量有决定性影响 对质量有一定影响 对质量无影响
5	修理的难易程度	5 3 1	停修期在 30 天以上 停修期在 11 ~ 30 天 停修期在 10 天以下

（续）

序号	项　　目	评分	评分标准
6	配件供应情况	5 3 1	市场难以买到，又不能自制 购买或自制周期长 可随时自制或外购
7	故障造成的影响	5 3 1	容易造成设备或人身事故 影响作业环境 无影响
8	设备购置价格（原值）	5 3 1	20万元以上 5万～20万元 5万元以下

2. A、B、C类设备的管理要求

A、B、C三类设备的日常管理标准见表4-8。通常情况下，应把主要工作放在A类和B类设备的管理上。对A类重点设备的管理应实行五（日常维护和故障排除、维修、配件准备、更新改造、承包与核算）优先。其具体要求如下：

1）建立重点设备台账和技术档案，内容必须齐全，并有专人管理。

2）重点设备上应有明显标志，可在编号前加符号（A）。

3）重点设备的操作人员必须严格选拔，能正确操作和做好维护保养，人机要相对稳定。

4）明确专职维修人员，逐台落实定期点检（保养）内容。

5）对重点设备优先采用监测诊断技术，组织好重点设备的故障分析和管理。

6）重点设备的配件应优先储备。

7）对重点设备的各项考核指标与奖惩金额应适当提高。

8）对重点设备尽可能实行集中管理，采取租赁和单机核算，力求提高经济效益。

9）重点设备的修理、改造、更新等计划，要优先安排，认真落实。

10）加强对重点设备的操作和维修人员的技术培训。

表4-8　设备的日常管理标准

设备类别 项目	A	B	C
日常检点	√	×	×
定期检点	按高标准	按一般要求	×
日常保养	检查合格率100%	检查合格率95%	检查合格率90%
一级保养	检查合格率95%	检查合格率90%	检查合格率80%
凭证操作	严格定人定机检查，合格率100%	严格定人定机检查，合格率90%	×
操作规程	专用	通用	通用
故障率（%）	≤1	≤1.5	≤2.5
故障分析	分析维修规律	一般分析	×
账卡物	100%	100%	100%

4.1.3 设备的调动、封存、闲置和报废

1. 设备的调动

凡属内部设备调动，必须经由设备管理部门同意、办理相应调动手续并备案，使用部门在未经申请与批准时无权自行调动、转移设备。重要设备、高值设备必须报请上级主管领导审核批准。调动设备的过程中应注意以下几点。

1）调动设备必须保证其完整性，严格按照设备管理账卡进行现场检查和清点所有零部件、附件和专用工具。

2）需变动使用部门的设备时，应在设备登记卡上予以相应变更，同时应向相关部门通报。

3）一般情况下，设备的调拨是指将设备调拨至外单位或在经济上独立核算的单位或部门。调拨原则上应是有偿的。设备一经办理正式调拨手续，应及时从财务上削减固定资产的总值，同时注销其账务、设备台账和相应登记卡。

4）设备在调拨时，与其同步发生的设备拆卸费用及装运费用，以及由此而产生的其他费用，应由设备调入单位或部门承担。

2. 设备封存

封存是对企业暂时不需用的设备进行的一种保管方法。当设备由于其先进性、功能性或其他原因造成无法继续运行或使用，时间超过 3 个月以上者，应予封存。对于模块式结构的组装设备或其他便于拆卸移动的设备，应入库；对于大型设备无法入库封存的，可原地封存保管。封存一年以上的应作为闲置设备处理。

设备封存的基本要求如下：

1）封存的设备要挂牌，牌上注明封存日期。设备在封存前必须经过鉴定，并填写“设备封存报告”，其格式见表 4-9。

表 4-9 设备封存报告

设备编号		设备名称		设备型号	
用途		上次维修类别、日期		封存地点	
封存开始日期		年 月 日	预计启封日期		年 月 日
设备封存理由					
技术状态					
随机附件					
	财务部门签收	主管厂长批示	设备动力部门意见	生产计划部门意见	
封存审批					
启封审批					
启封日期及理由					
使用、申请单位：		主管：	经办人：	年 月 日	

注：此表一式四份，使用和申请部门、生产计划部门、技术部门、财务部门各一份。

2）封存的设备必须是完好设备，损坏或缺件的设备必须先修好，然后封存。

3）设备的封存和启用必须由使用部门向企业设备主管部门提出申请，办理正式审批手

续，经批准后生效。

4）封存的设备必须保持结构完整，技术状态良好，要妥善保管，定期保养，防止损失和损坏。

5）设备封存后，必须做好设备防尘、防锈、防潮工作。封存时应切断电源，放净冷却水，并做好清洁保养工作，其零、部件与附件均不得移做他用，以保证设备的完整；严禁露天存放设备。

3. 设备闲置

企业闲置设备是指企业中除了在用、备用、维修、改装、特种储备、抢险救灾所必须的设备以外，其他连续停用一年以上的设备，或新购进的两年以上不能投产的设备。

企业闲置设备不仅不能为企业创造价值，而且占用生产场地、资金，消耗维护保管费用。因此，企业应及时、积极地做好闲置设备的处理工作。企业除应设法积极调剂如何利用闲置设备外，对确实长期不能利用或不需用的设备，还要及时处理给需用单位。

企业闲置设备的处理方式一般有出租、出让和日后留用 3 种。另外，国家规定必须淘汰的设备，不许扩散和转让。待报废的设备严禁作为闲置设备转让或出租。企业出租或转让闲置设备的收入，应按国家规定用于设备的技术改造和更新。

对封存和闲置的设备，同样要做好记录，记录内容见表 4-10。

表 4-10　闲置设备封存表

设备名称	设备编号	设备卡号	型号规格	台数	制作厂家	停用原因	停用时间	封存时间	保养措施	下次保养时间	责任人
零部件及专用工具											

4. 设备报废

设备报废不应简单地以其使用年限作为标准进行划分，而应以其经济技术的综合评价为依据。

【例 4-2】 某单位规定，报废设备应符合下列条件。

1）设备有形磨损严重，即使经过大修也无法满足要求；

2）技术明显陈旧落后，经济效果极差；

3）役龄过长，远超其经济服役期，大修或改造的综合费用超过更新设备值；

4）能耗过大，污染严重，属国家明令淘汰的产品；

5）长期存在严重的不安全因素，设备存在严重事故隐患，屡屡发生故障或事故；

6）设备严重老化，包括有些设备经历过事故或重大故障后，部分机械形成内伤或变形，公差配合出现问题，间隙不适，继续大修或技术改造已无经济价值；

7）设备产品已下线，原设备制造厂家已不再继续生产该类型产品，且无合适替代产品及相关零部件，与其冒着事故风险勉强继续使用，还不如更新设备。

对设备的报废应极其慎重，在设备具备了上述条件的情况下，确认该设备需进行报废处理时，设备管理部门应会同财务部门和使用部门共同研究，认真做好技术鉴定，填写“设备报废鉴定书”，经上级领导审核批准。在获得批准报废后，由设备的管理部门对该报废设备组织制订具体处理措施和方案，尽可能发挥其残余利用价值，如部分可利用的零配件等，或拆改或变卖，总之回收的设备残值应仅限用于设备的更新改造。

报废设备的残值回收凭证，应随领导批准的报废意见卡同时移交给财务部门备案，同时注销该设备资产、台账和设备卡片。

【例 4-3】 某单位使用的设备报废鉴定书见表 4-11。

表 4-11 某单位使用的设备报废鉴定书

<table>
<tr><td colspan="2">申报部门</td><td colspan="4"></td><td>申报日期</td><td colspan="3"></td></tr>
<tr><td colspan="2">设备名称</td><td colspan="2"></td><td>使用年限</td><td>年</td><td>折旧率</td><td colspan="3">%</td></tr>
<tr><td colspan="2">设备编号</td><td colspan="2"></td><td>已使用年限</td><td>年</td><td>已提折旧</td><td colspan="3">元</td></tr>
<tr><td colspan="2">型号</td><td colspan="2"></td><td colspan="2">大修次数（累计）</td><td colspan="4">次</td></tr>
<tr><td colspan="2">制造单位</td><td colspan="2"></td><td colspan="2">大修费用（累计）</td><td colspan="4">元</td></tr>
<tr><td colspan="2">出厂日期</td><td colspan="2"></td><td colspan="2">原值</td><td colspan="4">元</td></tr>
<tr><td colspan="2">安装日期</td><td colspan="2"></td><td colspan="2">净值</td><td colspan="4">元</td></tr>
<tr><td colspan="2">设备用途</td><td colspan="2"></td><td colspan="2">清理费（预计）</td><td colspan="4">元</td></tr>
<tr><td colspan="2">安装地点</td><td colspan="2"></td><td colspan="2">残值（预计）</td><td colspan="4">元</td></tr>
<tr><td colspan="2" rowspan="5">鉴定意见</td><td colspan="2">设备现状</td><td colspan="6"></td></tr>
<tr><td colspan="2">报废原因</td><td colspan="6"></td></tr>
<tr><td colspan="2">处理意见（报废后）</td><td colspan="6"></td></tr>
<tr><td colspan="2">部门意见</td><td colspan="6"></td></tr>
<tr><td colspan="2">领导意见</td><td colspan="6"></td></tr>
<tr><td colspan="4">清理费用</td><td colspan="6">残值回收</td></tr>
<tr><td>日期</td><td>凭证号</td><td>费用项目</td><td>金额</td><td>日期</td><td>凭证号</td><td>回收项目</td><td>数量</td><td>单价</td><td>金额</td></tr>
<tr><td></td><td></td><td></td><td></td><td></td><td></td><td></td><td></td><td></td><td></td></tr>
<tr><td></td><td></td><td></td><td></td><td></td><td></td><td></td><td></td><td></td><td></td></tr>
<tr><td></td><td></td><td></td><td></td><td></td><td></td><td></td><td></td><td></td><td></td></tr>
</table>

4.1.4 设备的库存管理

设备的库存管理主要是指设备从验收入库到出库移交生产为止，对设备在库期间所进行的一切管理工作。它包括新设备入库管理、闲置设备退库管理、设备出库管理以及设备库房管理等。它既是防止设备损坏或零部件丢失、保护设备及其备件、延长设备使用寿命的重要措施，也是设备资产管理的重要环节。下面介绍设备库存管理的一般程序和要求。

1. 新设备入库管理

新设备到货入库管理主要包括以下环节。

1）开箱检查新设备。到货三天内，企业单位必须组织相关人员开箱检查。通常，由设备验收员、设备保管员和产品采购员和产品公司的安装技术人员根据产品装箱单依次验收各种文件、说明书与图样、工具、附件及备件等数量是否相符，同时检查产品有无磕碰损伤、缺少零部件、明显变形、尘砂积水、受潮锈蚀等情况。对于精密、大型、重型、稀有或国外进口设备，还要有企业发展规划部的代表、使用单位和生产指挥部门的工程技术人员参加，共同开箱检查清点。

2）登记入库。根据检查结果，如实填写设备开箱检查入库单，做好详细记录。

3）补充防锈。对于检查中出现的生锈部位，需要仓库保管员清洗、重新防锈，并装入原包装箱封好；露天存放时要有相关设施，不能日晒雨淋，同时也应防雨防潮。

4）问题查询。开箱检查中发现的问题，应及时向上级反映，并向发货单位和运输部门提出查询，联系索赔。进口设备的到岸检查与索赔应按合同及有关规定办理。

5）资料保管与到货通知。开箱检查后，库房检查员应将装箱单、随机文件和技术资料等整理好，交库房管理员登记保管，以供有关部门查阅；设备出库时随设备移交给领用单位的设备部门。对已入库的设备，库房管理员应及时向生产指挥部门报送一份设备开箱检查入库单，以便尽早分配出库。

6）设备安装。如果单位现场已具备安装条件，可将设备直接送到使用单位相应部门进行安装，但入库检查及出库手续必须照办。

2. 闲置设备退库管理

闲置设备必须符合下列条件，经设备管理部门办理退库手续后方可退库。

1）属于企业的不需用设备，而不是待报废的设备。

2）经过检修达到完好要求的设备，需用单位领出后即可使用。

3）经过清洗除锈达到清洁、整齐要求。

4）附件及档案资料随机入库。

5）持有生产指挥部门发给的入库保管通知单。

对于退库保管的闲置设备，生产指挥部门及设备仓库均应专设账目，妥善管理，并积极组织调剂处理。对处理有功的单位和人员，企业可按回收资金金额提成给予奖励。

3. 设备出库管理

在具备安装条件时，由使用单位或部门办理设备领用出库单，凭出库单从库房领取设备。领出设备时，双方根据设备开箱检查入库单做第二次开箱检查，清点移交；如有缺损，库房应负责追究，采取补救措施。

新设备到货后，一般应在半年内出库安装及投产使用，且越快越好，使设备及早发挥效益。进口设备安装使用要严格控制在合同规定的索赔期内。对超过半年或一年尚未出库的设备，设备仓库的主管部门和设备计划调配部门要查明原因，及时处理。

4. 设备库房管理的要求

1）设备库房存放设备时，要求按类分区，摆放整齐，横竖清明，道路畅通，无积存垃圾杂物，经常保持库容清洁、整齐。

2）库房要做好“十防”工作，一防火种，二防雨水，三防潮湿，四防锈蚀，五防变形，六防变质，七防盗窃，八防破坏，九防人身事故，十防设备损伤。

3）库房管理人员要严格执行管理制度，坚持三不收不发，即设备质量有问题尚未查清且未经主管领导做出决定的，暂不收不发；票据与实物型号规格数量不符未经查明的，暂不收不发；设备出入库手续不齐全或不符合要求的，暂不收不发。

4）要做到账卡与实物一致，定期报表准确无误。设备出库开箱后的包装材料要及时收回，分类保管，并加以利用。

5）保管人员按设备的防锈期向生产指挥部门提出防锈计划，以便组织人力进行清洗和防锈处理。

6）设备库房按月上报设备出库月报，作为注销库存设备台账的依据。

5. 库存设备的保养

库存设备应定期进行保养，一般情况下每月一次，潮湿季节每半月一次，其作业内容如下：

1）清除机体上的尘土和水分。

2）检查零件有无锈蚀现象，封存油是否变质，干燥剂是否失效，必要时进行更换。

3）检查并排除漏水、漏油现象。

4）有条件时使设备原地运转几分钟，并使工作装置动作，以清除相对运动零件配合表面的锈蚀，改善润滑状况和改变受压位置。

5）电动设备根据情况进行通电检查。

6）选择干燥天气进行保养，并打开库房门窗和设备的门窗进行通气。

4.1.5 设备档案管理

设备档案是设备全寿命周期内主要技术、经济活动的真实记录，又是开展设备综合管理的重要依据。设备档案可分为文书档案和电子档案两种形式建立。文书档案以保存文件、资料的实物形式为基础，电子档案以保存文件、资料的电子形式为基础。生产部门可根据实际工作需要及上级主管部门对设备档案工作的要求，同时保存档案的两种形式或只保存其中某一种形式。设备档案是不能事后弥补的珍贵材料。因此，设备档案管理工作十分重要。

设备档案管理是指对设备档案的收集整理、登记建账、复制保管、供阅等环节的管理。为加强设备档案管理，应制定相应的管理制度。通常，设备档案管理由设备动力部门的设备管理员负责。除定期进行登记和资料入袋工作，还应做好以下几点。

1）设备档案管理必须指定专人专职负责，并建立一套科学的管理制度。

2）明确各项资料的归档程序，包括资料来源、归档时间、交接手续和资料登记等。

3）新设备转入固定资产的同时，即应建立设备档案。重点设备（包括精密、大型、稀有、关键设备）的档案应有明显标记，以便加强管理。

4）旧设备调入时，应向原单位索取档案资料，经核对无误后重新建档；设备调出时，档案应随机调走；设备报废时，档案中有价值的材料应转入设备技术资料室保存。

5）保证设备档案资料齐全，登记正确。资料不齐全时，应积极采取措施进行收集与补充。

6）严格执行设备档案资料查阅办法，不允许个人保存，以防丢失和损坏。

4.1.6 设备的租赁

设备租赁是处理闲置设备的一种经济手段。企业设备暂时不用时，可以向外出租，由设备管理部门与使用部门协商，提出意见，经分管总经理批准后，交财务处按财务规定办理有关出租手续。出租设备应执行下列规定。

1）租赁前后应对设备技术状况进行检查，做好记录，必要时由技术鉴定单位受理。

2）租赁双方应签订租赁合同，明确租期、租金和设备使用维护责任及维修费用的承担。

3）设备租赁期间应按照规定计提折旧。

4）对融资性租赁要按有关规定办理。

4.1.7　设备折旧

设备折旧是指设备在使用过程中逐步损耗，价值逐步转移到产品成本中去的那部分价值，简称折旧。损耗一般包括有形损耗和无形损耗。

设备资产实际上包含了实物形态和价值形态。在管理方面，实物形态由设备部门管理，价值形态由财务部门管理。就实物形态而言，设备在长期使用过程中仍然保持它原有的形式，但经磨损、使用后，技术状态下降；就价值形态而言，由于不断耗损使设备的价值部分地、逐渐地减少。从实物形态分析，设备使用后的状态与新设备相比，折旧了。从财务管理的角度进行分析，以货币表现的固定资产因减少的这部分价值在会计核算上叫作固定资产折旧。

设备在使用过程中，其原值成本是逐步转移的，这种因逐渐的、部分的耗损而转移到产品成本中去的那部分价值，在会计核算上叫作折旧费或折旧额。计入产品成本中的固定资产折旧费在产品销售后转化为货币资金，作为固定资产耗损部分价值的补偿。从设备进入生产过程起，它以实物形态存在的那部分价值不断减少，而转化为货币资金部分的价值不断增加。到设备报废时，它的价值已全部转化为货币资金，这样，设备就完成了一次循环。

一定时期内，固定资产由于损耗转移到产品中去的价值有多少，很难用技术方法测定，而多借助于计算的方法。无论哪种计算折旧的方法，在计算折旧额时，要考虑固定资产原值和使用年限（或预计产量、工作量），又称折旧年限。

固定资产的折旧方法分为直线法、工作量法、加速折旧法和减速折旧法，在这些方法中又包括诸多的方法。设备的常见折旧方法种类如图 4-4 所示。

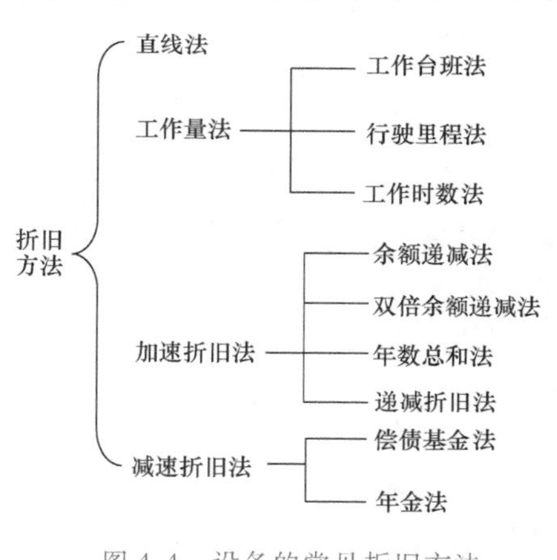

图 4-4　设备的常见折旧方法

1. 直线法

直线法又称平均年限法。该方法假定固定资产的服务潜力随着时间的消逝而减退，因此固定资产的成本可以均衡地摊于其寿命周期内的各个期间，其计算公式为

$$年折旧额 = \frac{固定资产的原值 - 预计净残值}{预计使用年限} \times 100\%$$

$$月折旧额 = \frac{年折旧额}{12}$$

【例 4-4】　某项固定资产原值为 300000 元，预计净残值为 5000 元，预计使用年限为 10 年。则有

$$年折旧额 = (300000 - 5000)元/10 = 29500元$$

$$月折旧额=29500元/12=2458.33元$$

2. 工作量法

工作量法又称作业量法。它是以固定资产的使用状况为依据计算折旧的方法。它假定固定资产的服务潜力随着它的使用程度的增加而减退，因此固定资产的成本根据该项固定资产的实际作业量摊配于各个期间。其计算公式为

$$单位作业量折旧额=\frac{固定资产的原值-预计净残值}{预计总作业量}$$

$$各期折旧额=单位作业量折旧额\times各期实际工作量$$

具体有：

（1）工作时数法　按固定资产总工作时数平均计算折旧额的方法，适用于机械设备，其计算公式为

$$每工作小时折旧额=\frac{固定资产的原值-预计净残值}{规定的总工作小时}$$

$$各期折旧额=每工作小时折旧额\times各期实际工作小时$$

（2）工作台班法　按固定资产总工作台班平均计算折旧额的方法，其计算公式为

$$每台班折旧额=\frac{固定资产的原值-预计净残值}{规定的总工作台班数}$$

$$各期折旧额=每台班折旧额\times各期实际工作台班$$

（3）行驶里程法　按固定资产总行驶里程平均计算折旧额的方法，其计算公式为

$$单位里程折旧额=\frac{固定资产的原值-预计净残值}{规定的总行驶里程}$$

$$各期折旧额=单位里程折旧额\times各期实际行驶里程$$

【例4-5】　某运输公司购置一辆新运输车，价值为800000元，预计净行驶300000km，预计净残值10000元，若购置当年行驶了30000km，则有

$$1\text{km}折旧额=\frac{800000-10000}{300000}元/\text{km}=2.633元/\text{km}$$

$$当年应计折旧额=30000\times2.633元=78990元$$

3. 加速折旧法

加速折旧法又称递减费用法，即固定资产每期计提的折旧数额，在使用初期计提得多，在后期计提得少，从而相对加快折旧速度的一种方法。加速折旧法有以下两种。

（1）年数总和法　年数总和法是将固定的原值减去预计净残值后的余额乘以一个逐年递减的分数，这个分数的分子代表固定资产尚可使用的年数，分母是使用年数的逐年数字总和。如使用年限为 n 年，年数总和法的分母是：$1+2+3+\cdots+n=n(n+1)/2$，其折旧的基本计算公式为

$$年折旧额=\frac{(固定资产的原值-预计净残值)\times尚可使用年数}{年数总和}$$

【例4-6】　一台小型压缩机的原值为40000元，预计净残值1000元，预计使用年限为5年，则年数总和 $=1+2+3+4+5=5\times(5+1)/2=15$，年数总和法的计算过程见表4-12。

表 4-12　用年数总和法计算折旧

年份	原值－残值/元	尚可使用年数	折旧率	折旧额/元	累计折旧/元
1	39000	5	5/15	13000	13000
2	39000	4	4/15	10400	23400
3	39000	3	3/15	7800	31200
4	39000	2	2/15	5200	36400
5	39000	1	1/15	2600	39000

（2）双倍余额递减法　在采用双倍余额递减法时，是按直线法折旧率的两倍乘以固定资产在每一期间的期初账面净值，得出每期应计提的折旧额，它通常不考虑固定资产残值，其计算公式为

$$年折旧额=期初固定资产账面净值\times双倍直线折旧率$$

$$其中:双倍直线折旧率=2\times\frac{1}{预计使用年限\times100\%}$$

加速折旧法的应用：①随着固定资产使用期的增加，它的服务能力随着下降，而维护和修理费用则可能会逐年增加，它所能提供的经济收益也随之降低，所以根据配比原则，在固定资产的使用早期多提折旧，而在晚期则少提折旧；②固定资产所能提供的未来收益是难以预计的，早期收益要比晚期收益有把握一些，同时由于货币时间价值的客观存在，期限越长，其贴现率越小，从稳健性原则出发，早期多提而后期少提的方法是合理的。

加速折旧法在西方国家被广泛使用，我国近年来也开始将加速折旧法从理论转向实际应用之中。企业之所以愿意采用加速折旧法，主要是固定资产的有效使用年限和折旧总额并没有改变，变化的只是在投入使用的前期提得多，而在后期提得少。这一变化的结果就使得固定资产使用前期编制的会计报表中的收益相应减少，从而推迟了所得税的交纳。可见，企业采用加速折旧法实质上等于获得了一笔长期无息贷款，这正是加速折旧法在一定条件下能够刺激生产、刺激经济增长的原因之一。

4. 分类折旧法和综合折旧法

在实际工作中，为简化计算提取折旧的工作，许多企业以某类固定资产为对象计算提取折旧，或以企业的全部固定资产为对象计算提取折旧，前者为分类折旧法，后者为综合折旧法。

（1）分类折旧法　它是按照固定资产的类别，把一组性质相似的固定资产集合在一起计算提取折旧的方法。例如，某机床厂的金属切削机床，按分类折旧法的计算公式为

$$分类折旧率=\frac{按个别折旧率计算的某类固定资产年折旧总额}{某类固定资产原值}\times100\%$$

$$某类固定资产折旧额=某类固定资产原值\times分类折旧率$$

（2）综合折旧法　它是将整个企业的全部应计算提取折旧的固定资产统一计算提取折旧的方法。综合折旧法的计算公式为

$$综合折旧率=\frac{按个别折旧率计算的某类固定资产年折旧总额}{全部固定资产原值总额}\times100\%$$

$$年折旧额=企业全部应计折旧固定资产原值总额\times综合折旧率$$

4.2 设备管理规章制度和考核指标

4.2.1 设备管理规章制度

设备管理规章制度包括指导和检查有关设备管理工作的各种规定，是设备管理、使用、修理各项工作实施的依据与检查的标准。设备管理规章制度可分为管理和技术两大类。管理类包括管理制度和办法；技术类包括技术标准、工作规程和工作定额。

1. 规章制度管理的特点

规章制度的管理是指规章制度的制定、修改与贯彻。制定规章制度时，应考虑规章制度具有政策性、继承性、先进性、可行性、协调性和规范性。

1）具备政策性。规章制度的制定要执行国家有关设备管理的方针、政策，并不得与国家、行业、地方的规章、制度相抵触。

2）要有继承性。由于规章制度是经验管理的产物，是在反复实践中验证的。因此，企业制定规章制度要充分考虑企业过去的管理基础、成功的经验，运用先进的手段进行整合。

3）具有先进性。制定规章制度时，要充分吸收国内外及行业内外的先进经验，提高经营效益，并使制定的规章制度在未来时间具有先进性。

4）要有可行性。制定规章制度时要考虑可操作性，便于维修与检查，具体要符合本企业实际情况，把经实践证明有效的管理方法和经验纳入规章制度。

5）具有协调性。制定的规章制度之间应协调一致，对一项工作的规定，在不同的制度中要一致，不要产生分歧。

6）具有规范性。规章制度中的术语、符号、代码应符合国家或行业标准的规定，编写文字应简洁、准确。

2. 企业单位规章制度的内容构成

（1）适用范围　应按照各部门的业务范围，将设备全寿命周期进行科学分段，确定每一段的管理范围和管理对象，编写相应的规章制度。

（2）管理职能　确定有关的职能部门，如设备、供应、财务等部门在该项管理中的责任和权限。

（3）管理业务内容　一般按照设备物流、价值流的流动方向或管理工作程序，规定各职能部门的管理工作内容、方法、手段、相应的凭证及凭证的传递路线，应具备的资料等，同时要制定相关部门之间业务上的衔接、协调和制约方式。

通常制定企业规章制度可因行业或企业规模不同而异，但规章制度的基本内容包括如下几个方面。

1）设备使用与维护管理办法。

2）设备检修管理办法。

3）设备技术改造管理办法。

4）设备事故管理办法。

5）设备资产处置管理办法。

6）设备备件管理办法。

7）设备润滑管理办法。

8）设备档案管理办法。

9）设备工作考核与奖惩办法。

10）设备管理与技术人员培训管理办法。

4.2.2　设备管理的考核指标

1. 设备管理的指标及其作用

设备管理系统是对设备的全过程进行的综合管理，是一个多层次的复杂系统。就其范围来看，纵向上涉及设备形成、使用乃至报废为止的所有环节；横向上则涉及设备的技术、经济和组织管理等方面。因此，设备管理工作的考核和评价要从技术、经济和管理等方面出发，建立能全面、综合反映设备运动全过程的各项技术经济指标和指标体系。

设备管理指标是控制和评价设备管理工作执行情况、技术经济效果的标准。指标体系则由反映设备管理的一系列具体的技术经济指标构成。这些技术经济指标可分为单项指标和综合指标。单项技术经济指标从一个方面、一个局部直接或间接地反映技术经济效果的大小。如设备利用率就是反映设备使用情况的一个技术效果指标；大修理成本则是反映设备大修理消耗方面的经济指标。综合指标是反映成本和利润水平的有关指标。它能全面地衡量和比较一项活动或一个单位技术经济效果的大小，如设备资金利用效果、维修费用降低率、设备投资效果和投资回收期等。通常，指标又可分为绝对数指标、相对数指标和平均数指标。绝对数指标往往是反映总量的指标；相对数指标用以反映各种相关互联事物之间的数量对比关系；平均数指标则是反映某种事物的概略指标。

建立和健全设备管理指标及指标体系，目的是对设备管理和维修工作进行控制、监督、考核和评价，实现这一目的和作用的关键在于指标计算的科学性和资料统计的准确性。

2. 设置指标的原则

目前，设备管理的考核指标究竟如何准确设置，仍是当前国内外学者致力探讨的重要课题之一。由于设备管理考核指标与企业的生产规模、生产性质、设备构成和管理以及维修水平等都有直接关系，因此不能简单划分，通常应考虑以下几项基本原则。

1）在内容上，既要有综合性指标又要有单项指标；既要有重点指标又要有一般性指标。

2）在形态上，既要有价值指标又要有实物指标；既要有相对数指标又要有绝对数指标。

3）在层次上，既要有一级控制的指标又要有下一级掌握的指标。就是说，从主管部门到企业、工段、班组乃至个人，都应有必要的、可行的指标。

4）在数量上，要求完整和精简。所谓完整，就是指能够全面地反映设备管理与维修方面的质量和水平；而所谓精简，就是避免重复或近似。

5）在用途上，既要有同级横向可比指标，又要有各自的不同时期的纵向可比指标。为此，应将指标标准化，应力求在设备管理与维修的考核指标方面统一名称，统一术语，统一计算方法、公式，统一符号含义等。

3. 设备管理指标体系

设备管理指标体系主要由技术指标和经济指标两大部分构成。其中技术指标包括设备技术素质指标、设备利用程度指标、设备维修情况指标、设备故障事故指标和设备更新改造指标；经济指标包括折旧基金指标、维修费用指标、备件资金指标、设备效益指标和设备投资评价指标。根据实际使用情况和经济因素，这些指标又分为很多种类。

（1）设备管理技术指标

1）反映设备技术素质的指标。

① 设备完好率。

$$设备完好率 = \frac{完好设备台数}{设备总台数} \times 100\% \tag{4-1}$$

式中，设备总台数应包括企业在用的、停用的以及正在检修的全部生产设备，不包括尚未安装、使用以及基建部门或物资部门代管的设备。

考核设备时必须按完好标准逐台衡量，以确定完好设备台数。完好设备的标准有三条：a. 设备性能良好，达到原设计标准；b. 设备运转正常，符合运行、操作技术标准；c. 原料、材料、燃料、动力等消耗正常。设备完好率一般考核主要生产设备。

② 设备新度系数。

$$设备役龄新度系数 = 1 - \frac{设备役龄}{设备规定的寿命年限} \times 100\% \tag{4-2}$$

$$设备价值新度系数 = \frac{设备净值}{设备原值} \times 100\% \tag{4-3}$$

式中，设备役龄是指设备已投入使用的时间；规定的寿命年限是指在正常情况下，根据设备的材质质量和属性、使用条件和工艺过程等因素所确定的寿命年限；设备新度系数表示设备的新旧程度，新度系数高，说明设备的技术素质水平高，反之则说明设备役龄过长，技术老化，装备质量落后。

③ 设备构成比。

$$设备数量构成比 = \frac{某些设备台数}{全部设备台数} \times 100\% \tag{4-4}$$

$$设备价值构成比 = \frac{某类设备的总原值}{全部设备的总原值} \times 100\% \tag{4-5}$$

2）反映设备利用程度的指标。

① 设备数量利用指标。

$$实有设备安装率 = \frac{已安装设备台数}{实有设备台数} \times 100\% \tag{4-6}$$

式中，实有设备台数是指企业实际拥有的可供调配、使用的全部生产设备总数量，包括企业自有的、租用的、借用的、已安装和尚未安装的一切设备，但不包括已批准报废的、已订购尚未运抵本企业的以及出租或借出的设备；已安装设备台数指已安装在生产现场、经验收合格的设备总数量，包括正常开动的、备用的、因故障或闲置停开的设备，以及计划检修或正在修理改装中的设备。对于不需要安装在一定基础上，可移动使用的设备，在组装完成验收合格后，可视为已安装设备。

$$已安装设备利用率 = \frac{实际使用设备台数}{已安装设备台数} \times 100\% \tag{4-7}$$

式中，实际使用设备台数指报告期内曾经开动过的设备台数，不论时间长短均包括在内。

$$实有设备利用率=\frac{实际使用设备台数}{实有设备台数}\times 100\% \tag{4-8}$$

式（4-6）~式（4-8）表示的三个指标具有以下关系，即

$$实有设备利用率=实有设备安装率\times 已安装设备利用率 \tag{4-9}$$

② 反映设备时间利用指标。

$$设备制度台时利用率=\frac{实际开动台时}{按制度班次可开动台时}\times 100\% \tag{4-10}$$

式中，实际开动台时指设备实际工作时间；按制度班次可开动台时＝已安装设备台数×报告期制度工作日数×每日按制度规定班次工作小时数－计划检修项目中的大、中修实际检修台时。

③ 设备能力利用指标。

$$设备负荷率=\frac{设备实际生产能力}{设备标准生产能力}\times 100\% \tag{4-11}$$

式中，设备标准生产能力是指设备在规定生产条件下和一定时间内，可能生产某种产品的最大能力。

④ 设备综合利用指标。

$$设备综合利用率=设备计划台时利用率\times 设备负荷率 \tag{4-12}$$

$$设备负荷率\ A=\frac{MTBT}{MTBT+MTTR+MWT} \tag{4-13}$$

式中，MTBT为平均故障间隔期，它标志设备的可靠性；MTTR为平均修理时间，它标志着设备的维修性；MWT为平均等待时间，它标志维修组织的效率。

3）反映设备维修情况的指标。

① 维修质量指标。

$$大修理设备返修率=\frac{报告期实际发生的返修工时}{报告实际发生的全部大修工时}\times 100\% \tag{4-14}$$

大修理设备返修率是反映设备修理质量好坏的指标。

② 维修计划完成指标。

$$设备大修理计划完成率=\frac{实际完成大修理的台数}{计划大修理的设备台数}\times 100\% \tag{4-15}$$

4）反映设备故障事故的指标。

① 设备故障率。

设备工作到某一时刻尚未失效，在该时刻之后单位时间内发生故障的概率，称为设备故障率。

② 故障频率。

$$故障频率=\frac{故障次数}{设备实际开动台时} \tag{4-16}$$

它反映设备单位时间内发生故障的频繁程度，是考核设备技术状态的一个主要指标。

③ 设备故障停机率。

$$设备故障停机率=\frac{故障停机台时}{设备实际开动台时+故障停机台时}\times 100\% \tag{4-17}$$

它是考核设备技术状态、故障强度、维修质量和维修效率的一个指标。

④ 平均故障强度。

$$\text{平均故障强度}=\frac{\text{故障停机台时}}{\text{故障次数}} \tag{4-18}$$

它反映设备出现一次故障所造成的停机时间。

⑤ 平均故障间隔期。

$$\text{平均故障间隔期}=\frac{\text{无故障工作总时间}}{\text{故障次数}} \tag{4-19}$$

⑥ 事故频率。

$$\text{事故频率}=\frac{\text{设备事故次数}}{\text{实际开动的设备台时}} \tag{4-20}$$

5）反映设备更新改造方面的指标。

① 设备更新率。

$$\text{设备数量更新率}=\frac{\text{年内更新的设备台数}}{\text{年初实有的设备台数}}\times 100\% \tag{4-21}$$

$$\text{设备价值更新率}=\frac{\text{年内更新的旧设备原值}}{\text{年初实有设备总原值}}\times 100\% \tag{4-22}$$

② 拆除系数。

$$\text{拆除系数}=\frac{\text{年内拆除的设备台数}}{\text{年初实有设备台数}}\times 100\% \tag{4-23}$$

或

$$\text{拆除系数}=\frac{\text{年内拆除的设备原值}}{\text{年初实有设备原值}}\times 100\% \tag{4-24}$$

（2）设备管理经济指标

1）设备折旧基金指标。

$$\text{年基本折旧率}=\frac{\text{年折旧额}}{\text{设备原值}}\times 100\% \tag{4-25}$$

$$\text{年大修基本提取率}=\frac{\text{年大修基本提取额}}{\text{设备原值}}\times 100\% \tag{4-26}$$

2）维修费用指标。

$$\text{单位产品维修费}=\frac{\text{维修费用}}{\text{产品数量}} \tag{4-27}$$

$$\text{维修费用净产值率}=\frac{\text{全年净产值}}{\text{全年维修费用}}\times 100\% \tag{4-28}$$

$$\text{净产值设备维修费用率}=\frac{\text{全年维修费用}}{\text{全年净产值}}\times 100\% \tag{4-29}$$

3）备件资金指标。

$$\text{备件资金占用率}=\frac{\text{备件平均储备资金}}{\text{设备平均原值}}\times 100\% \tag{4-30}$$

$$\text{设备平均原值}=\frac{\text{年初设备原值}+\text{年末设备原值}}{2} \tag{4-31}$$

$$\text{备件资金周转率}=\frac{\text{全年耗用备件资金}}{\text{备件平均储备资金}}\times 100\% \tag{4-32}$$

4）设备效益指标。

$$设备创净产值率=\frac{全年净产值}{全年设备平均原值}\times 100\% \qquad (4\text{-}33)$$

5）设备投资评价指标。

$$投资回收期=\frac{设备投资原值}{平均净收益} \qquad (4\text{-}34)$$

其中，净收益包括利润、税金和基本折旧资金等。

设备投资评价的其他有关指标，如寿命周期费用、费用效率等，详见有关资料。

作为国家考核企业设备技术状况、使用状况和经济效益的指标主要有：设备创净产值率、设备利用率、主要生产设备完好率、设备大修理计划完成率和设备维修费用率。

本章小结

设备管理是企业管理的一个重要组成部分，做好设备管理的基本工作是企业进行科学的设备管理的基础，对保证企业生产规模扩展、产品质量提高、产品更新和技术升级都具有重要的意义。在企业中，设备管理工作搞好了，才能使企业生产秩序正常，做到高效、优质地生产，也可及时预防各类事故，保证安全生产。

本章主要从设备资产的管理、设备规章制度管理和考核指标等方面介绍设备管理的基础工作，重点了解并掌握设备资产管理的基本内容，掌握设备管理的分类、编号、登记、档案管理、库存管理，设备 ABC 分类管理法，设备的调动、封存、闲置和报废管理等；了解设备管理规章制度编制的基本原则以及设备管理考核指标等内容。

思考题与习题

4-1　设备资产管理的根本任务是什么？

4-2　分别指出设备编号的三段式编号方法中各部分的含义。

4-3　设备编号时应注意哪些事项？

4-4　简述设备 ABC 分类管理法的分类原则。

4-5　简述设备资产登记的主要内容。

4-6　分别简述设备的调动、封存、闲置和报废的基本含义。

4-7　设备封存有哪些基本要求？

4-8　企业闲置设备一般有哪些处理方式？

4-9　设备库存管理有哪些基本内容？

4-10　简述设备库房管理的基本要求以及库房设备的保养要求。

4-11　简述设备折旧的含义以及常用的折旧计算方法。

4-12　制定设备管理规章制度的基本原则有哪些？

4-13　简述设备管理的指标及其作用。

第5章 设备前期管理

【学习目标】

1. 熟悉设备前期管理的主要内容、工作程序和责任分工。
2. 熟悉设备规划的一般程序及注意事项。
3. 掌握设备选型的基本原则和选型步骤。
4. 熟悉设备安装前的检查和准备工作。
5. 掌握设备安装的基本要求。
6. 熟悉设备调试和验收的基本内容。

5.1 概述

设备从规划开始到投产这一阶段的全部管理工作称为设备的前期管理，主要包括设备方案的构思、调研、论证和决策；外购设备的采购、订货；设备安装、调整试运转，自制设备的设计和制造，设备性能分析、评价和信息反馈等。在设备前期各环节进行科学有效的管理，对于企业后期维护和维修、改善和提高技术装备素质、充分发挥设备高效的投资效益都起着关键性的作用，其重要性在于：

1）前期投资阶段决定了几乎全部周期费用的90%，也影响着企业产品成本。

2）前期投资阶段决定了企业装备的技术水平和系统功能，也影响着企业生产率和产品质量。

3）前期投资阶段决定了装备的适用性、可靠性和维修性，也影响企业装备功能的发挥和可利用率。

总而言之，设备前期管理不仅决定了技术装备素质和生产力的提高，直接影响企业的市场竞争潜力，同时也决定了企业的投资效益，关系到企业的生存和发展。

5.1.1 设备前期管理的主要内容

设备前期管理的主要内容有：对设备的追加投资和更新改造；新建、扩建改造项目中有关的设备投资。所设置的设备从规划购置到安装、正式转入固定资产前，设备动力部门主要参与该阶段的工作。其主要工作内容如下：

1）设备规划方案的调研、制订、论证和决策。

2）设备市场货源的调查及信息的收集、整理和分析。

3）设备投资规划的编制、费用预算和实施程序的确定。

4）设备的选型、采购、订货和合同管理。

5）自制设备的设计和制造。

6）设备的验收、安装和调试运转。

7）设备使用初期的管理。

8）设备投资效果的分析、评价和信息反馈等。

从系统管理的观点出发，设备的前期管理和后期管理构成了完整的设备寿命周期管理循环系统，本节主要讨论设备前期管理中物质形态管理方面的内容。

5.1.2 设备前期管理的工作程序

设备的前期管理可分为规划、实施和总结评价三个阶段，其工作程序和各个阶段所进行的工作内容如图 5-1 所示。

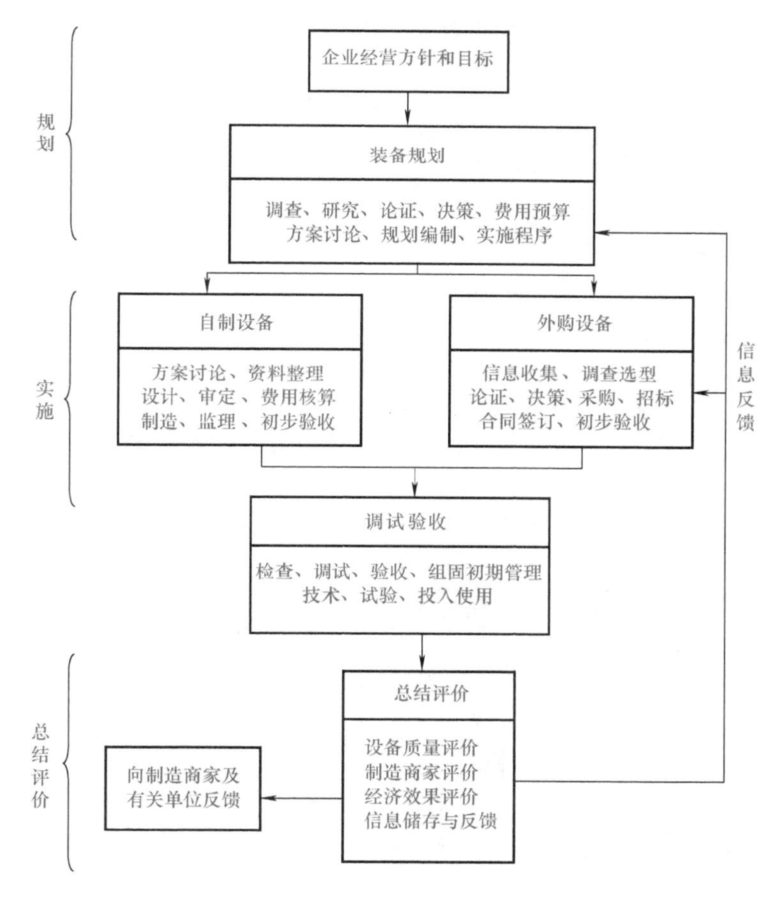

图 5-1 设备前期管理的工作程序

5.1.3 设备前期管理的职责分工

设备前期管理工作是一项复杂的工作，其涉及面广，工作量大，是企业经营活动的主要内容之一，它需要各有关部门通力协作、密切配合才能顺利完成。各部门的职责分工如下：

1. 使用部门

1）根据设备的劣化程度、产品质量升级和扩大生产的需要，提出购置设备的申请计划。

2）参与新设备的安装及试车验收，负责记录并提供设备使用初期的有关信息。

2. 工艺技术部门

1）根据产品质量和工艺对设备的要求，提出中、长期设备订货计划。

2）参与对设备购置规划方案的论证，提出投资方案可行性报告。

3）组织签订专用新设备的技术协议。

4）审批自制设备设计任务书。

5）参与新设备的安装调试、验收和移交。

3. 规划部门

1）根据企业长远规划及生产、技术、科研的要求，提出设备的初步规划。

2）对设备规划方案进行技术经济分析，提供有关依据，并进行综合平衡。

3）经主要领导决策后，编制中、长期设备投资计划。

4）组织规划的实施并进行管理。

4. 设计制造部门

1）负责自制设备的设计、试验、分析和试制鉴定。

2）自制设备图样资料的整理、定型和移交。

3）收集自制设备使用初期的信息。

5. 质量检查部门

1）负责外购设备和安装工程质量的检查验收。

2）自制设备的质量检查。

6. 设备动力部门

1）提出设备更新、改造计划。

2）收集掌握设备情报，评价设备生产厂家产品质量、服务质量，提供货源和供货情况的信息。

3）参与设备规划和选型方案的决策。

4）负责设备的采购订货。

5）组织设备的安装、检查、试车和验收。

6）进行设备使用初期的信息管理。

7. 财务部门

1）筹集设备投资的资金。

2）参与设备的规划，进行投资经济分析。

3）进行资金平衡，控制资金的合理使用。

4）结算工程费用，进行经济效果分析。

5.2 设备的规划与选型

5.2.1 设备的规划

设备规划是设备前期管理遇到的首要问题，也是企业总体经营规划的重要组成部分。它是根据企业经营方针和战略目标，结合企业的生产发展方向、科研能力、新产品开发、安全、节能、环保等方面的需要而制订的。设备规划的成败首先取决于企业经营策略的正确与否。企业能够根据市场预测结果制订出切合企业实际的发展规划或经营策略，是保证设备规划成功的先决条件。企业总体规划是设备规划的目标，设备规划要服从企业总体规划。为了保证企业总体目标的实现，设备规划要把设备对企业竞争能力的作用放到首位，同时兼顾企业节约能源、环境保护、安全及资金能力等各方面的因素进行统筹平衡。

1. 设备规划的依据

（1）企业生产发展的需要　根据企业经营策略和发展战略，围绕提高产品质量、产品更新换代、扩大品种、改进加工工艺以及提高效率、降低成本、增强企业竞争力等要求提出技术引进和设备更新的建议。

（2）设备现状的要求　根据设备使用情况，设备的有形磨损导致原生产设备技术状况劣化，无修复价值；设备无形磨损严重也会造成产品质量低、成本高、品种单一，失去市场竞争力，应加以更换。

（3）国家政策的要求　实现安全、环保、节能、扩大能源容量的生产要求，加强劳动安全保护和环境保护的管理理念。

（4）国内、外新型设备的发展信息

（5）可能筹集的资金以及还贷能力的综合考虑

2. 设备规划的一般程序

（1）提出设备规划建议　根据市场状况，由相关主管部门提出要求或建议，生产主管部门或工艺部门根据提高产量、质量、降低成本、改进工艺、增加品种要求提出设备更新建议；动力、安全、环保部门会同设备管理部门提出设备改造、增容及添置的建议；科研部门提出为科学研究需要而增置设备的建议。

（2）由规划部门论证与综合平衡　规划部门对各个主管部门的建议进行汇总，对重要的设备引进建议进行论证和可行性分析，并根据企业资金实际情况做出综合平衡。

（3）报领导和主管部门批准　规划草案上报主管领导和主管部门批准。设备规划应具备供领导决策的足够依据，应该严肃、客观，严禁欺骗、误导。

（4）由规划部门制订年度设备规划　经领导批准的设备规划草案反馈回规划部门，规划部门再依此制订年度设备规划，然后下达至设备管理部门组织实施。

3. 编制设备规划应注意的几个问题

1）成套、流程设备主机与辅机到位的同步性。为了提高设备效率，尽快形成生产能力，应在资金、到货周期方面保证到位的同步，争取尽早投产。

2）不影响生产性能的前提下，尽可能考虑利用国产设备，需要进口的设备应有报批程序并预留适当的时间。

3）引进设备与原有设备的改造相结合。在淘汰旧设备时尽可能减少企业的损失，同时保证新设备按时投产。

4. 设备规划书中的内容

1）设备规划的依据。

2）设备规划表。内容包括设备名称、主要规格、数量、随机附件、投资计划额度、完成日期、使用部门及预期经济效益等。

3）设备投资来源及分年度投资计划。

4）可行性分析及批准文件。

5）引进国外设备申请书及批准文件。

6）实施规划的说明及注意事项。

5. 设备规划的可行性分析

设备规划的可行性分析主要是指对引进设备的各种经济、技术指标的计算、评估、总结和综合评判，对设备引进的风险给予客观、系统的评价，提供给决策者参考。

6. 设备规划的决策

设备规划的决策一般由主管领导或上一级机构讨论决定，决策的依据是由规划部门根据专家小组的可行性分析及决策模型提供的。决策时应充分考虑市场预测的数据，在适应市场未来发展趋势的基础上，要对至少三种的设备规划方案进行比较评价，评价时可以采用投资回收期的方法或综合评判决策的方法。在采用综合评判决策方法时也要把技术经济分析的结果放到主要的位置。设备寿命周期费用评价可以作为参考，但因为不能和设备效益挂钩，因此不能作为评判的主要根据。设备规划的主要逻辑过程如图 5-2 所示，设备规划的技术程序如图 5-3 所示。

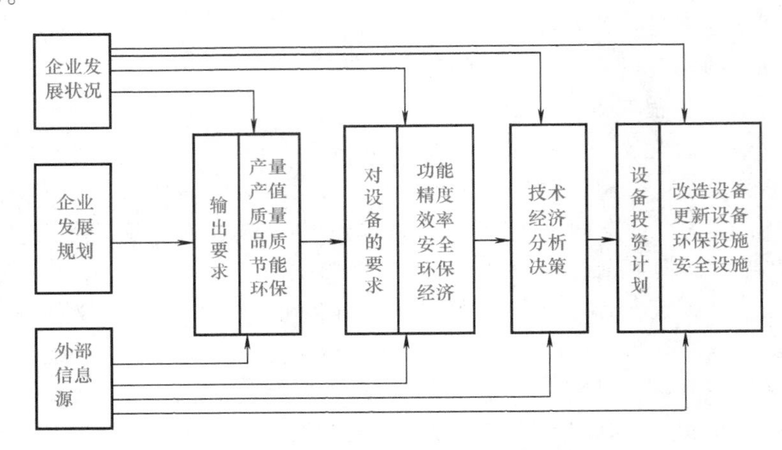

图 5-2　设备规划的主要逻辑过程

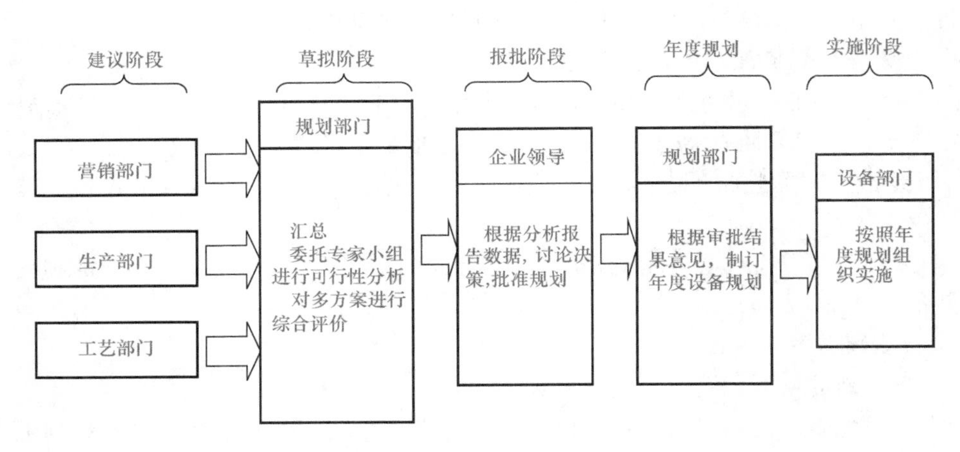

图 5-3　设备规划的技术程序

5.2.2 设备的选型

设备选型是设备经营决策的一个重要环节，设备运行到经济年限就应该报废，要购进新的设备来取代它，以维持企业生产的进行。随着科学管理的发展，企业更加重视设备前期管理工作，主要包括设备的投资规划、设计、选型、购置、制造以及安装调试等内容，而设计和选型是其中的重要组成部分。有关资料显示，设备的寿命周期费用值的95%在设计阶段就决定了。因此，无论是自制设备还是厂外购置的设备，都应该从技术、经济角度全面考虑选型问题，尽可能达到技术先进、经济合理的目标。

1. 设备选型的基本原则

外购设备的选型是指通过技术和经济上的分析论证、评价和比较，从满足要求的多种型号、规格的设备中选购最佳者的决策。无论是外购设备还是企业自行研制的设备，选型都是非常重要的。有些设备本身并无任何故障问题，但长期不能发挥作用，往往是设备选型不当造成的。所以，合理地选择设备对企业的投资发挥最大的经济效益有着决定性作用。

设备选型有以下几项基本原则，在设备选择时需着重考虑。

1）生产上适用。选择的设备适合企业现有产品和待开发产品工艺的实际需求，满足企业的生产和扩大再生产的要求。

2）技术上先进。以生产上适用为前提，要求设备的技术性能指标保持先进水平，有利于提高产品质量，延长设备技术寿命，以获得最大经济效益为目的。

3）经济上合理。指设备本身的经济效果最佳，即价格合理、使用能耗低、维护费用少、投资回收期短。

在实际设备选型工作中，通常要求将生产上适用、技术上先进和经济上合理三者统一权衡。

2. 选型应考虑的问题

（1）生产率高　设备的生产率一般用设备在单位时间（分、时、班、年）内的产品产量表示。例如，发动机以功率来表示生产率，空气压缩机以每小时输出压缩空气的体积来表示生产率，锅炉以每小时蒸发蒸汽的吨数来表示生产率。

（2）工艺性好　机器设备最基本的一项指标是符合产品工艺的技术要求，设备满足生产工艺要求的能力称为工艺性。另外，设备操作控制的要求也很重要，一般要求设备操作轻便、控制灵活。对产量大的设备，要求其自动化程度高；对于进行有毒、有害作业的设备，则要求能进行自动控制或远距离监督控制等。

（3）可靠性　设备除了要有合适的生产率和良好的工艺性外，还要求其不发生故障，即工作可靠。可靠性是指系统设备零部件在规定的时间内、规定的工作条件下，完成规定功能的能力。

定量地确定可靠性的标准是可靠度。可靠度是指系统设备零部件在规定的工作条件下、在固定的时间内能毫无故障地完成规定功能的概率，是时间的函数。用概率表示抽象的可靠度以后，设备可靠性的测量、管理、控制及保证才有计量的尺度。

（4）维修性　维修性是指系统设备零部件等在进行修理时能以最小的资源消耗（包括人力、设备、工具、仪器、材料、时间等）在正常条件下顺利完成维修的可能性。设备维修性的难易程度用维修度表示。维修度是指能修理的系统、设备、零件及部件等按规定的条件进行维修时，在规定时间内完成维修的概率。

影响维修性的因素有易接近性（容易查找设备故障部位，并易修理）、易检查性、坚固性、易装拆性、零部件标准化和互换性、零件的材料和工艺方法、维修人员的安全、特殊工具和仪器、设备供应、生产厂的服务质量等。通常，设备的可靠度是有限制的，当它达到一定程度后，再继续提高就越来越困难了，相对微小的可靠度的提高却会造成设备成本费用按指数增长。因此，提高维修性，减少将设备故障修复到正常工作状态的时间和费用，就显得相当重要。

（5）经济性　选择设备的经济性主要是考虑设备的最初投资少（购置费、运输费、安装费和辅助设施费等）、生产率高、耐久性长、能耗及原材料损耗少、维修及管理费用少以及节省劳动力等特点。

耐久性是指零部件在使用过程中物质磨损允许的自然寿命。通常以整台设备的主要技术指标（如工作精度、速度、效率和生产率等）达到允许的极限数据的时间来定义耐久性。自然寿命越长，每年分摊的购置费用越少。

能耗是单位产品能源的消耗量，是一个很重要的指标。评价能耗的大小时，不仅要看能源消耗量的大小，还要看使用的能源的类型，因为不同的能源其经济效果不同。我国资源虽然比较丰富，但据统计，我国人均资源占有量却只有世界平均数的1/2、美国的1/10、俄罗斯的1/7，而每万元产值的能源消耗比美国、俄罗斯高两倍多，故节能是一个尖锐而突出的问题。

上述各类经济性因素有些相互影响、有些相互矛盾。当一个指标的经济性好时，有可能会使另一项指标经济性变差，不可能保证各项指标同时都是最经济的。企业可以根据自身具体情况以某几个因素为主，参考其他因素来进行充分论证，综合平衡对这些指标的要求。

（6）安全性　安全性是指设备对生产安全的保障性能，设备应具有必要和可靠的安全防护措施，避免带来人身事故和经济损失。

（7）环境保护性　环境保护性是指设备噪声和排放有害物质对环境污染的程度。环境保护越来越受到人们的重视，因此在选择设备时，要尽量选择噪声和排放的有害物质在符合人体健康标准范围之内的设备。

（8）成套性　成套性是指设备本身及各种设备之间的成套配套情况，是形成设备生产能力的重要标志。设备的成套包括单机配套和项目配套。工业企业选择适当的设备，以避免动力设备与生产设备之间“大马拉小车”或“小马拉大车”的现象。此外，还必须注意企业的各种设备与生产任务之间的协调配套关系。也就是说，生产任务的安排要与设备的生产能力相协调。如果二者不相适应，会出现完不成生产任务或不能充分发挥设备的生产能力造成浪费的情况。因此，不能绝对地认为先进的生产设备就一定会取得好的经济效益。

3. 选择设备的步骤

设备的选型（包括确定制造厂家）要注意调查研究，通常分为三步进行。

（1）设备的预选　利用产品样本、产品广告、销售人员上门提供的情况、产品展销以及网络资源广泛收集国内外市场上相关设备的情报信息，并把这些情报分门别类进行汇编索引，从中选出一些可供选择的机型和厂家，这就是为设备选型提供信息的预选过程。

（2）设备的细选　首先要对预选的机型和厂家进行调查、联系和询问，详细了解产品的各种技术参数、效率、精度、性能；制造厂的服务质量和信誉，使用单位对其产品的反映和评价；货源及供货时间；订货渠道、价格及随机附件等情况，做好调查记录；然后进行分析、比较，从中再选出几个认为最有希望的机型和厂家。

（3）设备的选定　直接联系初步选定的设备厂家，并提出具体的订货要求，主要包括订货设备的机型、主要规格、自动化程度和随机附件的初步意见、要求的交货期以及包装、运输情况，并附产品零件图（含典型零件图）及预期的年需要量。

制造厂按上述订货要求进行工艺分析，提出报价书，内容包括：详细技术规格、设备结构特点说明、供货范围、质量验收标准、价格及交货期、随机备件、技术文件、技术服务等。

收到几个制造厂的报价书后，必要时再到制造厂进行深入了解，与制造厂磋商按产品零件进行性能试验。将需要了解的情况调查清楚并详细记录，作为最后选型决策的依据。

在调查研究之后，由工艺、设备、使用等部门对几个厂家的产品进行对比分析和技术经济评价，选出最理想的机型和厂家，作为第一方案。同时也要准备第二、第三方案，以便适应可能出现的订货情况的变化。最后经主管部门领导批准，正式签订合同。至此便完成了选择设备的全过程。

5.3　设备的安装调试以及验收

5.3.1　设备的安装

设备购置或自制完成后，即进入安装与调试阶段，需要按照设备工艺平面布置图及有关安装技术要求，将外购或自制设备安装在指定的基础上，使设备安装精度达到安装规范的要求，并经调整、试运转、验收后，移交生产。

1. 设备安装前的检查与准备工作

设备安装前的检查与准备工作主要包括设备的开箱检查、设备的安装准备工作、设备的布局和设备的安装基础等几部分重要内容。

（1）设备开箱检查的主要检查内容

1）检查设备的外观及包装情况。

2）按照设备装箱清点零件、部件、工具、附件、说明书及其他资料是否齐全，检查有无缺损。

3）检查设备有无锈蚀。

4）未清洗过的滑动面严禁移动，以防研损。

5）核对设备基础图、电气线路和设备的实际情况，基础安装与电源接线位置，电气参数与说明书是否相符合。

6）不需要安装的备件、附件、工具等应注意移交，妥善装箱保管。

7）检查后做出详细记录。对严重锈蚀、破损等情况，拍照或做好图示说明，以备查询，并作为向有关单位进行交涉、索赔的依据，同时把原始资料入档。

（2）设备安装准备工作的主要内容

1）技术准备工作。研究有关的图样资料，了解设备的性能和原始数据，较大的安装工程应编制施工作业计划，制订技术要求、施工和验收的程序；了解设备运输问题，按照设备的重量、体积、形状等特征研究运输方式和吊装就位工作。设备的环境条件和特殊要求，如防振、恒温、恒湿、防尘和隔声等，应严格按照说明书规定的条件进行；对于关系生产运行的条件，如动力源供应、操作、原料、成品和废料输送等，应做好安装前的设计施工。

2）物资准备。各种机具与材料要事先做好准备。机具包括起重与运输设备，各种工具、量具、仪器、焊机及其他配套设备等。材料包括各种金属、非金属材料和油料等。

3）组织与人员准备。尤其大型工程要做好组织准备，各项准备工作要分工负责，由专人组织协调并进行现场施工指挥，提出安装试车的切实可行的建议。安装试车人员应尽早组织和培训。

（3）设备的布局　设备的布局应保证四周都有通道，以满足安装、操作、维修、运输、材料、半成品或成品的堆放，清除切屑等需要。方位要考虑采光照明，与其他设备的联系，起重、安全等需要。

金属加工设备按生产工艺的要求合理地布置生产线，设备按工艺要求排列，称为设备的工艺布局。常见的布局方式如下：

1）按流水作业布置法：适用于产品稳定的成批大量生产。

2）按机床类型布置法：适用于单体、小批生产，产品变化较大，如工具车间、机修车间等。

3）混合布置法，即一部分设备按流水作业布置，另一部分设备按机床类型布置。

（4）设备的安装基础　设备的安装基础对设备安装质量、设备精度的稳定性和保持性以及加工产品的质量等均有很大的影响。往往由于基础质量达不到规定标准，使设备产生变形，导致达不到加工精度，使产品报废。因此，必须重视设备基础的设计和制作质量，使之符合有关规范，如基础设计的一般规范、金属切削基础要求、锻锤冲压基础要求等。尤其是对大型、精密、重型机床和引进设备的基础，更应十分注重质量，要严格按规范和要求制作。

通常，常见的机械设备基础有混凝土地坪、块型基础和构架式基础。要求不高的中、小型设备可安装在具有一定厚度的混凝土地坪上，高频率设备安装在构架式基础上，中、大型设备广泛采用块型基础。

2. 设备的安装要求

（1）设备的安装定位　安装定位是为了满足生产工艺的需要及维护、检修、技术安全及工序连接等方面的要求。设备的定位要考虑以下几个方面。

1）适应性，适应工艺过程和部件联合加工的需求。

2）保证最短的生产流程，方便工件存放、运输和切屑清理，以及车间平面的最大利用率，并方便生产。

3）足够的空间，满足设备的主体与附属装置的外形尺寸及运动部件的极限位置要求。

4）满足设备安装、维修、操作安全的要求。

5）厂房的跨度、门的宽度和高度、起重设备的高度等。

6）平面布置应排列整齐、美观，符合国家有关规定的要求。

（2）设备的安装找平　找平的目的是保持安装的稳固性，减少振动、避免变形，以保证工作精度和防止不合理的磨损。因此，必须达到设备要求的精度要求。

1）找平。通常以滑动部件的导向面（如机床导轨）或部件装配面、工装夹具支承面和工作台面等作为找平基准面。

2）安装垫铁。垫铁的作用是使设备安装在基础上，有较稳定的支承和较均匀的荷重分布，并借助垫铁调整设备的安装水平与装配精度。因此，垫铁的形式、尺寸、数量及安装部位的选择十分重要。

3）地脚螺栓、螺母和垫圈的规格应符合说明书与设计的要求。振动较大的设备应加锁紧螺母，长导轨机床应采用球面垫圈。

（3）设备的安装注意事项

1）设备安装部门必须按照有关方面审查批准的设备平面布置图进行安装施工，确定安装位置，检查安装条件，制订安装方法，准备安装器械。

2）按照有关规定建造安装基础，测量基础中心、水平和标高，安装设备的基础底板应在调整合格和保证清洁的状况下，进行二次混凝土浇注。

3）利用纵横轴线对设备进行初步定位，在相邻机组全部定位后，再做准确定位。

4）设备装牢之后，应将所有污物、水迹、铁屑、防锈油清除干净。所有进行装配的零部件必须清洗干净，并涂上规定的油脂（设备上的铅封、密封和技术文件中规定不得拆卸的机组除外）。

5）零部件清洗装配后，应对所有的润滑部位按规定加注润滑油脂，然后手动操作各运动部件，要求轻松灵活，没有阻碍、运动反向等现象。对于大型设备，可使用适当的工具，缓慢谨慎地进行。

6）进行电气部分安装时，应按安全、可靠、准确的标准进行。

5.3.2　设备的调试

设备安装完成后，必须进行调试。设备的调试工作一般包括清洗、检查、调整、试车，由使用单位组织进行。精密、大型、关键设备以及特殊情况下的调试，由设备动力部门会同工艺技术部门组织。自制设备由制造单位调试，设计部门、工艺部门、设备部门、使用部门参加。对于设备使用部门来说，设备的调试是一个熟悉和了解设备操作方法的极好机会，尤其对于一些引进设备，更应珍惜这种机会，以便尽快掌握正确的操作方法，使设备的功能全部发挥出来。

设备的调试一般可分为空运转试验、负荷试验和精度试验三种。

1. 空运转试验

空运转试验的目的是检验设备安装精度的保持性，设备的稳固可靠性，传动、操纵、控制等系统在运转中状态的稳定性。通常其试验时间在4h以上。如在调试过程中出现温度问题、噪声、动作不均匀等故障，应立即停车检查进行排除，遇不能解决的问题应与制造厂联系。

空运转试验要分步进行，通常按照由零件到部件、由部件到组件、由组件到整机、由单机设备到全部自动线的步骤进行。起动时先“点动”数次，观察无误后再正式起动运转；调速时按从低速到高速逐渐增加的原则。

2. 负荷试验

负荷试验的目的是检查设备在一定负荷下的工作能力，以及各组成系统的工作是否正常、安全、稳定、可靠。试验负荷可按设备公称功率的25%、50%、75%、100%的顺序分阶段选取，也可结合产品进行加工试验，部分设备需做超公称功率试验。负荷试验主要按规范检查轴承的温升，液压系统的泄漏，传动、操纵、控制和安全装置工作是否正常，运转声音是否正常。

3. 精度试验

在负荷试验后，按说明书或有关技术文件的规定进行精度试验，应达到出厂精度或合同规定的要求。如机床进行几何精度、主传动精度及加工精度检验或对专门规定的检验项目进行检验。

在设备运行试验中，要对整个设备的试运行情况加以评定，做出正确的技术结论，做好各项记录，主要包括以下几个方面。

1）设备几何精度、加工精度、检验记录及其他机能试验的记录。

2）设备试运转情况，包括试验中对故障的处理工作。

3）无法调整及排除的问题，如原设计问题、制造质量问题、安装质量问题及调整中的技术问题等。

设备试验后做好各项检查工作的记录，根据试验情况填写“设备精度检验记录”，一式三份，分别交给移交部门、使用部门和设备动力部门保管。普通设备精度检验记录见表5-1。

表5-1 普通设备精度检验记录

<table>
<tr><td>设备编号</td><td></td><td>设备名称</td><td></td><td>规格型号</td><td colspan="2"></td><td colspan="2">台数</td><td></td></tr>
<tr><td>制造厂家</td><td colspan="2"></td><td>制造日期</td><td></td><td colspan="3">设备地点(系统)</td><td colspan="2"></td></tr>
<tr><td>进厂日期</td><td colspan="2"></td><td>安装日期</td><td></td><td colspan="3">调试日期</td><td colspan="2"></td></tr>
<tr><td>序号</td><td colspan="3">检查项目</td><td>允差</td><td colspan="5">调试结果</td></tr>
<tr><td>1</td><td colspan="3"></td><td></td><td colspan="5"></td></tr>
<tr><td>2</td><td colspan="3"></td><td></td><td colspan="5"></td></tr>
<tr><td>3</td><td colspan="3"></td><td></td><td colspan="5"></td></tr>
<tr><td>精度调试结论</td><td colspan="9"></td></tr>
<tr><td>参与人员</td><td>设备部调试员</td><td colspan="3"></td><td>监理部门</td><td colspan="4"></td></tr>
</table>

5.3.3 设备的验收

设备的验收是一项重要的管理工作。设备安装工程的验收在设备调试合格后进行，由设备管理部门、工艺技术部门协同组织安装检查，使用部门有关人员参加，共同鉴定。设备管理部门和使用部门双方签字确认后方为完成。达到一定规模的设备工程（如200万元以上）由监理部门组织。设备验收分为试车验收和竣工验收两种。

1. 试车验收

在设备负荷试验和精度试验期间，由参与验收的有关人员对“设备负荷试验记录”和“设备精度检验记录”进行确认，对照设备安装技术文件符合要求后，转交使用单位作为试运转的凭证。

2. 竣工验收

竣工验收一般在设备试运转后三个月至一年后进行，其中设备大项目工程按照国际惯例

为一年。竣工验收是针对试运转的设备效率、性能情况做出评价，由参与验收的有关人员对“设备竣工验收记录”进行确认。若发现设计、制造、安装等缺陷问题可进行索赔。

经过外购设备或自制设备的安装、调整、试运转和验收工作后，可移交生产部门使用。

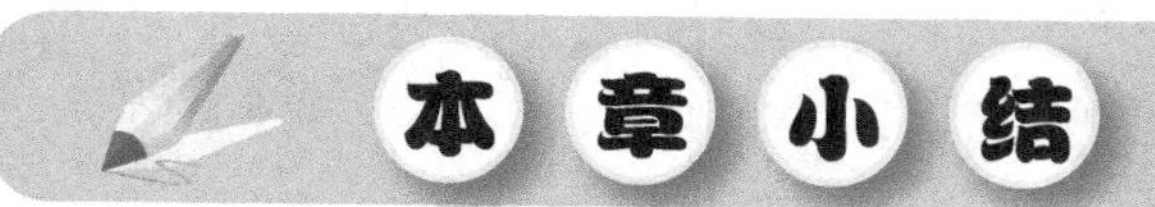

所谓的设备前期管理是指设备从规划开始到投产这一阶段的全部管理工作，它包含设备前期的设备规划（或技术方案论证和经济论证），设备的选型与购买以与设备的安装运行调试、验收等工作内容。设备前期投资管理决定了企业几乎全部周期费用的90%，影响着企业产品成本。科学合理的设备前期管理是企业持续健康运作的保证。

本章要求掌握设备前期管理的基本内容，熟悉设备前期管理的工作程序，了解各部门的职责；掌握设备的规划与选型的基础知识，了解设备安装及验收的基本要求和步骤等。

5-1 设备前期管理的基本内容有哪些？

5-2 设备前期管理可分为哪几个阶段，分别包含哪些工作内容？

5-3 设备规划的主要依据是什么？

5-4 设备选型的基本原则是什么？

5-5 简述设备选型应考虑到的问题。

5-6 简述设备选择的基本过程及含义。

5-7 简述设备安装前的准备工作有哪些。

5-8 设备的安装要求有哪些？其主要作用分别是什么？

5-9 设备的调试一般分为哪几步？

5-10 简述空转调试的目的及步骤。

5-11 简述设备验收的两种基本类型。

第6章 设备的使用与维护管理

【学习目标】

1. 熟悉合理使用设备的方法。
2. 掌握设备维护的规章制度。
3. 熟悉设备维护的类别和方法。
4. 熟悉设备点检制的概念、内容及工作方法与步骤。

6.1 设备使用管理

设备生产率和精度的高低及工作寿命的长短，一方面取决于设备出厂时本身的性能和结构设计，另一方面在很大程度上会受到使用、保养和维修情况的影响。因此，企业应当建立完善的设备操作、使用、维护规程和岗位责任制，设备的操作和维护人员也必须严格遵守各项规程。

6.1.1 设备使用前的准备工作

设备投入使用前，应完成下列准备工作。

1）编制设备安全操作规程和设备维护保养规程等技术资料。设备安全操作规程和设备维护保养规程是指导操作人员正确使用和维护设备，确保生产安全的最基本的指导性文件之一。

2）培训操作人员。操作人员必须经过设备操作和日常维护的培训和考核，成为相应工种的合格员工，以了解设备的性能结构、操作方法和维护保养技术等。

3）准备维护及检测用工器具和仪表等。

4）全面检查设备的安装、精度、性能、附件和安全装置是否良好。

6.1.2 设备的使用方法和制度

1. 设备的合理使用

1）配备合格的操作者。企业应根据设备的复杂程度和技术难度，配备具有一定文化技术水平的操作人员，针对具体的工作岗位安排相应工种的操作人员持证上岗，保证安全生产。

2）为设备创造良好的工作环境。安装必要的防潮、防腐、防尘和防振装置，保证良好的照明、通风和安全运行的工作环境。

3）建立和完善使用规章制度。编制设备安全操作规程和使用程序，实行设备岗位责任制和维护保养制度。

4）合理配置各种设备。企业应依据自身的生产工艺和生产要求，合理地配置设备的品种和数量等。

2. 设备使用制度

操作人员应掌握并遵守“三好”“四会”“五项纪律”规定及要求。

应掌握的“三好”要求是，设备操作人员应管好、用好、修好设备。

应掌握的“四会”要求，指设备操作人员应会使用、会维护、会检查和会排除故障。

应遵守的“五项纪律”规定是，设备操作人员应进行安全操作规程学习，持证上岗；应确保设备清洁并按规定润滑；应保管好设备及各种工器具等；应按制度严格交接班；若发现异常应立即停机并检查。

6.2 设备维护管理

6.2.1 设备的维护保养制度

设备的维护保养制度是做好设备维护、延缓设备老化、保持设备使用性能、保障正常生产的关键要素，是企业生产预防维修制度的重要组成部分。目前生产企业设备的维护保养制度主要有：三级保养制，交接班制度，八步法，大型、精密、稀有设备保养的特殊方法等。企业内部应长期坚持开展设备维护保养情况的检查评比活动，以促进设备维护保养工作的质量和水平。

1. 设备维护保养方法分类

1）日常维护保养：主要是清洁、检查。四检制包括班检、日检、旬（周）检和月检。

2）定期维护保养：设备管理部门以计划形式下达，操作工和维修工相结合进行，拆卸指定部件，进行清洁、擦拭等，不合格的零件要换；检查、调整各部件的间隙，紧固松动部位；疏通、清洁油路，清洁滤油装置；清洁、清洗导轨、滑动面；检查、调整电气线路及装置；对调整、修理、更换零件及解决的问题做好记录；一般每1~3个月安排一次，由企业自定。

2. 设备维护保养的规章制度

三级保养制是20世纪60年代中期，我国在总结前苏联计划预修制的实践经验基础上，完善和发展起来的一种保养维修制。它的重心是保养而非修理，以操作者对设备进行保养为主。

（1）日常保养　日常保养简称例保和日保，其主要内容包括操作人员每天的定机保养、周末保养和专业人员的巡检。每天设备操作人员不仅要正确操作设备，同时还要在开机之前按照设备的维护保养规程对设备进行清洁、润滑、检查、紧固、观察运行状况（例如异味、异响、振动、温升、指示信号）等，下班前对设备进行清扫、填写交接班记录薄等。在周末和节假日前，操作人员和维护人员对设备进行更加彻底的清扫、检查、润滑、调整等方面的维护保养。专业人员的巡检，可以负责排除小故障和有效监督设备操作人员日常维护保养工作是否做到位，如果未严格按照操作维护规程执行，则应立即纠正或制止。

（2）一级保养　一级保养又称一保或定保，以维修人员为主、操作人员为辅，是一项有计划性的、减少设备磨损、排除故障隐患和延长设备使用寿命的维护保养，应按规程计划对设备局部和重点部位进行拆卸，清洁内部元件、检查安全装置、调整配合间隙、紧固或更换问题零件等。通常可以设备实际开机运行时间或固定时间为周期进行保养，当保养完成后，应详细记录已保养项目，特别是尚待解决的疑难问题。

（3）二级保养　二级保养又称二保，以维修人员为主、操作人员为辅，对设备的规定部位进行分解检查、调整与修理。二保偏重于修理，其内容包含检查维修电气系统，修刮、擦研或填补零部件凹痕，修复或更换部分磨损件，以及恢复整个机械系统精度等。

3. 设备的交接班制度

企业为了连续生产，常实行多班人员轮换工作制度，因此必须建立健全交接班制度，操作人员必须严格执行交接班制度。交接班记录本是设备使用和维护情况的重要依据之一，不可随意涂改和销毁。

1）交接班记录本字迹必须清晰，内容要完整、无损坏和撕毁。

2）当班操作人员在交接班前，一方面要完成日常保养，将设备运行状况、保养维修情况详细填入交接班记录本；另一方面要向接班工人当面交代清楚，完成交接手续并签字确认，若应接班工人未到，可由在岗组长代接并办理手续。

3）值班保养人员在交接班前，交代所负责区域内的设备使用状况和维修情况，并详细填入交接班记录本。

4）若存在设备异常、未清洁、交接班记录不实或模糊不清等情况，接班工人可拒绝接班签字。若因交接不清，设备发生了问题，将由接班工人负责。

5）当班组长要认真检查、记录当班设备的使用情况，并向接班组长交代清楚且签字确认。

6）接班组长要根据交班记录和当班工人反映，检查核实设备存在的问题，并向上一级管理部门报告，同时通知维修人员及时排除故障。

7）设备部门领导及各车间分管设备负责人等需定期检查交接班制度的执行情况。

4. 八步法

有些大型企业为了正确处理生产部门、维修部门和操作工人三者之间的关系，还在“维修保证生产、生产服从维修”的指导思想基础上总结出了较为实用的八步法。其内容主要包括：正确、合理地使用设备；坚持全员参与，精心维护设备；掌握设备状态，实行预防维修；抓好衔接，提高设备利用率；切实搞好年度、季度、月维修计划与生产的综合平衡；合理安排维修，减少设备停歇时间；确保产品质量。

5. 大型、精密、稀有、关键设备保养的特殊要求

1）确定操作维护规程。为不同机型的设备编制不同的操作维护规程，并要求操作维护人员严格按照大型、精密、稀有、关键设备的操作维护规程进行操作维护和维修。

2）固定操作人员。为单一大型、精密、稀有、关键设备配备技术水平高、责任心强的专门操作人员。

3）固定保养维修人员。由于大型、精密、稀有、关键设备的检修、保养、维修技术含

量高且工作量大，因此企业应指派专人负责其保养维修。

4）确定大型、精密、稀有、关键设备的维修方式，优先安排其维修活动以及各种备件的制造和外购工作。

6.2.2　设备的区域维护

设备的区域维护又称设备维护人员包机制，是按照生产区域内设备的数量或类型划分成若干区域进行维护及管理的方法。这样做使维护保养人员分工更加明确，还可以与操作人员密切配合。

区域维护保养人员的主要工作内容为负责指导和监督该区域内的设备操作工人正确合理地使用设备，精心维护保养设备。通过对固定维护区域内的设备进行巡检，熟悉设备运行状况，进行较为简单的维修工作，保证维修区域内的设备故障停机率和设备完好率等考核指标，并参与评比。

因此，区域维护可以调动维护保养人员的工作积极性，有利于加强设备管理与维修质量，有利于引导设备维修管理为生产服务。

6.2.3　设备点检制

设备点检制是一种以点检为核心，将检查方法规范化、制度化的设备维修管理制度，因此它既是一种科学的设备检查方法，也是一种综合性的设备维修管理制度。

设备点检制的主要特点：为企业推行以作业长制为中心的管理模式；拥有一套科学的点检组织体系、现代化的维修手段和设施；使操作人员、专业点检人员和维修人员三方密切结合，共同掌握设备状态，参与日常设备的点检维护工作。

1. 点检的定义

广义的点检是指对设备所有需点检的部位所进行的检查、检测、技术诊断的总和。狭义的点检是指通过用人的五种感官（视、听、触、嗅、味）和检测仪器对设备的某一规定部位有无异常进行周密的日常或定期检查，以便及时、准确地发现和排除设备故障隐患，使设备保持规定的性能。

2. 点检的分类

（1）按点检周期分类　可分为日常点检、定期点检和精密点检。

1）日常点检：在设备的操作和运转过程中，点检人员凭五种感官或使用简单的检测工器具针对设定点检部位的润滑和劣化情况进行检查。通常日常点检次数非常频繁，一周内至少进行一次。

2）定期点检：在设备的操作和运转过程中，专业点检人员凭五种感官或专用检测仪器对设定点检部位进行的有关磨损、振动、异响、温升和松动等方面的检测。通常一个月内至少进行一次定期点检。

3）精密点检：专业技术人员和专业点检人员使用专用精密检测工器具或其他特殊诊断手段对设定点检部位进行综合性检测，并对检测的结果进行分析比较，定量确定设备的技术状况和劣化程度，以预测设备的维修、更换或改进的时间。

（2）按点检种类分类　可分为良否点检与倾向点检。

1）良否点检：使用五种感官、简单的检测仪器和实际操作的方法检查设备劣化程度，确定维修时间。

2）倾向点检：通过设备专用检测仪器对突发故障型设备进行的专职点检，除了检查设备的劣化程度，更多的是侧重于管理，以预测设备零部件的维修周期或更换时间。

（3）按点检方式分类　可分为非解体点检与解体点检。

3. 设备点检制的实施与组织

为了防止设备欠维修或过度维修，点检管理和点检人员工作应按照规范化、标准化的点检作业流程严格执行。其中，规范化、标准化的点检作业内容包括点检作业标准化、点检管理标准化和点检软件标准化。

（1）点检作业标准化

1）专职点检人员每个工作日都应按时参加早会，接受车间维修组区或点检组布置的工作，按照点检计划实施点检，了解设备生产操作状况，收集、记录、汇报设备状态信息，同时实施点检软件台账管理等正常的点检作业。

2）专业点检人员必须按照点检计划作业，准时、携带必需的点检工器具、穿戴规范、精神饱满。

3）专职点检人员根据自己责任区域的设备各部位的点检项目合理编制点检计划，针对点检部位提前定项目、定方法、定地点、定人员和定周期。当设备状态发生变化时，及时调整或修改点检计划。

4）专职点检人员要根据自己责任区域的设备点检项目，编制最短的点检线路图，确保高效、安全地进行点检，同时防止漏检或过度点检。

5）专职点检人员要根据自己责任区域的设备点检项目，正确携带点检工器具。如机械方面的点检项目应携带点检锤、扳手、听音棒、螺钉旋具及手电筒等，仪器仪表方面的点检项目应携带万用表、试电笔、扳手、螺钉旋具及手电筒等，电气方面的点检项目应携带试电笔、尖嘴钳、点检锤、扳手、听音棒、螺钉旋具及手电筒等。

6）专职点检人员在点检前需多方搜集设备的信息，如查阅操作人员、维护保养人员的记录和提供的意见。

在实施点检过程中，准确记录存在问题的设备名称、异常部位、具体现象、导致的原因以及最早发现的人，然后针对设备问题的相关数据、历史记录、实际状况和经验进行全方位的分析研究，最终解决处理设备问题。点检完成后及时记录结果，判断点检计划的实用性。若不恰当，则及时调整和修改，编制备件请购或制造计划，针对管理制度、备件、工程材料、点检工器具及点检工艺的使用情况，提供改进意见。

（2）点检管理标准化　点检管理标准化包括三方面的内容，即设备点检项目确立流程、检修实施管理流程、点检验收管理流程的标准化。

（3）点检软件标准化　对点检软件台账进行分类管理，如计划类、标准类、实施类和管理类等。点检人员应不断更新信息，确保信息的时效性和准确性。根据设备状况及时修改、调整点检计划，编制检修计划，请购备件和工程材料，防止过度维修。

4. 设备点检制的组织体系

设备点检制的组织体系如图 6-1 所示。

5. 点检效果检查及反馈

设备诊断部门针对点检人员就某一具体点检项目检测到的重要设备异常问题实施诊断，

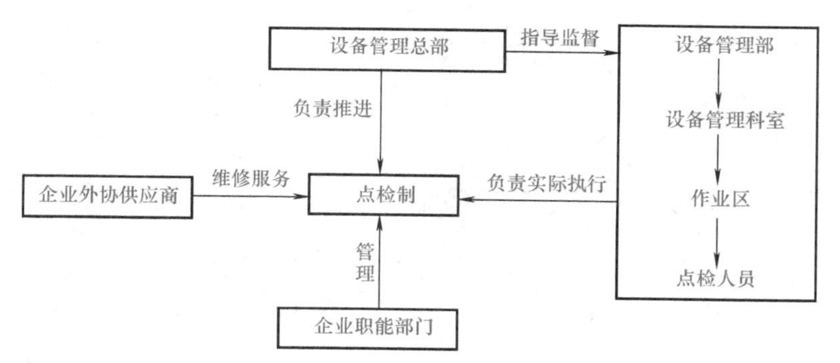

图 6-1　设备点检制的组织体系

依据诊断结果出具诊断报告并及时反馈给点检人员。诊断报告中应对设备异常问题提出针对性的建议和处理办法，并跟踪落实，直至设备恢复正常。

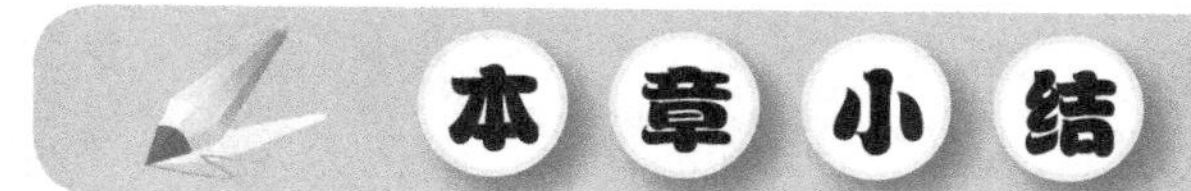

本章小结

设备的生产率、精度和工作寿命与设备本身的性能、结构设计以及使用、保养、维修等情况有很大的关系。因此，企业应当建立完善的设备操作、使用、维护规程和岗位责任制，设备的操作和维护人员也必须严格遵守各项规程。

本章主要介绍了设备合理使用的主要方法和设备管理制度，设备的维护保养制度，设备维护的类别和方法，设备点检制的概念和内容，点检的目的和点检作业的主要内容。

思考题与习题

6-1　设备使用前应做哪些准备工作？

6-2　设备维护的三级维护保养制度是什么？

6-3　设备在接班后如因交接不清而发生问题应由谁负责？

6-4　何谓设备的点检制？

6-5　设备点检的目的是什么？

6-6　标准化的点检作业应包含哪些内容？

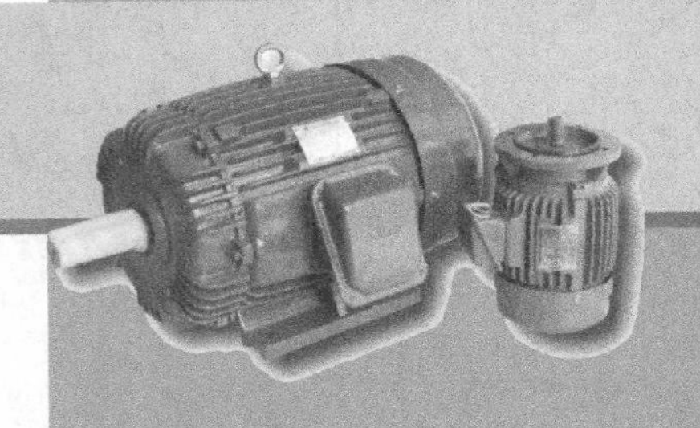

第7章 设备润滑管理

【学习目标】

1. 了解设备润滑管理的基本任务。
2. 了解润滑材料的分类和选用方法。
3. 熟悉设备的润滑方式、润滑装置及润滑图表。
4. 熟悉设备润滑管理制度的基本内容。

7.1 概述

利用摩擦原理可以设计和制造机械设备的传动机构、离合器等，这证明了摩擦对人类有利的一面。但是，有时摩擦也会造成巨大的经济损坏。据统计，世界上有约1/3的能源由于克服摩擦而消耗掉，机械故障中约60%由润滑不良引起，液压设备有70%以上的故障是由液压油系统故障引起的。由此可见设备润滑的重要性。摩擦是设备报废的主要原因。因此，研究减少摩擦的方法和设备润滑方法非常重要。如果在金属零件的两个配合表面直接加入合适的润滑油，就可以形成油膜，减少或消除摩擦。

设备润滑是指能减少摩擦面的摩擦和延缓磨损速度的一切措施。设备润滑是设备维护保养的重要内容，也是设备管理的重要组成部分。设备润滑工作是保证设备正常运转、减少零部件磨损、降低能耗、延长设备使用寿命的有效措施。对设备润滑部位的油品质量进行检测是设备故障诊断的重要手段。设备润滑管理是设备管理的重要组成部分。

7.2 润滑材料

7.2.1 润滑材料分类

润滑材料常见的作用有控制和减小摩擦、冷却降温、防止金属表面生锈、清洗、密封、阻尼振动和动能传递。润滑材料种类繁多。润滑油主要由包含矿物油或合成油的基础油和改善物理或化学性能的添加剂两部分组成。其中，常用的合成油有合成烃、脂肪酸脂、聚乙二醇及其衍生物，常用的改善物理性能的添加剂有黏度指数改进剂和倾点下降剂等，常用的改善化学性能的添加剂有清洁分散剂、极压抗磨剂和抗乳化剂等。

1. 润滑材料按使用场合分类

以 GB/T 7631.1—2008 标准为依据，润滑材料按不同使用的场合分类见表 7-1。

表 7-1　润滑材料的种类及组别代号

润滑材料种类	组别代号	润滑材料种类	组别代号
全损耗系统用油	A	电器绝缘油	N
脱模油	B	气动工具油	P
工业齿轮油	C	热传导液	Q
压缩机油(含冷冻机油和真空泵油)	D	暂时保护防腐蚀油	R
内燃机油	E	汽轮机油	T
主轴、轴承和离合器用油	F	热处理油	U
导轨用油	G	润滑脂	X
液压系统油	H	其他场合用油	Y
金属加工用油	M	蒸汽气缸油	Z
		特殊润滑剂应用油	S

2. 润滑材料按形态分类

1）液体润滑剂：常见的有矿物油、动物油、植物油和合成液体润滑油等。

2）半固体润滑剂：常见的有无机基脂、脂酸皂基脂、烃基脂和合成脂肪酸皂基脂等。

3）固体润滑剂：常见的有二硫化钨、石墨、尼龙和聚四氟乙烯等。

4）气体润滑材料：常见的有二氟二氯甲烷等。

7.2.2　常用润滑油与润滑脂的选择

1. 润滑油和润滑脂的质量指标

（1）黏度　黏度是指在一定温度下测定润滑油的聚力大小的数值。它既是评定润滑油质量的重要性能指标，也是重要的换油指标，同时油的牌号也以此来划分。测定计算黏度的方法有绝对黏度和相对黏度，而绝对黏度又分为动力黏度和运动黏度。所谓运动黏度是指某种液体的动力黏度与同温度下该液体的密度比值，单位为 mm^2/s，也称厘沱（用“cSt”表示）。一般检测油品使用运动黏度，我国润滑油是根据运动黏度来划分牌号的。润滑油黏度变化的常见原因有：混入了不同黏度的油品，油品氧化加剧致使黏度升高，油品抗剪切性能下降致使黏度下降。

（2）酸值和碱值　酸值是指中和 1g 润滑油试样中的酸性物质所需要的氢氧化钾（KOH）的毫克数。酸值是换油指标之一，酸值超标，则油易变质，且酸值越高，对金属的腐蚀性越强。当然，油品中不含水时，不会造成金属腐蚀；但若油品中含有微量或大量水，酸性物质就会对机械零部件产生很强的腐蚀作用。碱值是指中和 1g 润滑油试样中全部碱性组分所需高氯酸的量，以当量氢氧化钾毫克数表示，是衡量润滑油品中碱性物质含量的指标。

（3）闪点和燃点　将油加热，油蒸气与空气相混，在接近火焰时有闪光发生，此时的温度称为闪点。闪光时间达 5s 时的温度称为燃点。闪点是油品危险等级的划分指标，以 45℃ 为临界值，其值之下称易燃油类，其值之上称可燃油类。在润滑油的运输、存储和使用过程中，严禁将油品加热到闪点温度及以上。润滑油闪点变化的常见原因为混入了其他油品或气体。相同黏度下的油品，闪点越高越好。油品闪点下降，说明其已经变质，不能继续使用。

（4）水分　油品中含水重量的百分数称为水分。水会破坏油膜的连续性，会促使油品氧化变质，从而降低油品的黏度，使添加剂失效，降低润滑性能，加速有机酸对金属零部件的腐蚀。

(5) 机械杂质　外界落入的不溶于油品的杂质会加剧零部件磨损，使液压元件堵塞或卡死，某些杂质还会成为油品氧化的催化剂，从而严重降低油品的质量。

(6) 凝固点　将油品放入45°倾斜放置的试管中冷却，油面持续1min不流动时的温度称为凝固点。通常设备工作环境的温度越低，要求油品的凝固点越低。

(7) 残炭　将油品加热蒸发所形成的黑色残留物占试油重量的百分数称为残炭值。残炭对内燃机和空气压缩机影响非常大，残炭多易引发爆炸。

(8) 针入度　在一定温度下（如25℃），150g重的锥体经5s从外表面自由陷入的深度称为针入度。针入度表示润滑脂的软硬程度，如自由陷入25mm，则针入度为250个单位。

(9) 皂分　指润滑油脂中脂肪酸皂的含量。皂分越大润滑脂越硬。

(10) 滴点　润滑脂受热升温，在开始滴下第一滴时的温度称为滴点。

2. 润滑油与润滑脂的选择

(1) 运动速度　高速场合适于用黏度较小的润滑油，或者采用针入度大的润滑脂。

(2) 重载荷、有冲击载荷和振动载荷，要求润滑油的黏度大、润滑脂的针入度较小。

(3) 运动副间隙和加工精度　运动副间隙小、加工精度高、材质硬度大，应使用黏度小的润滑油。

(4) 工作温度　对于高温场合，宜采用黏度大的润滑油，或者针入度小的润滑脂。

(5) 工作环境　在潮湿的环境，宜用抗水性好的润滑脂，避免乳化流失。在化学腐蚀较严重的场合，应在润滑油中添加抗腐蚀剂。

(6) 润滑装置及部位　开式传动、垂直面的润滑应使用黏度大的润滑油或润滑脂。

总之，润滑油的种类繁多，使用种类正确、质量合格的润滑油是保障设备润滑的前提条件，选用时应着重从使用场合、摩擦副载荷的大小、运动速度、运行环境和工作温度等方面考虑。目前，企业选用润滑油的主要方法有两种：依据设备供应商提供的手册用油；依据供油商的意见用油。

7.3　设备润滑方式与润滑图表

7.3.1　常用的润滑方式与装置

将润滑剂按规定要求送往各润滑部位的方法称为润滑方式。为实现润滑剂按确定润滑方式供给而采用的各种零、部件及设备统称为润滑装置。

进行设备润滑工作，不仅要正确地选择润滑材料，还需采用恰当的润滑方式和装置将润滑材料送往各润滑部位，其输送、分配、检测和调整的方式以及润滑装置的正确选择是保障设备可靠性的重要环节。

1. 润滑方式的选择

选择润滑方式应考虑如下因素。

1) 设备润滑点的数量和特点。

2) 设备的运行环境。

3) 所需润滑材料的类型和用量。

4）是否便于循环润滑。

5）自动化程度是否达标。

2. 润滑装置的选择

润滑装置设计的总体要求如下：

1）确保润滑经济省油，可靠性高，润滑质量良好。

2）尽可能自动化，使人工维护工作量适中。

3）润滑装置标准化、通用化、简单化，便于更换和维修。

4）便于润滑材料的供给量调节和循环利用。

5）装置的结构尽可能简单、适用、便于维护与检修。

6）具有良好的密封性能，避免泄漏污染环境。

常用的润滑装置有手工给油润滑装置、滴油装置、油池装置和飞溅装置等。

（1）手工给油润滑装置　主要由油杯、油枪或油壶组成。其中，最常见的手工给油润滑装置为旋盖式油杯和手推式油枪，如图7-1所示。润滑保养人员手工用油枪或油壶向油杯注油，然后再由油杯向润滑部位供油。这种装置适用于轻载、间歇和低速工作面等的润滑。

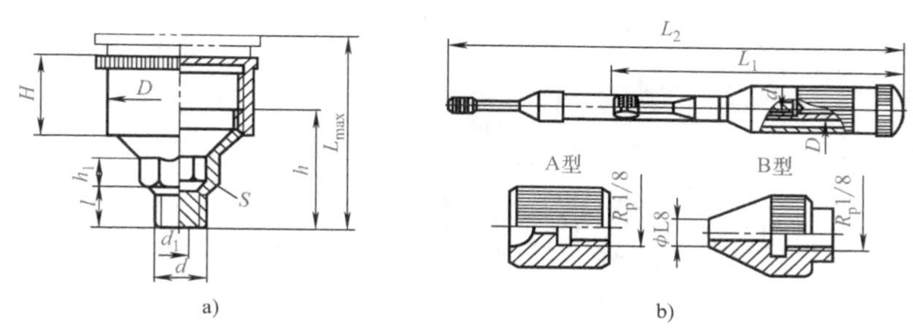

图7-1　旋盖式油杯及手推式油枪

a）旋盖式油杯　b）手推式油枪

（2）滴油装置　润滑油从上腔储油器经过连在中部的浮漂上阀到下腔的储油器中，最终送往摩擦副起润滑作用，润滑油量的多少靠针阀来调节，如图7-2所示。

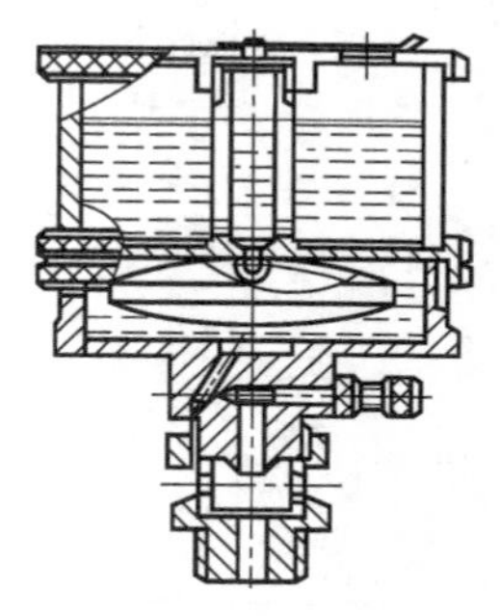

图7-2　滴油装置

7.3.2　设备润滑图表

设备润滑图表是指导设备操作人员、保养与维修人员对设备进行正确合理润滑的基础技术资料和指导文件，它以润滑“五定”为依据，兼用图文显示出“五定”内容。设备润滑保养人员应为新型号设备及时编制好润滑图表，并将润滑图表固定在机床上，对操作人员（特别是新员工）进行设备维护保养知识的传授，动员企业全体自觉执行。

通常，设备润滑图表一般来源于设备说明书，也可根据技术资料自己编制，其内容应包括设备润滑油品种、加油点部位、注油形式、注油工具、加油数量、换油间隔期、过滤器清洗期、油箱容量、润滑油品牌号、加油或换油的负责人等。以某厂的CA615车床为例，编制的设备润滑图表如图7-3所示。编制设备润滑图表要求正确、集中、全面；观看明显，文字简要，记忆方便；标题栏、润滑表的填写应做到有根据。

某　厂	设备名称	车　床	润滑图表	设备编号
机动处	设备型号	CA615		

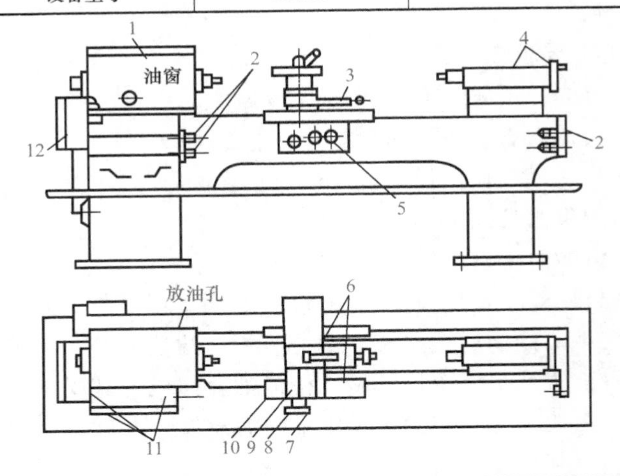

序号	润滑部位	润滑点数	润滑方式	润滑油种类	润滑周期	设备润滑		润滑负责人
						储油量	日耗量	
1	变速箱	1	齿轮激溅	L-AN46全损耗系统用油	8个月			润滑工
2	丝杠与光杠轴承	1	压力油壶	L-AN46全损耗系统用油	每班一次			操作者
3	小刀架丝杠	3	压力油壶	L-AN46全损耗系统用油	每班一次			操作者
4	尾座套筒	2	压力油壶	L-AN46全损耗系统用油	每班一次			操作者
5	接合器轴承	4	压力油壶	L-AN46全损耗系统用油	每班一次			操作者
6	纵向进给导轨	1	压力油壶	L-AN46全损耗系统用油	每班一次			操作者
7	纵向进给手轮	1	压力油壶	L-AN46全损耗系统用油	每班一次			操作者
8	横向进给丝杠	2	压力油壶	L-AN46全损耗系统用油	每班一次			操作者
9	横向进给导轨	2	压力油壶	L-AN46全损耗系统用油	每班一次			操作者
10	溜板箱机构	2	压力油壶	L-AN46全损耗系统用油	每班一次			操作者
11	纵向进给丝杠		压力油壶	2号钠基脂	一日一次			操作者
12	交换齿轮	1	压力油壶	L-AN46全损耗系统用油	每班一次			操作者

图 7-3　设备润滑图表

设备润滑卡片由润滑管理技术人员编制、润滑工记录，是一种润滑过程管理用表，其主要内容见表 7-2。某设备具体部位的润滑卡片见表 7-3。

表 7-2　设备润滑卡片

设备名称				设备编号				
设备型号				所属部门				
润滑点		油品牌号	润滑方式	一次换油		补充油		技术要求
名称	编号			周期	换油量/kg	周期	换油量/kg	

表 7-3 某设备具体部位的润滑卡片

润滑部位：						
补、换油记录	润滑日期	油品牌号	补充油	换油	执行人	备注
故障记录：						

编制润滑图表时需遵循的要求包括：符合机械制图的相关规定，统一格式，图幅为 A4；参照设备润滑“五定”制度和供应商提供的对应说明书中的润滑规范进行绘编；要求图面引线有序，以表达清楚为准，视图应尽可能简洁清晰，识读方便，满足标准化和规范化的要求。

7.4 设备润滑管理的组织与制度

7.4.1 设备润滑管理的基本任务

设备润滑管理的核心内容包括：建立健全润滑设备管理机构，制订润滑管理的规章制度，正确选用润滑材料、油品检测、污染控制、油品净化及废油回收等。

1）根据企业的规模大小、设备的数量与特点、生产工艺流程情况，建立健全润滑设备管理机构，制订润滑管理的规章制度。

2）坚持好定点、定质、定量、定时、定人的润滑“五定”工作，使设备得到正确、合理、及时的润滑；绘制设备润滑“五定”图表，建立设备润滑卡片，制订润滑材料的消耗定额。

3）坚持好“四不放”的规章制度。

4）坚持好“三过滤”的规章制度。

5）编制设备油品清洗、检测、更换计划，组织润滑油回收与再生。

6）检查、密封、改进设备润滑系统，及时解决润滑系统缺陷问题与渗漏油现象；不断引进国内外的新设备，学习新技术和管理经验。

7）组织各种润滑人员培训，提高润滑技术水平。

7.4.2 设备润滑管理的组织形式

为了确保设备润滑管理工作能够正常开展，企业设备维护保养管理部门应根据企业规模和设备润滑工作的需要，合理地配备人员和设备润滑管理组织形式。目前，设备润滑管理的组织形式主要有集中管理和分散管理两种。

1. 集中管理形式

集中管理形式是指在企业设备动力（管理）部门下，设备润滑材料配置组、设备切削液配置组和设备润滑油回收与再生组、再生组直接管理整个企业所有车间的润滑工作，如图

7-4所示。集中管理形式的优点为有利于提高润滑人员的专业化程度、工作效率和工作质量，有利于推广先进的润滑技术；其缺点为与生产的配合较差。因此，集中管理形式在中、小型企业中应用广泛。

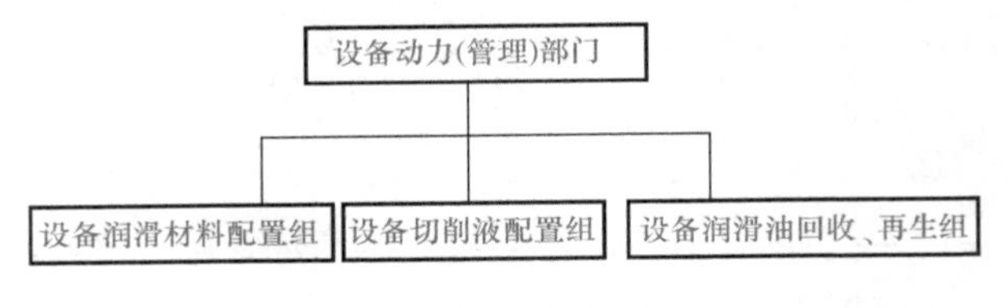

图7-4　集中管理形式

2. 分散管理形式

分散管理形式是指在企业设备动力（管理）部门下设立设备润滑总站，下设设备润滑材料配置组、设备切削液配制组和润滑油回收、再生组，负责整个企业、切削液的配置和润滑油的回收、再生，如图7-5所示。同时在各个车间设置车间润滑组，负责相应车间的设备润滑工作。分散管理形式的优点是有利于调动车间积极性，克服了集中管理形式的缺点，有利于生产配合；但其缺点为技术部门多力量分散，可能导致设备润滑工作的重视程度不够。因此，分散管理形式主要适用于大型企业。

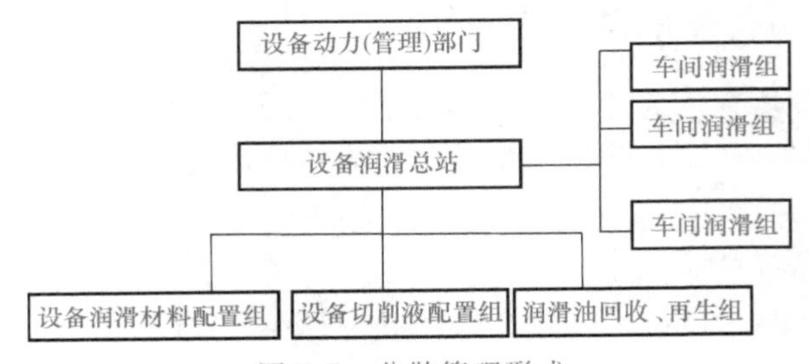

图7-5　分散管理形式

3. 润滑管理人员的配备

对于大中型企业，在设备动力部门要配备润滑材料的检测实验室和检测化验员、专职废油处理员、主管润滑工作的工程技术人员；小型企业应在设备动力部门内设专（兼）职润滑技术人员。设备润滑管理人员除应掌握正确选用润滑材料、操作一般油的分析和监测仪器、判定润滑材料质量的能力的技术知识外，还应有二级以上维修钳工的技能。

7.4.3　设备润滑管理制度

润滑油是设备的血液，失效就会导致所有的运动零件磨损、劣化、失效。润滑油决定着设备的寿命。正确合理地对设备进行润滑，需以国家技术监督局GB/T 13608—2009标准为执行依据。

对相对运动产生摩擦的组件及摩擦点的设备，推行合理的润滑技术，可以使设备在设计、制造和使用中降低消耗，减少磨损，延长维修周期和使用寿命，从而实现节能和提高经济效益的目标。

设备润滑的“五定”“四不放”“三过滤”制度就是为了让企业认真落实并执行科学化、规范化管理的设备润滑工作，使日常润滑技术管理工作简明易记。“五定”是指定点、定质、定量、定期、定人。“三过滤”是指润滑油入库过滤、发放过滤和加油过滤，它们都是为了减少油液中杂质的含量，防止尘屑等杂质随油进入设备而采取的净化措施。贯彻与实施设备润滑“五定”“三过滤”管理，是搞好设备润滑工作的重要保证。

1. “五定”具体内容

1）定点：确定每台设备的润滑部位和润滑点，保持其清洁与完好无损，实施定点给油。具体工作为：保养人员最好对设备的润滑部位和润滑点进行标识，参与润滑工作的操作人员、保养人员必须熟悉有关设备的润滑部位和润滑点，需按润滑部位和润滑点标识添加或更换润滑油。

2）定质：按照润滑图表规定的油脂牌号用油，润滑材料及掺配油品必须经检验合格；润滑装置和加油器具保持清洁。具体工作为：必须按照有关设备润滑卡片和图表规定的润滑油种类和牌号添加或更换润滑油；加换润滑油的器具必须清洁无污染；加油口、加油部位必须清洁无脏污，防止将污染物带入设备内部，从而污染设备内部被润滑部位，影响甚至破坏润滑效果。

3）定量：在保证良好润滑的基础上，实行日常耗油量定额和定量换油，做好废油回收退库工作，治理设备漏油现象，防止浪费。典型零件润滑油膜厚度见表7-4。

表7-4 典型零件润滑油膜厚度

典型零件	油膜厚度/μm	典型零件	油膜厚度/μm
齿轮	0.1~1	发动机滑动轴承	0.5~50
滚动轴承	0.1~3	其他滑动轴承	0.5~100

4）定期：按照润滑图表规定的周期加油、添油和清洗换油，对储油量大的油箱，应按规定时间进行抽样化验，视油质状况确定清洗换油、循环过滤及抽验周期。

5）定人：按润滑图表上的规定，明确操作工、维修工、润滑工对设备日常加油、添油和清洗换油的分工，各司其责，互相监督，并确定取样送检人员。

2. “三过滤”具体内容

1）入库过滤：油液经过输入库泵入油罐储存时，必须经过严格过滤。

2）发放过滤：油液注入润滑容器时要过滤。

3）加油过滤：油液加入设备储油部位时必须先过滤。

3. “四不放”具体内容

1）事故原因不清不放过。

2）责任不落实不放过。

3）改进措施不落实不放过。

4）责任人不处理不放过。

本章小结

设备润滑是指能减少摩擦面的摩擦和延缓磨损速度的一切措施。设备润滑是设备维护保养的重要内容，也是设备管理的重要组成部分。设备润滑工作是保证设备正常运转、减少零部件磨损、降低能耗、延长设备使用寿命的有效措施。

本章主要介绍了设备润滑的基本概念，常用的润滑装置，润滑材料的分类和选用方法，润滑材料的主要质量指标，设备的常用润滑方式和图表，设备润滑管理制度的基本内容。

7-1　什么是设备润滑？

7-2　润滑材料的主要质量指标有哪些？

7-3　应如何选择润滑材料？

7-4　常用的润滑装置有哪些？

7-5　设备润滑管理的主要任务有哪些？

7-6　设备润滑管理制度主要包含哪些方面的内容？

第8章 设备故障与维修管理

【学习目标】

1. 熟悉设备故障的典型模式和产生原因。
2. 熟悉设备事故管理的基本原则和要求。
3. 掌握减少和延迟设备故障的方法。
4. 熟悉设备维修管理的工作内容。

8.1 设备故障管理

8.1.1 设备故障模式

设备故障模式又称设备故障状态，是指不同故障主要表现出的物质异常症状特征，它只涉及机械零部件出现了材料性能、化学物理和机械运动等方面的故障表现特征，而不涉及故障发生的原因。以下为常见的设备故障模式。

1）材料性能方面的故障模式：断裂、开裂、裂纹、蠕变、击穿、过度弯曲变形和剥落等。

2）化学物理方面的故障模式：腐蚀、油质变质、蒸发、绝缘绝热性能差和导电导热性能差等。

3）机械运动故障的模式：异常振动、渗漏、堵塞、运转速度不稳、异响和制动装置不灵等。

4）其他综合的故障模式：如整机或子系统无法起动，功能异常，性能不稳定；设备润滑系统无法正常供油；机械零部件磨损严重，紧固装置松动和失调等。

企业类型不同、设备种类和运行环境不同，所出现的设备故障频率和复杂程度会有很大差异，一种故障模式也可能由多种不同的故障原因引起。对设备故障表现出的主要特征进行归类，即划分设备故障模式，有利于研究故障发生规律和采取防范措施，有利于更进一步分析和排除故障。

8.1.2 设备故障全过程管理

对设备的故障实行全过程管理能够为设备可靠性、故障机理和可维修性研究提供信息资料，能够保障设备改造和更新的质量，能够有效防范设备故障的重复发生和重大事故的出现，减少故障停机时间，从而降低企业经济损失。

设备故障全过程管理的内容包括：故障信息的收集、储存、统计、故障分析、计划处理、处理结果评价及信息反馈，如图8-1所示。

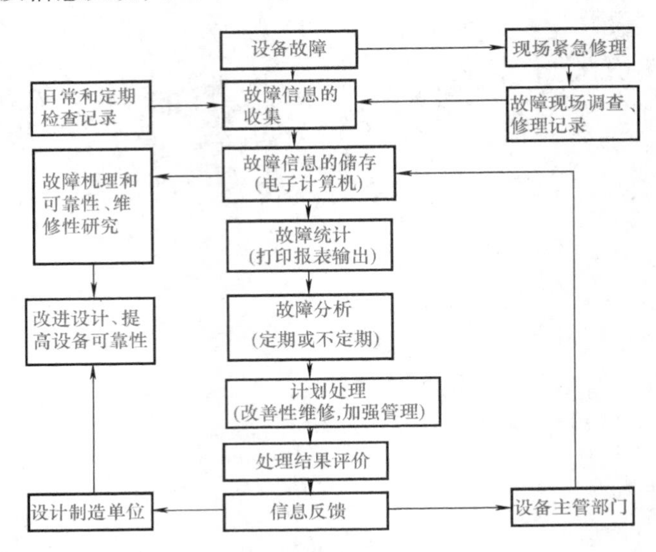

图8-1　设备故障全过程管理

1. 故障信息的收集

在设备出现故障时，应有专人负责收集故障信息，必须全面准确地记录从设备故障的发生、发展直到排除整个过程的全部信息。设备故障信息的主要内容应包括设备种类、编号、生产厂家、使用信息、出现故障地点、时间和现场描述、故障部位、故障模式、故障原因、测试数据、更换修复情况、故障排除时间、故障设备的原始资料等。

故障信息的收集途径及方法：当故障现象出现时，应立即停车、断电、观察、记录或用拍摄视频的形式真实可靠地记录故障现场信息。通过查看产品说明书、设备出厂检验报告、设备安装、调试记录数据，可收集到设备设计、制造质量、安装缺陷等所导致的故障信息。通过查看设备使用情况报告（运行日志）、故障修理单、定期润滑保养记录、状态监测和故障诊断记录、修理检验记录、故障专题分析报告，可收集到操作失误，过载使用，长期失修或修理质量不高、润滑不良等人为原因所导致的故障信息。

影响信息收集准确性的因素有很多，但最关键的因素是管理因素和人员因素。操作人员、维修人员、计算机操作人员和故障管理人员的技术水平、业务能力、工作态度等都将直接影响故障统计的准确性。

2. 故障信息的储存

收集到的故障信息应按规定填入相应表格或以指定形式存储到计算机系统，但是大量信息完全由人工填写、计算、分析、整理，不仅劳动强度大、工作效率低，而且易出错误。因此，使用计算机辅助系统进行设备故障管理和信息存储，已成为不可缺少的手段。该计算机辅助系统应包括设备故障信息输入功能、查询、显示模块，设备故障统计、分析、打印模块。依据计算机辅助系统所设置的权限，能够随时查询、统计和打印整个企业或各车间（按月、季、年）的故障总次数、故障设备名称、停机总时间、典型设备的平均无故障工作时间（MTBF）和平均修理时间（MTTR）。

3. 故障分析

从故障现象入手，分析各种故障产生的原因和机理，找出故障随时间变化的宏观规律，判断故障对设备的影响，研究对故障的预测、预知，从而控制和消灭故障。

（1）故障频率和故障强度分析　一般用于车间之间、同类工厂之间的互相比较分析，也可用于某一台设备不同时间的比较分析。它只反映故障次数，不反映故障停机时间的长短和费用损失的程度。

$$故障频率 = \frac{同期设备故障停机台数}{设备实际运转台数} \times 100\%$$

$$故障强度率 = \frac{同期设备故障停机小时}{设备实际运转台时} \times 100\%$$

（2）常见故障原因分析

1）设计原因。如设计结构、尺寸和配合等不合理。

2）制造问题。如制造的机械加工、标准元器件、铸锻件和热处理等存在问题。

3）润滑保养不良。如未按时润滑或更换油品、所选油品种类及牌号不符合要求、润滑油品质量不达标和自动润滑系统工作不正常等。

4）操作使用不当。如被加工工件超重、超量程、设备长时间超负荷运行、操作人员技术不熟练、疏忽大意和违章操作等。

5）正常磨损和劣化。如零部件磨损、绝缘性能变差和线路老化等。

6）维修效果问题。如维修技术不合格、备件质量差、局部改进不合理和装配不合格等。

7）不可抗拒原因。如山洪、地震和塌方等自然灾害。

（3）鱼骨图故障原因分析法　将一个时期内企业或者车间所发生的故障情况按故障频率、造成停机时间、维修费用的记录数据进行排列，统计找出数值排前几类的故障，再针对主要故障问题分层和因果分析，以查找出主要原因；然后有针对性地采取措施，重点改进管理，以求得较好的经济效果。

如图8-2所示，齿轮损坏的主要原因是机床的结构不合理，无制动装置，加上操作工人不了解机床的结构，在生产紧张时采取开倒车的方法进行紧急停车，使齿轮损坏。

（4）平均故障间隔和修复时间的分析方法　通过计算多台设备的平均故障间隔时间和平均故障修复时间，可以了解该类设备发生故障的规律，分析设备的可靠性和可维修性，科学地估算出设备进入劣化的时间，从而确定出较为合理的预防维修周期。

（5）故障树分析法　故障树分析法是一种查找故障原因的基本方法，是一个特定的系统故障模式与所属部件故障关系的事件逻辑图，即描述故障结果与原因关系的逻辑图，现已用于查找复杂设备的故障原因。

4. 故障处理

1）重复性故障：采取项目修理、改装或改造的方法，改善整机性能。

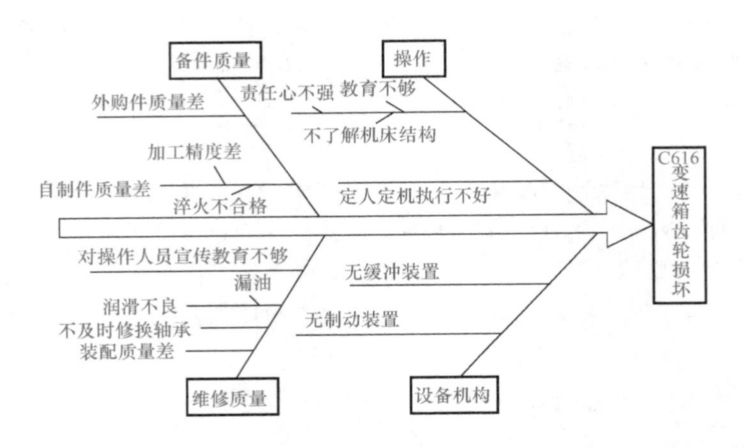

图 8-2　齿轮损坏故障分析因果图

2）多发性故障：视故障严重程度，采取大修、更新或报废的方法。

3）设计制造安装质量不高、先天不足的设备：采取技术改造或更换元器件的方法。

4）操作失误，维护不良引起的故障：应加强对操作人员的培训。

5）修理质量不好引起的故障：加强对维修人员的技术培训。

8.1.3　设备事故的管理

1. 设备事故的定义和分类

企业生产设备因非正常原因损坏而造成效能降低或停产，设备停机时间和经济损失超过规定范围就称为设备事故。

由于企业性质和设备特点不同，设备事故的分类方法也不唯一。通常按设备事故的严重程度可分为三类：一般事故、重大事故和特大事故。按照设备事故的性质可以分为：人为原因造成的责任事故，因设备设计、制造、维修、质量和安装不当等原因造成的质量事故，因山洪、雷电、地震等造成的自然事故。

2. 设备事故的调查分析及处理

当企业发生设备事故时，必须立即采取措施防止事故扩大，保护事故现场，查清事故原因，按规定呈报上级，并追查事故责任。设备事故调查、分析和处理必须严格按照国家相关规定执行。

一般事故发生后，设备操作或维护人员应立即切断电源，防止事故扩大，保护事故现场，报告设备管理部门负责人，同时由设备管理部门组织相关人员进行调查、分析和处理。重大事故发生后，应由企业主要负责人组织企业内部设备部门、安防部门和事故车间等负责人共同调查、分析事故原因，并研究制订和执行针对性的抢修措施，最大限度地降低企业经济损失。特大事故发生后，除了企业内部做出设备事故处理外，还应呈报上级行政主管部门。

为了防止类似事故再次发生，事故处理是否到位必须满足三大原则：必须彻底查清事故原因；必须让事故责任者及群众受到教育，根据事故责任和情节的轻重，对相关领导和责任人进行责罚，触犯刑法者要依法处置；必须采取强有力的防范措施。

8.2 设备维修管理

8.2.1 设备维修管理概述

1. 故障的概念

故障是指设备在使用中因某种原因丧失了规定的功能或降低了规定的功能。这里主要指能够修复的功能故障。设备故障会给企业带来巨大的经济损失或造成严重的事故危害，因此，加强和做好设备故障管理具有十分重要的意义。

2. 全面故障管理

全面故障管理包括故障预防管理和故障管理两个部分。故障预防管理是全面故障管理的核心和方向，它有利于实施设备的状态检测维修。故障管理也是全面故障管理的重要组成部分，它为开展故障机理研究、避免重复性故障的发生，开展可靠性研究等提供了信息和数据，也为提高设备的开动率提供了依据。

8.2.2 设备维修方式

设备维修方式是指维修时机的选择，即采用不同的维修方式来实现对设备维修的控制。选择不同的维修方式，企业的维修成本和总效益会有明显差异。

1. 维修方式分类

目前公认的基本维修方式有事后维修、定期维修、状态维修、机会维修和改善性维修。

（1）事后维修　是指无需任何计划，在设备出现故障或性能、精度下降到合格水平以下时进行的维修，是一种消极落后的维修方式。由于设备故障出现的随机性，事后维修缺乏事先安排，扰乱生产计划，易造成长时间停机、高成本维修和重大经济损失，因此这种维修方式不能满足现代企业的设备维修需求，尤其是对生产连续性要求很高企业的重要复杂设备。

（2）定期维修　又称计划维修，是在设备出现故障以前，根据设备故障记录、失效规律、统计数据和经验，事先确定设备的维修周期、维修类别、维修内容和维修工作量的预防性维修。采用这种维修方式可以事先按计划安排维修人员、备件和工具等，有计划地利用生产间隙排除故障隐患，维修或更换即将失效的零部件。但是这种维修方式往往不会考虑单一设备的实际技术状况，易出现维修不足或维修过剩的情况，不适合故障无时间规律的复杂设备的维修。

（3）状态维修　又称视情维修，是指在设备出现了明显的劣化后实施的维修。设备状态的劣化程度是由被监测的机器状态参数变化、校核和发展趋势反映出来的。状态维修以设备状态监测和技术诊断为基础，维修作业一般没有固定周期，而是按实际需要进行的预防维修方式。即在设备日常检查、维护和使用情况的统计分析或设备监测过程中实际状态参数异常并发出警报时，维修人员就可高度预知设备零部件的恶化程度、发展趋势、即将发生故障部位和维修类别，从而确定最佳维修时间，排除隐患性故障。其针对性非常强，能够充分发挥和延长零件的最长使用寿命，减少维修费用。

（4）机会维修　是指在部分设备进行状态维修或定期维修的时期，另外一些设备也可获得机会进行维修。把握好机会维修，也可降低企业的维修费用。

（5）改善性维修　又称改进维修，是一种以状态维修为基础的预防维修方式。它根据设备状态监测和故障记录的信息资料，在修复故障时也对设备性能和局部结构加以改进设计，旨在克服设备的先天缺陷，从根本上减少故障率和过多的维修费用。

2. 设备维修方式的选择

设备维修方式的选择，主要依据企业的性质、设备的状况和维修总费用。通常在不考虑状态监测费用投入的情况下，状态维修优于事后维修和定期维修，但是以状态为基础的维修必须采用先进的状态监测仪器和手段，否则将不能及时、准确地进行诊断和报警，无法达到状态维修的效果。具体的设备维修方式的选择方法如图 8-3 所示。

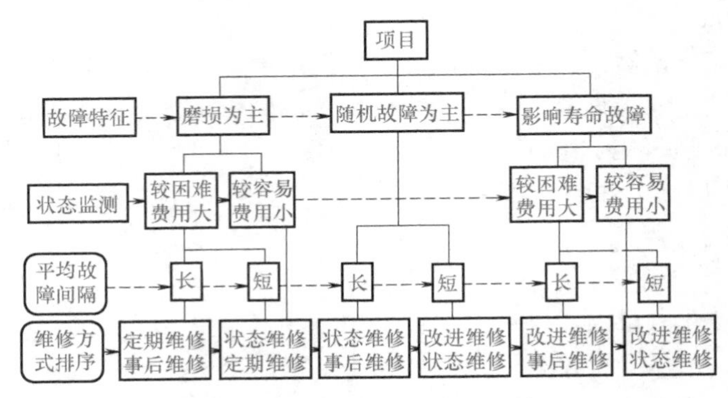

图 8-3　设备维修方式的选择

对于主要故障为磨损的设备，若平均故障间隔时间较长，状态监测执行较难或监测费用超高时，宜首选定期维修的方式，其次选事后维修。若平均故障间隔时间短，状态监测费用低、易执行时，则宜首选状态维修方式，其次选定期维修。

对于主要故障为随机故障的设备，若是平均故障间隔时间较长，且维修费用较低，宜首选状态维修，其次选事后维修。随机故障频发且维修费用过多的设备，则应首选改善性维修方式，通过改进设计，从根本上消除故障，其次选状态维修和事后维修。

对于生产连续性要求高、资金密集型或采用大量先进复杂精密设备的产业，如纺织、电力、化工等产业，先进监测仪器和手段的投入费用会远远小于随机故障带来的巨大经济损失，则宜选用状态维修或改善性维修。但对于生产连续性要求低、故障停机影响小或非流程化性质的产业，则可依据设备故障模式、零件特点、对设备的综合评价和维修费用等对设备进行分类，在保证生产的前提下，灵活地选择事后、定期或低水平的状态维修。

8.2.3　设备维修计划的制订与实施

设备维修计划是企业设备管理部门组织设备修理工作的指导性文件，也是生产经营计划的重要组成部分。因此，企业设备管理部门要切合自身的实际制订设备维修计划并组织实施。

设备维修计划的编制和实施要依据国家针对与生命安全、财产、环保等密切相关的设备而颁布的系列安全监察制度和法规章程，设备制造商提供的检（维）修规程和维修手册，企业自身生产计划、设备实际技术状况、运行周期、整个企业设备的普查资料，以及在日常使用、维护、维修历史记录、监测等过程中发现的故障和问题等加以综合平衡，应在保证维修质量的前提下，尽量缩短维修时间、降低维修费用。设备技术状况普查表见表 8-1。

表 8-1 设备技术状况普查表

设备编号		设备名称		型号规格		投产日期	
制造商名称		出厂日期		出厂编号		复杂系数	
使用单位		上次修理日期类别			使用情况		
设备现状及存在的异常问题							

主要精度鉴定情况				
序号	检验项目名称	标准精度	实测精度	备注
设备现状				
存在的主要异常问题				
使用单位意见		设备动力(管理)部门意见		

设备维修计划的主要内容应包括设备的名称、类别、数量、维修日期、停机时间、维修使用材料、维修工具、维修负责人、工作量和预算维修费等。设备维修计划按维修类别的不同可分为大修计划、项修计划和小修计划；按时间进度分类可分为年度维修计划、季度维修计划和月维修计划。

1. 设备维修计划的编制与实施

（1）年度设备维修计划的编制与实施　为了保证维修前有充裕的技术和物资准备时间，年度设备维修计划最迟应在年前两个月编制完成。一般只是对维修设备的名称、数量、类别和维修时间做总体安排，是编制企业维修计划的重点，要准确、经济、合理地做好准备工作，与生产部门协调好维修时间，若发生变更，需提前三个月提出申请并报送主管领导审批，以确保精心组织维修力量和技术准备。年度设备维修计划应包括年度项修计划、小修计划和年度大修计划。

1）年度大修计划见表 8-2，主要是针对大型、精密、稀有设备的全局或局部大修，通过全面检修，恢复其精度和性能，维修工作量特别大。设备维修管理部门应根据整个企业设备的普查资料和对各车间提出的大修计划申请的详细技术鉴定结果，以及上述各项编制依据加以综合平衡，拟订年度大修计划草案。

2）各生产车间根据设备普查资料、设备实际状况和维修间隔时间等，提出年度项修、小修计划项目和设备停机时间，并报设备维修管理部门研究讨论，共同编制计划草案。其中，项修也称中修，是以状态维修为基础，对设备劣化所进行的局部修理，修理针对性极强；而小修是针对修理内容进行分解和检查修理，其修理范围和修理工作量都较小。

表 8-2 年度大修计划

序号	设备编号	设备名称	复杂系数	型号规格	所在车间	修理计划（月）												计划停机时间	实际停机时间	备注
						1	2	3	4	5	6	7	8	9	10	11	12			

3）当年度大修、项修和小修计划草案拟订后，可分发各车间进行讨论，并征集反馈意见。各车间应根据下年度的生产计划、工艺要求、停机时间等实际问题，对草案提出进一步修改意见。

4）设备维修管理部门根据多方征集的反馈意见，编制正式的年度大修计划、年度项修和小修计划，然后报企业设备主管领导（副厂长或总工程师）审批核准，年度大修计划还应转报上级备案，最后下达到财务、生产和计划等职能部门，以及各车间维修组。

（2）季度设备维修计划的编制与实施　季度设备维修计划见表 8-3，是将年度计划分解为大修、项修、技改、小修，再结合设备的实际技术情况和使用情况、维修前物资和技术准备情况以及临时性维修任务等进行编制和实施的计划，常以表格的形式呈现，于季前下达到各车间，若发生变更，需提前一个月提出申请。

表 8-3 季度设备维修计划

序号	文件编号	设备编号	设备名称	复杂系数	型号规格	设备类型	修理类别	主要修理项目内容	定额修理时间/h				停修天数	修理日期				送修企业	承修企业	备注
									机加工	钳工	电工	其他		开工		竣工				
														月	日	月	日			

（3）月度设备维修计划的编制与实施　月度设备维修计划见表 8-4，是对年度和季度计划进行分解并具体执行的维修作业计划，于月前提出并报送主管领导审批，若发生变更，需提前十天提出申请。月度维修计划是检查和考核维修工作的主要依据。

2. 设备维修计划编制与实施的注意事项

1）影响产品关键工序和质量的大型、精密、稀有设备，应重点安排，并考虑维修时的特殊要求。

2）同类型设备尽可能安排在一起维修。

表 8-4　月度设备维修计划

序号	文件编号	设备编号	设备名称	复杂系数		型号规格	设备类型	修理类别	主要修理项目内容	定额修理时间/h				停修天数	维修进度								本月实际完成任务（%）	送修企业	承修企业	备注
										机加工	钳工	电工	其他		1	2	3	4	……	29	30	31				

3）单一关键设备应尽可能安排在生产淡季或节假日抢修，以缩短停机时间。

4）应做好维修前生产技术准备工作（如关键备件的制造和外购，维修工具、夹具和图样准备等）。

5）必须根据连续性生产设备（如热力、动力设备）的特点适当安排维修，使设备维修与生产任务紧密结合。

6）需考虑到全年维修工作量分配，使维修工作稳步进行。年末最后一季度维修的工作量应适当减少，以为下年度安排做准备。

7）查看设备大修历史资料，某些零部件已劣化，但因未达到使用极限未更换，或修复、维修时采用了代用件的，需列入维修计划，加强检查和维护或缩短维修周期，以便发现和及时处理故障。同时，设备的技术改造和更新项目应列入大修计划，以便利用大修较长的停机时间。

本章小结

设备故障是指设备在使用中因某种原因丧失了规定的功能或降低了规定的功能，本章主要指能够修复的功能故障。设备故障管理发展经历了三个阶段，第一阶段主要研究机械磨损，第二阶段主要研究故障产生的原因，第三阶段主要研究故障发生的规律及防范措施，尤其是大型、精密、稀有设备可能出现的故障与使用年限之间的关系问题。

本章介绍了设备故障的模式，设备故障全过程管理的内容和意义；故障信息的内容和收集途径；设备事故的概念及调查、分析处理方法；设备维修计划的制订和实施的主要内容。

8-1　什么是设备故障？设备故障模式有哪些？

8-2 实行设备故障的全过程管理有何意义？

8-3 故障信息主要包括哪些内容？应采用怎样的途径及方法去收集设备的故障信息？

8-4 什么是设备事故？应如何调查、分析及处理设备事故？

8-5 何谓设备的故障频率和故障强度？分别如何进行计算？

8-6 设备维修计划的制订与实施有哪些注意事项？

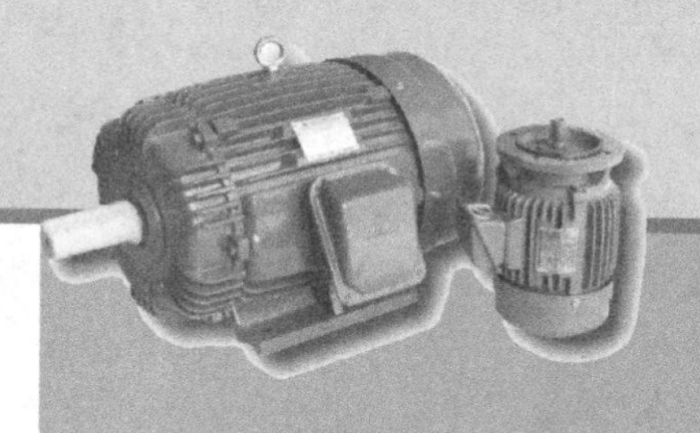

第9章 设备的备件管理

【学习目标】

1. 了解设备备件管理的基本目的和任务。
2. 了解设备备件技术管理的内容及方法。
3. 了解设备备件的计划管理与经济管理。
4. 掌握备件入库、发放、注销和报废处理的方法。
5. 熟悉备件 ABC 管理法。

9.1 概述

设备备件管理的目的是既要保证设备检修的需求，保质、保量、保时间供应，又不应积压浪费。这就要求设备管理工作者认真细致地积累有关数据与经验，并应用技术经济基础分析的有关理论知识，找出相应规律，切实做好备件的技术管理、计划管理、经济管理和备件库管理。

1. 备件的定义

所谓备件，是指根据设备的磨损规律和零件寿命，事先按一定数量采购、加工和储备的易损零部件。在设备维修过程中，使用这些备件可以在一定程度上缩短维修工期。

2. 备件的分类

1）按零件来源可分为由企业内部设计、测绘、制造的自制备件和对外订货采购的外购备件。

2）按零件使用特性可分为经常储备和使用、单价较低、对设备停工造成损失大的常用备件和不经常使用、单价高、对设备停工造成损失小的非常用备件。

3）按备件制造复杂程度和精度高低可分为制造复杂程度高、精度高、在设备中起核心作用的关键件和除关键件以外的一般件。

3. 备件管理的主要任务

1）能及时提供合格的备件，重点做好关键设备维修所需的备件供应工作。

2）做好备件使用情况的信息收集和反馈工作，确定备件的合理储备定额。

3）在保证备件供应的前提下，尽可能减少备件的资金占用量。

9.2 备件的技术管理

备件的技术管理也称备件的定额管理，主要包括备件图样的收集、测绘、管理；备件图册的编制，各类备件统计卡片和储备定额等基础资料的设计、编制及备件卡片的编制等工作。通过技术管理资料，备件技术人员可以掌握本企业各类设备的结构特点、使用频率、维修保养水平和备件的自制加工能力等，逐步摸清企业各类设备的磨损和消耗规律以及备件需求规律，预测备件耗量，确定较为合理的备件储备定额、储备形式，为备件的生产、采购和库存提供科学、合理的依据。备件技术管理工作的重点是制定合理的备件储备定额。

1. 常用的备件统计表

(1) 备件消耗情况月报表　将备件的月消耗量以表格的形式报给备件技术员，供其了解消耗情况及作为修改备件定额的依据。备件消耗情况月报表见表9-1。

表9-1　备件消耗情况月报表

序号	备件名称	设备型号名称	图号或规格	消耗数量					备注
				日常维护	大修	项修	事故	合计	

制表人　　　　　　　　　　　　　　　　　　年　月　日

(2) 备件入库单（见表9-2）

表9-2　备件入库单

备件编号：　　　　　　　　　　　　　　　　年　月　日

<table>
<tr><td colspan="2">工作号发票/合同号</td><td colspan="3"></td><td colspan="5">备件来源</td></tr>
<tr><td colspan="2">设备名称/型号</td><td colspan="2">备件名称</td><td>图号或规格</td><td>单位</td><td>数量</td><td>单价</td><td>总价</td><td>质量情况</td></tr>
<tr><td colspan="2"></td><td colspan="2"></td><td></td><td></td><td></td><td></td><td></td><td></td></tr>
<tr><td colspan="5">实际价格</td><td colspan="4">计划价格</td><td>备注</td></tr>
<tr><td>发票价格</td><td colspan="2">运杂费</td><td colspan="2">总金额</td><td colspan="2">单价</td><td colspan="2">总价</td><td></td></tr>
<tr><td></td><td colspan="2"></td><td colspan="2"></td><td colspan="2"></td><td colspan="2"></td><td></td></tr>
</table>

财务审核：　　　交库人：　　　仓库保管：

注意：备件入库单必须由交货人填写，入库备件必须附有质量合格证。

(3) 备件订货表　将消耗到订货点的各种备件以表格形式报给备件技术员，以确定下月备件自制或外购计划。备件订货表见表9-3。

表9-3　备件订货表

序号	备件名称	图号或规格	现有库存量	储备定额		申请量	要求到货期	备注
				最小	最大			

制表人　　　　　　　　　　　　　　　　　　年　月　日

(4) 呆滞备件表　将储存一年以上，尚未动用及超过最大储备量的备件以表格形式报给备件技术员，以便进行调剂和处理。呆滞备件表见表9-4。

表9-4 呆滞备件表

序号	备件名称	图号或规格	库存量	金额/元	最大储备量	设备名称型号	上次动用时间	呆滞原因分析	处理意见	备注

制表人　　　　年　月　日

2. 备件的储备定额

备件储备定额，从狭义上讲，是指备件库存管理卡中所列的各类备件的储备量定额；从广义上讲，是指企业为保证生产和设备维修，按照经济合理的原则，在收集各类基础资料并经过计算和进行实际统计的基础上所制定的备件储备数量、库存资金和储备时间等标准限额。

备件的储备定额三原则如下：

1）备件储备品种取决于备件寿命，每个品种备件的储备数量取决于备件耗量、企业维修能力和该品种备件的供应周期。

2）合理储备定额应具有应付突发故障和随机故障情况的能力，即在正常耗量的基础上，还要增加合理的冗余储备数量。

3）满足维修需要，不超量储备，以免积压资金。

备件储备品种确定以后，储备数量的多少是备件储备资金计算的关键。备件的月平均消耗量 M 可按下式计算

$$M=\frac{NP}{T_{\min}} \tag{9-1}$$

式中　$T_{\min}$——备件在设备中的使用期限；

N——备件在同台设备中的使用数量；

P——同类型设备拥有台套数。

为了保证在订货期（或制造期）供给备件的需要量，需要计算备件的最低储备定额 $C_{\min}$。它与备件制造质量和维护保养水平的系数 ξ 和备件请购、供货周期或加工制造周期（单位：月）T 等因素有关，可按下式计算

$$C_{\min}=\xi TM=\frac{\xi TNP}{T_{\min}} \tag{9-2}$$

当备件的最低储备定额的计算值不大于0.75时，说明该种零件消耗、加工等条件随时可以满足需要，可以不做备件储备。但是，如果企业拥有同类设备台数多，在生产中不允许停歇时间过长，并且成批制造该种零件又比较经济合理，那么制造一批该零件作为备件储备仍是可行的。

备件的最高储备定额应按订货（或制造）周期与批量确定，计算公式为

$$C_{\max}=\xi ZM=\frac{\xi ZNP}{T_{\min}} \tag{9-3}$$

式中　$C_{\max}$——备件的最高储备定额；

Z——备件最经济的加工循环期。

9.3 备件的计划管理与经济管理

9.3.1 备件的计划管理

备件的计划管理是备件管理工作的核心，是指由提出订购和制造计划开始、直至备件入库为止这一段时期的工作，重点是依据备件储备定额做好订购、制造计划的编制工作，它是组织备件申请订货、采购和制造的主要依据。

1. 备件计划的分类

（1）按备件来源分类　可分为外购备件计划和外协、自制备件生产计划。

（2）按备件计划时间分类　可分为年度备件计划、季度备件计划和月备件计划。

2. 备件计划的编制

编制备件计划应依据企业的年度生产计划及机修车间、备件生产车间的生产能力、备件供应情况；各类备件卡片、各类备件统计汇总表、年度备件计划、季度备件计划、月备件计划、分厂（或生产车间）机械员提出的日常维修备件申请量表、设备开机时间和备件历史消耗记录等来进行制订。

9.3.2 备件的经济管理

1. 备件储备资金

备件储备资金是指企业用于购置备件、储存备件、管理备件及其他相关工作的资金总称，属于企业的流动资金。核定企业备件储备资金定额的方法一般有以下几种。

（1）按备件库存管理卡上规定的储备定额核算　该方法的合理程度与备件库存管理卡的准确程度密切相关，缺乏本行业企业间的可比性。

（2）按照设备原购置总价值的5%～15%估算　该方法计算简单，通过设备固定资产原值就可以估算出备件储备资金，也便于企业间比较。其中，设备和备件储备品种较多的大中型企业可取下限，设备和备件储备品种较少的小型企业可取上限。但是该核算指标偏于笼统，不能清晰地反映企业设备的运转和维修状况。

（3）依据本企业典型设备进行估算　该方法准确性差，仅适用于设备和备件储备品种较少的小型企业，并且需要在实际中逐步修订完善。

（4）根据历年统计的备件消耗金额估算　结合历年（特别是上年度）的备件消耗金额及本年度的设备维修计划，核算本年度的备件储备资金定额。

（5）按资金周转期进行核算　用本年度的备件消耗金额乘以备件资金预计的资金周期（年），再乘以修正系数来核算下年度的备件储备金额。通常，修正系数为下年度预计修理工作量与本年度实际修理工作量的比值。

2. 备件经济管理考核指标

（1）备件储备资金定额　它是考核期内所有备件的平均储备资金总额，也即企业财务部门给设备管理部门规定的备件库存资金限额。它与备件 i 的单价 X_i、备件品种数量 n、备件的最低储备定额 C_{min} 和最高储备定额 C_{max} 等有关，其计算公式为

$$备件储备资金定额 = \sum_{i=1}^{n} \frac{1}{2}(C_{max} + C_{min})X_i \tag{9-4}$$

（2）备件资金周转期　备件资金周转期一般为一年半左右。减少备件资金的占用和加速周转具有很大的经济意义，也是反映企业备件管理水平的重要经济指标，应不断压缩周转期时间。其计算公式为

$$备件资金周转期（年）= \frac{年均备件库存资金}{年消耗备件资金}$$

（3）备件资金占用率　它用来衡量条件储备占用资金的合理程度，以便控制备件储备的资金和资金占用量。其计算公式为

$$备件资金占用率 = \frac{备件储备资金总额}{设备原购置总值} \times 100\% \tag{9-5}$$

$$备件资金重置资产占用率 = \frac{备件平均储备资金}{重置设备资产价值} \times 100\% \tag{9-6}$$

（4）备件资金周转率　它是用来衡量库存备件占用的资金比率，实际上满足设备维修需要的效率。其计算公式为

$$备件资金周转率 = \frac{年消耗备件资金总额}{年均备件库存资金} \times 100\% \tag{9-7}$$

9.4　备件库管理与备件 ABC 分类管理法

9.4.1　备件库管理

备件库管理是指将备件验收入库、及时正确发放和随时保持仓库干净整洁，保证备件有序存取及安全运作，保证科学高效地工作。它是一项复杂而细致的工作，是备件管理工作的关键，也直接影响企业的维修成本。

1. 备件库的要求

不同企业的备件库面积应根据企业规模、设备的数量、备件范围的划分、品种的数量及管理形式自定。备件库应保持清洁、干燥、通风、明亮、无腐蚀性气体，有防火、防汛、防盗设施等；除应配备办公桌、资料柜、货架、吊架外，还应配备简单的检验工具、拆箱工具、去污防锈材料和涂油设施、手推车等运输工具。

2. 备件的储备形式

根据在修理过程中备件在设备结构中的使用条件、修理工艺要求和装配特性等，备件的储备形式可分为以下几种。

（1）毛坯储备　对于那些必须在维修过程中才能按照配合件的修理尺寸来确定加工尺寸且机械加工工作量又不大的备件，如带轮、曲轴、开合螺母、铸铁拨叉等，适合于按毛坯形式储备。毛坯储备方式可以省去设备维修过程中等待准备毛坯的时间。

（2）半成品储备　对于那些为了在维修时进行尺寸链补偿，必须留有一定加工余量的备件，如箱体主轴孔、大型轴类零件的轴颈、轴瓦、轴套等，则适合于粗加工后作为半成品储备。半成品储备方式既可以预先检查毛坯的质量问题，也可以缩短维修过程中加工备件的时间。

(3) 成品储备　在设备维修前期，对于已经定型的备件，如摩擦片、花键轴、齿轮等，适合于制成（或外购）成品储备；对于那些配合件，如活塞、缸体等，也可按尺寸分成若干配合等级制成成品进行储备；对于那些流水生产线中的设备或关键设备上的主要部件，如液压泵、液压操纵板、减速器、高速磨头、金刚刀镗刀、铣床电磁离合器等，具有制造工艺复杂、技术条件要求高和通用的标准化等特点的部件，则适合于采用成品储备方式。成品储备方式可以保证设备快速修理，缩短维修工期。同时，一定要注意平衡停机损失和成品储备数量之间的关系是否达到最优，否则易造成库存积压严重、资金浪费现象。

(4) 成对（套）储备　对于配合精度要求高，必须成对（套）制造和成对（套）更换的备件，如高精度的丝杠副、高速齿轮副、蜗杆副、弧齿锥齿轮等，则适合于采用成对（套）保存储备。成对（套）储备方式有利于保证维修后机械设备的配合精度和传动精度。

3. 备件库管理的内容

(1) 备件入库　备件入库前，库管员必须逐步进行核对与验收，方可办理入库手续。检查核对内容和具体要求如下：检查核对申请计划，确认已被列入备件计划的备件才能进行第二步工作，否则属于计划外的备件，需经备件管理责任部门和相关负责人批准方可入库；检查核对入库备件是否符合备件申请计划和生产计划规定的品种、数量、规格并有合格证明，只有均符合时才能做第三步工作；由入库人填写入库单并附有对应的质量合格证，库管员必须查看物品、质量、数量是否与入库单一致；库管员将相应备件及时登记上账，并分类储备。

(2) 备件入库后的工作　入库备件应由库管员按备件用途、设备属性、型号，挂上标签分类存放；做到涂油防锈、不丢失、不损坏、不变形、不变质、定期检查，要做好梅雨季节的防潮工作，防止备件生锈；账目清楚，账、卡、物三者相符；入库登账、出库记账、每月结账、定期盘点，随时向有关人员反映备件动态；备件码放整齐，做到“两齐”（库容库貌整齐，账册及卡、牌整齐）、“三清”（规格清、数量清、材质清）、“三一致”（账、卡、物一致）、“四号定位”（区号、架号、层号、件号定位）、“五五码放”（按五件一组码放整齐）。

(3) 备件发放工作　备件发放需凭备件领用单，一律实行以旧换新的制度。备件发放后要及时登记和消账减卡，并办理相关财务手续。支援外厂的备件必须经过设备管理负责人批准后方可办理出库手续。

(4) 备件注销和报废处理　凡是本企业不再需要的备件，应呈报有关部门后及时销售和处理，做到尽可能回收资金，不随意浪费；凡是经本企业组织鉴定无修复价值的备件废品，备件管理员要查明报废原因，若因保管不当造成，则需提出处理意见和防范措施，以防同类事件发生，并呈报有关部门批准后报废。

9.4.2　备件 ABC 分类管理法

备件 ABC 分类管理法是指根据备件品种规格多、占用资金多和各类备件库存时间、价格差异等因素，采用 ABC 分类管理的原则，对品种繁多的备件进行分类，实行资金的重点管理的库存管理办法。

通常按照备件的品种数量和占用资金比重将备件分成 A、B、C 三类，各类备件所占的

品种数及库存资金比重见表9-5。

表9-5　备件的ABC分类参考表

备件分类	品种数占库存品种总数的比重	占用资金占总库存资金的比重
A	约10%	50%～70%
B	约30%	20%～30%
C	约60%	10%～20%
合计	100%	100%

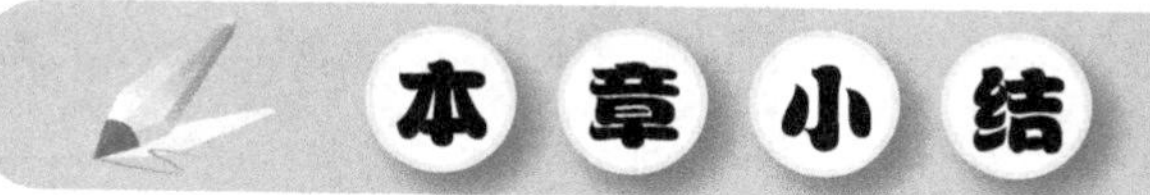

本章小结

设备备件管理的目的是既要保证设备检修的需求，保质、保量、保时间供应，又不应积压浪费。这就要求设备管理工作者认真细致地积累有关数据与经验，并应用技术经济基础分析的有关理论知识，找出相应规律，切实做好备件的技术管理、计划管理、经济管理和备件库管理。

本章主要介绍了设备备件管理的基本目的和任务；设备备件技术管理的内容及方法；设备备件计划管理与经济管理；备件入库、发放、注销和报废处理的方法，备件保管工作的要求；备件ABC分类管理法的内容和分类标准。

思考题与习题

9-1　备件管理工作的主要任务有哪些？

9-2　何谓备件的技术管理？备件技术管理包括哪些内容？

9-3　什么是备件的计划管理？

9-4　备件发放应做好哪些具体工作？

9-5　备件的保管工作有哪些要求？

9-6　何谓备件库存的ABC分类管理法？其分类标准是什么？

第10章 设备的更新和技术改造

【学习目标】

1. 了解设备更新方式和更新的基本原则。
2. 了解设备更新规划的编制方法。
3. 掌握设备技术改造的基本原则及程序。
4. 了解设备的更新和技术改造的意义。

10.1 设备的更新

10.1.1 概述

设备的更新是指采用技术性能优良且经济效益更新明显的新设备替代技术性能落后的、经济上不宜继续使用的原有设备。进行设备更新是为了适应新的生产加工方法和生产技术，对提高企业生产技术水平的发展和企业经济效益有重大作用。从广义上讲，补偿因磨损而消耗的机械设备，就称为设备更新，包括总体更新和局部更新，含设备大修、设备更新和设备技术改造。

根据目的不同，设备更新一般可分为原型更新和技术更新两种方式。

原型更新也称为简单更新，是指采用结构相同的新设备替换原来已有的严重磨损的陈旧机器设备，该设备已经在物理上不宜继续使用。原型更新主要解决原有设备的有形磨损问题，不能提高设备自身的技术水平。故原型更新只适用于原有设备磨损严重且又没有合适新型设备能替代的情况。

技术更新是以结构更先进、技术更完善、生产率更高、性能更好、在能源和原材料消耗上更经济的新型设备来代替那些技术陈旧、经济上不宜继续使用的设备。技术更新不但可以完全补偿设备的有形磨损，而且还能够补偿设备的无形磨损，提高企业的技术进步。因此，在经济性合理的前提下，企业应尽量采用技术更新。

10.1.2 设备寿命

设备寿命是指设备从投入生产开始，经过有形磨损和无形磨损，直至在技术上或经济上不宜继续使用，需要进行更新所经历的时间。工程运用中设备寿命有四种，即设备物质寿命、设备技术寿命、设备经济寿命和设备折旧寿命。

1. 设备物质寿命

设备物质寿命又称为设备的自然寿命，即设备从投入使用到不能修理、修复而报废为止所经历的时间。影响设备物质寿命的因素很多，主要是设备的结构及工艺性、加工对象、生产类型、维修质量等。做好机器设备维护修理工作，能延长其物质寿命；但随着机器设备使用时间的延长，所支出的维修费用也日益增多。

2. 设备技术寿命

设备技术寿命即机器设备从开始使用到因技术落后而被淘汰所经历的时间。它是由于科学技术发展而形成的。当在技术上和经济上更先进、更合理的同类设备出现时，现有设备往往在物质寿命尚未结束之前而被淘汰。随着科学技术的飞速发展及竞争的日益激烈，技术寿命越来越短。

3. 设备经济寿命

设备经济寿命即设备从投入使用到因不能继续使用而提前更新所经历的时间。它是根据机器设备使用费用（即维持费用）决定的寿命。随着机器设备使用时间的增长，所支出的维修费用也日益增多，依靠高额的维修费来延长设备使用时间是有限度的，超过设备的经济寿命而继续使用，在经济上得不偿失。

4. 设备折旧寿命

设备折旧寿命又称会计寿命，是指计算设备折旧的时间长度。

10.1.3 设备更新的基本原则

设备损耗严重，大修后性能、精度不能满足生产工艺要求，设备磨损虽在允许范围内，但技术已陈旧落后，技术经济效果很差，设备服役龄长或超期服役，在物质、经济、技术寿命中有一项寿命已到期，就应进行设备更新。设备更新必须遵循以下原则。

1）有计划、有步骤、有重点地进行，设备的更新应当紧密围绕企业的产品开发和技术发展规划。

2）应着重采用技术更新的方式，来提高企业技术装备水平，达到高效、低能耗、环保的最终效果，全面克服生产上的薄弱环节，提高综合生产能力。

3）更新设备应当有充分的技术经济论证，采用科学的决策方法，选择最优的可行方案，确保投入后获得良好的投资效果。

4）选择国家推广应用的新设备。

5）根据客观可能和企业生产发展需要选择先进设备。

10.1.4 设备更新规划的编制

设备更新规划的制定应在企业主管厂长的直接领导下，以设备管理部门为主，并在企业的规划、技术发展、生产、计划、财务部门的参与和配合下进行。

设备更新规划的内容主要包括现有设备的技术状态分析、需要更新设备的具体情况和更新理由、国内外可订购到的新设备的技术性能与价格、国内有关企业使用此类设备的技术经济效果和信息、要求新购置设备的到货和投产时间、资金来源等。设备更新是企业生产经营活动的重要一环，要发挥企业各部门的作用，共同把工作做好。为避免工作内容的重复，对设备更新规划和计划的提出应适当分工，一般采用下述方法。

1）因提高设备生产率而需要更新的设备，由生产计划部门提出。

2）为研制新产品而需要更新的设备，由技术部门提出。

3）为改进工艺、提高质量而需要更新的设备，由工艺、技术部门提出。

4）因设备陈旧老化、无修复价值或耗能高而需要更新的设备，由设备管理部门提出。

5）因危及人身健康、安全和污染环境而需要更新的设备，由安全部门提出。

6）由于上述需要又无现成设备更换的，由规划和技术发展部门列入企业技术改造规划，作为新增设备予以安排。

设备更新规划的编制应立足于通过对现有生产能力的改造来提高生产率和产品水平。也就是说，设备更新要与设备大修理和设备技术改造相结合，既要更换相当数量的旧设备，又要结合具体生产对象，用新部件、新装置、新技术等对设备进行技术改造，使设备的技术性能达到或局部达到先进水平。

10.1.5 设备更新的时机

设备更新必然要考虑经济效益。那么什么时候更新在经济上最有利，即选择其为更新的时机。设备更新时机应考虑以下几个方面。

1）宏观环境给予的机会或限制。

2）微观环境中出现的机遇。

3）企业生产经营的迫切需要。

4）设备的经济寿命。设备使用到经济寿命时再继续使用，经济上不合算。因此，该设备更新时机应以其经济寿命年限为佳，条件是在设备达到经济寿命年限以前，该设备技术上仍然可用，不存在技术上提前报废的问题。

补偿设备的磨损是设备更新、改造和修理的共同目标。选择什么方式进行补偿，决定于其经济分析，并应以划分设备更新、技术改造和大修理的经济界限为主，可以采用寿命周期内的总使用成本互相比较的方法来进行分析。

10.1.6 设备最佳更新周期的确定标准

设备最佳更新周期是指根据设备的经济寿命所确定的设备更新周期，就是说根据设备的折旧费和使用费之和最低的年限来确定设备的经济寿命，也就是确定设备的最佳更新周期。这是因为这两笔费用之和最低时，更新设备最合理。

（1）确定方法　设备折旧费是设备原值减去残值后与使用年限之比。设备使用费包括设备维护保养和修理费、能源消耗费、设备事故停产损失与效率损失费等。设备使用年限与设备的年平均折旧费成反比例关系：设备使用年限越长，年平均折旧费越少；设备使用年限越短，年平均折旧费越多。设备使用年限与设备的年平均使用费成正比例关系：设备使用年限越长，则年平均使用费用越高。

（2）设备最佳更新周期　设备使用年限越短，则年平均使用费用越少。将这两项费用合计起来，就是年度设备的总费用。总费用最低的年限，就是设备的最佳更新周期。如图10-1所示，图中A点即为设备的最佳更新年限。

此外，也可利用设备综合经济效益来确定经济寿命，即当设备所创造的经济效益（多以利润表示）已无法抵消为维持设备运行而支出的总费用时，设备经济寿命即告终结。

根据上述原理，在不考虑资金利率和残值的情况下，设备的平均年费用的计算公式为

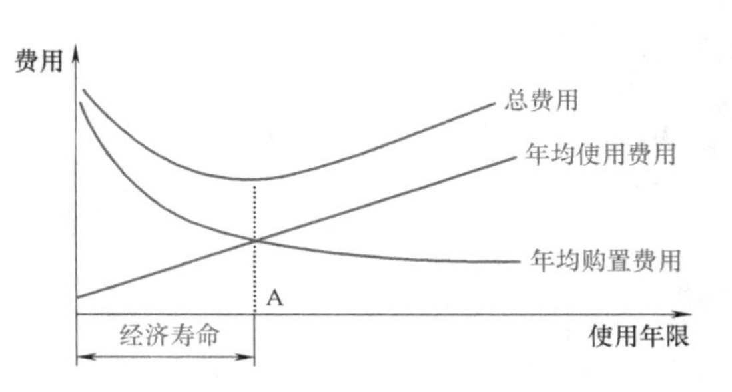

图 10-1　设备年运行费用曲线

$$y = \frac{C_0}{n} + \frac{G}{2}T \tag{10-1}$$

式中　y——设备的平均年费用，单位为元；

C_0——设备原始价值，单位为元；

n——设备使用年限，单位为年；

G——年低劣化增加值，单位为元；

T——设备最佳更新期，单位为年。

年低劣化增加值是指由于设备使用时间增长，每年维持费的增加额。若使设备的平均年费用最小，则有

取
$$\frac{\mathrm{d}y}{\mathrm{d}t} = 0$$

$$T = \sqrt{\frac{2C_0}{G}} \tag{10-2}$$

【例】　一台设备原始价值为 256 万元，每年低劣化增加值为 2.56 万元，则设备的更新期为多少年？

解：

$$T = \sqrt{\frac{2C_0}{G}} = \sqrt{\frac{2 \times 256}{2.56}} \approx 14(\text{年})$$

即设备的更新期为 14 年。

在考虑到设备残值和利率的情况下，首先需要计算出各年的等值年费用，然后选择与最低等值年费用相对应的年限作为设备最佳更新期。设备的等值年费用计算公式为

$$C_{\mathrm{N}} = \left[C_0 - \frac{S_n}{(1+i)^n} + \sum_{n-1}^{N}\frac{C_n}{(1+i)^n}\right]\left[\frac{i(1+i)_n}{(1+i)^n - 1}\right] \tag{10-3}$$

式中　C_{N}——等值年费用；

C_0——设备最初投资额；

S_n——设备使用 n 年的残值；

C_n——第 n 年设备维持费；

i——年利率或企业的资金利润率；

n——年期。

10.2　设备技术改造

设备的技术改造是指运用当代科学技术成果，根据企业生产、经营的需要，对原有设备

进行局部改造，以改善其技术性能，提高其综合效率，补偿其无形磨损，使其局部或全部达到当代新设备的水平。

10.2.1 设备改造原则

企业在进行设备改造时，必须充分考虑改造的必要性、技术上的可能性和经济上的合理性，具体应注意以下几点。

（1）针对性原则 有计划、有步骤、有重点地进行。从实际出发，按照生产工艺要求，针对生产中工艺要求及其薄弱环节，采取有效的新技术，重点解决技术薄弱环节的现状。

（2）技术先进适用性原则 由于设备的技术状态、生产地位及其在企业的生产组织等各不相同，在进行技术改造时，采用的技术标准应有区别。各企业要重视先进适用性，不要盲目追求高指标，防止功能过剩。

（3）经济性原则 在制订技术改造方案时，要仔细进行技术经济论证，选择最优的技术改造方案，力求投资少、效益产出大、回收期短。

（4）可行性原则 在实施技术改造时，要对设备改造技术方案、工艺方案以及成本价值分析提出可行性可能。同时，改造时应尽量由本单位技术人员完成；对于技术难度较大的设备技术改造，可请有关生产厂方、科研院所协助完成。

10.2.2 设备改造目标

企业进行设备改造主要是为提高设备的技术水平，以满足生产要求，在考虑经济效益的同时还必须考虑社会效益。为此，企业应注重以下四方面的目标。

（1）提高加工效率和产品质量 设备经过改造后，要使原设备的技术性能得到改善，提高精度或增加功能，使之达到或局部达到新设备的水平，满足产品生产的要求。

（2）提高设备运行安全性 对影响人身安全的设备，应进行针对性改造，防止人身伤亡事故的发生，确保安全生产。

（3）节约能源 通过设备的技术改造提高能源的利用率，大幅度地节电、节煤、节水等，在短期内收回设备改造投入的资金。

（4）保护环境 有些设备对生产环境乃至社会环境造成较大污染，如烟尘污染、噪声污染以及工业水的污染等，要积极进行设备改造，消除或减少污染，改善生存环境。

另外，对进口设备的国产化改造和对闲置设备的技术改造，也有利于降低修理费用和提高资产利用率。

10.2.3 设备改造程序

为了保证设备改造达到预期的目标，取得应有的效果，企业及有关部门负责人应注意技术改造的全过程，特别要明确技术改造的前期和后期管理是整个技术改造的关键之一。一般来说，企业设备技术改造可参照以下程序执行。

1）企业各分厂（车间）于每年第三季度末或第四季度初提出下一年度的设备技术改造项目，即填写年度设备改造清单，报送企业设备处。

2）经设备处审查批准，列入公司设备技术改造计划，并通知各分厂（车间）填写设备技术改造立项申请单，报送设备处。

3）重大设备技术改造项目要进行技术改造经济分析，报送设备处，并经处长或企业主管负责人审批后方可实施。

4）设备技术改造的设计、制造、调试等工作，原则上由各分厂（车间）的主管部门负责实施。

5）分厂（车间）设计能力不足，需委托设备处设计时，委托单位应提供详细的技术要求和参考资料，并要填写“设计委托申请书”。

6）分厂（车间）因制造能力不足，委托有关单位施工时，须报设备处审批。

7）设备改造工作完成后，须经分厂和设备处技改负责人联合验收。

8）设备技术改造验收后，分厂（车间）填报改造竣工验收单和设备技术改造成果报送设备处。

9）技改项目调试验收后，要填写一式四份“设备技术改造增值申报核定书”报送设备处，核定后一份留存设备处，一份报送财务处，其余两份由分厂（车间）设备科、财务科办理留存。

10.2.4　设备技术改造的特点

1. 针对性强

设备技术改造一般均由设备的使用单位提出，许多时候还由使用单位自己进行或配合进行。由于设备使用单位对设备的现状最熟悉，对使用要求最清楚，因而能结合企业实际情况对技术改造提出明确而具体的要求，能够抓住设备的关键部位进行改造。

2. 适应性强

设备的技术改造往往与工艺革新密切结合，在许多情况下，只要对原有设备稍做改造，就能适应新的生产工艺和操作方法。

3. 经济性好

设备技术改造是在原有设备基础上进行的，往往投资少、周期短、见效快。尤其对一些大型、精密、稀有设备进行改造，通常能节约大量的资金，取得显著的经济效益。

以往很长一段时间内，我国企业设备管理执行以修为主的理念，导致设备更新和技术改造的速度十分缓慢，这也在相当长的时间内严重阻碍了企业的发展和经济效益的提高。今后，企业应把设备更新和改造作为企业装备现代化的一项重要内容来建设。

10.3　设备更新和技术改造的意义

设备更新和技术改造是以企业效益提高和新技术进步为前提的，使现代科学技术成果应用于企业生产的各个环节，即把先进的科学技术成果或先进的工艺和装备应用于企业的现有设备，对提高产品质量、降低制造成本、加快产品更新换代、实现企业内涵和扩大再生产有重要作用，通过对设备进行局部革新、改造，以改善设备性能，提高生产率和设备的现代化水平。

机器设备是企业生产技术发展和实现经营目标的物资基础，设备的技术装备水平和技术状况直接影响企业产品质量、能源材料和经济效益，因此设备的技术改造与更新直接影响企业的生产率、技术进步、产品质量和市场份额的开拓。随着我国经济体制改革和发展，特别是我国加入WTO（世界贸易组织）后，我国企业面对国际和国内市场的竞争日益激烈，越来越迫切地需要提高技术装备的现代化水平，不断采用新技术、新工艺、新设备，加速企业设备的改造与更新，不断促进产品更新换代、资源节约和减少能耗，提高企业的经济效益，增强竞争力和可持续发展能力。这既是国家发展前进的方向，也是企业的一项重要战略任务。

本章小结

设备的更新和技术改造是以新科学技术进步为前提的，是将先进的科学技术成果或先进的工艺和装备应用于企业的现有设备，以改善现有设备性能，从而提高生产率和设备的现代化水平。

本章主要介绍设备更新的主要内容、设备更新的基本原则、最佳时期以及实施的步骤；设备技术改造的目标、工作程序和设备技术改造的特点等内容，最后指出设备更新和改造对国家发展的重要战略意义。

思考题与习题

10-1　简述设备更新的含义。

10-2　设备更新有哪几种形式？其含义分别是什么？

10-3　简述设备寿命有哪些形式。

10-4　设备更新有哪些基本原则？

10-5　设备更新的最佳时机是什么？更新时应注意哪些因素？

10-6　设备的最佳更新周期是什么？如何确定？

10-7　技术改造的基本原则是什么？

10-8　设备改造的目标是什么？

10-9　简述设备改造的基本程序。

10-10　设备改造主要有哪些特点？

10-11　简述设备更新和技术改造的意义。

附　录

附录 A　常用机床组、系代号及主参数

类	组	系	机床名称	主参数的折算系数	主　参　数
车床	1	1	单轴纵切自动车床	1	最大棒料直径
	1	2	单轴横切自动车床	1	最大棒料直径
	1	3	单轴转塔自动车床	1	最大棒料直径
	2	1	多轴棒料自动车床	1	最大棒料直径
	2	2	多轴卡盘自动车床	1/10	卡盘直径
	2	6	立式多轴半自动车床	1/10	最大车削直径
	3	0	回轮车床	1	最大棒料直径
	3	1	滑鞍转塔车床	1/10	卡盘直径
	3	3	滑枕转塔车床	1/10	卡盘直径
	4	1	曲轴车床	1/10	最大工件回转直径
	4	6	凸轮轴车床	1/10	最大工件回转直径
	5	1	单柱立式车床	1/100	最大车削直径
	5	2	双柱立式车床	1/100	最大车削直径
	6	0	落地车床	1/100	最大工件回转直径
	6	1	卧式车床	1/10	床身上最大回转直径
	6	2	马鞍车床	1/10	床身上最大回转直径
	6	4	卡盘车床	1/10	床身上最大回转直径
	6	5	球面车床	1/10	刀架上最大回转直径
	7	1	仿形车床	1/10	刀架上最大车削直径
	7	5	多刀车床	1/10	刀架上最大车削直径
	7	6	卡盘多刀车床	1/10	刀架上最大车削直径
	8	4	轧辊车床	1/10	最大工件直径
	8	9	铲齿车床	1/10	最大工件直径

（续）

类	组	系	机床名称	主参数的折算系数	主 参 数
钻床	1	3	立式坐标镗钻床	1/10	工作台面宽度
	2	1	深孔钻床	1/10	最大钻孔直径
	3	0	摇臂钻床	1	最大钻孔直径
	3	1	万向摇臂钻床	1	最大钻孔直径
	4	0	台式钻床	1	最大钻孔直径
	5	0	圆柱立式钻床	1	最大钻孔直径
	5	1	方柱立式钻床	1	最大钻孔直径
	5	2	可调多轴立式钻床	1	最大钻孔直径
	8	1	中心孔钻床	1/10	最大工件直径
	8	2	平端面中心孔钻床	1/10	最大工件直径
镗床	4	1	立式单柱坐标镗床	1/10	工作台面宽度
	4	2	立式双柱坐标镗床	1/10	工作台面宽度
	4	6	卧式坐标镗床	1/10	工作台面宽度
	6	1	卧式镗床	1/10	镗轴直径
	6	2	落地镗床	1/10	镗轴直径
	6	9	落地铣镗床	1/10	镗轴直径
	7	0	单面卧式精镗床	1/10	工作台面宽度
	7	1	双面卧式精镗床	1/10	工作台面宽度
	7	2	立式精镗床	1/10	最大镗孔直径
磨床	0	4	抛光机		—
	0	6	刀具磨床		—
	1	0	无心外圆磨床	1	最大磨削直径
	1	3	外圆磨床	1/10	最大磨削直径
	1	4	万能外圆磨床	1/10	最大磨削直径
	1	5	宽砂轮外圆磨床	1/10	最大磨削直径
	1	6	端面外圆磨床	1/10	最大回转直径
	2	1	内圆磨床	1/10	最大磨削孔径
	2	5	立式行星内圆磨床	1/10	最大磨削孔径
	3	0	落地砂轮机	1/10	最大砂轮直径
	5	0	落地导轨磨床	1/100	最大磨削宽度
	5	2	龙门导轨磨床	1/100	最大磨削宽度
	6	0	万能工具磨床	1/10	最大回转直径
	6	3	钻头刃磨床	1	最大刃磨钻头直径
	7	1	卧轴矩台平面磨床	1/10	工作台面宽度
	7	3	卧轴圆台平面磨床	1/10	工作台面直径
	7	4	立轴圆台平面磨床	1/10	工作台面直径

（续）

类	组	系	机床名称	主参数的折算系数	主　参　数
磨床	8	2	曲轴磨床	1/10	最大回转直径
	8	3	凸轮轴磨床	1/10	最大回转直径
	8	6	花键轴磨床	1/10	最大磨削直径
	9	0	曲线磨床	1/10	最大磨削长度
齿轮加工机床	2	0	弧齿锥齿轮磨齿机	1/10	最大工件直径
	2	2	弧齿锥齿轮铣齿机	1/10	最大工件直径
	2	3	直齿锥齿轮刨齿机	1/10	最大工件直径
	3	1	滚齿机	1/10	最大工件直径
	3	6	卧式滚齿机	1/10	最大工件直径
	4	2	剃齿机	1/10	最大工件直径
	4	6	珩齿机	1/10	最大工件直径
	5	1	插齿机	1/10	最大工件直径
	6	0	花键轴铣床	1/10	最大铣削直径
	7	0	碟形砂轮磨齿机	1/10	最大工件直径
	7	1	锥形砂轮磨齿机	1/10	最大工件直径
	7	2	蜗杆砂轮磨齿机	1/10	最大工件直径
	8	0	车齿机	1/10	最大工件直径
	9	3	齿轮倒角机	1/10	最大工件直径
	9	9	齿轮噪声检查机	1/10	最大工件直径
螺纹加工机床	3	0	套丝机	1	最大套螺纹直径
	4	8	卧式攻丝机	1/10	最大攻螺纹直径
	6	0	丝杠铣床	1/10	最大铣削直径
	6	2	短螺纹铣床	1/10	最大铣削直径
	7	4	丝杠磨床	1/10	最大工件直径
	7	5	万能螺纹磨床	1/10	最大工件直径
	8	6	丝杠车床	1/100	最大工件长度
	8	9	多头螺纹车床	1/10	最大车削直径
铣床	2	0	龙门铣床	1/100	工作台面宽度
	3	0	圆台铣床	1/100	工作台面直径
	4	3	平面仿形铣床	1/10	最大铣削宽度
	4	4	立体仿形铣床	1/10	最大铣削宽度
	5	0	立式升降台铣床	1/10	工作台面宽度
	6	0	卧式升降台铣床	1/10	工作台面宽度
	6	1	万能升降台铣床	1/10	工作台面宽度
	7	1	床身铣床	1/100	工作台面宽度
	8	1	万能工具铣床	1/10	工作台面宽度
	9	2	键槽铣床	1	最大键槽宽度

（续）

类	组	系	机床名称	主参数的折算系数	主 参 数
刨插床	1	0	悬臂刨床	1/100	最大刨削宽度
	2	0	龙门刨床	1/100	最大刨削宽度
	2	2	龙门铣磨刨床	1/100	最大刨削宽度
	5	0	插床	1/10	最大插削长度
	6	0	牛头刨床	1/10	最大刨削长度
	8	8	模具刨床	1/10	最大刨削长度
拉床	3	1	卧式外拉床	1/10	额定拉力
	4	3	连续拉床	1/10	额定压力
	5	1	立式内拉床	1/10	额定拉力
	6	1	卧式内拉床	1/10	额定拉力
	7	1	立式外拉床	1/10	额定拉力
	9	1	气缸体平面拉床	1/10	额定拉力
锯床	5	1	立式带锯床	1/10	最大锯削厚度
	6	0	卧式圆锯床	1/100	最大圆锯片直径
	7	1	平板卧式弓锯床	1/10	最大锯削直径
其他机床	1	6	管接头车丝机	1/10	最大加工直径
	2	1	木螺钉螺纹加工机	1	最大工件直径
	4	0	圆刻线机	1/100	最大加工长度
	4	1	长刻线机	1/100	最大加工长度

附录 B　金属切削机床操作指示形象符号

序号	符号	名称	说明
1	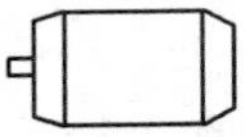	电动机	ISO 7000 0011
2	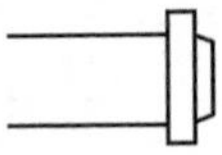	主轴	ISO 7000 0267
3		卡盘	ISO 7000 0274
4		花盘	ISO 7000 0275
5	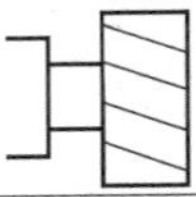	铣削主轴	ISO 7000 0269
6		钻削主轴	ISO 7000 0268
7	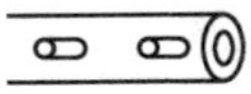	镗削主轴	—
8		磨削主轴	ISO 7000 0270

（续）

序号	符号	名称	说明
9	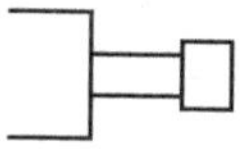	内磨主轴	—
10		滚刀主轴	—
11	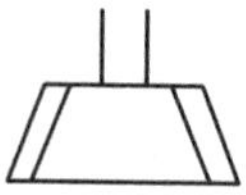	插齿刀主轴	—
12	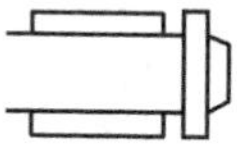	套筒	ISO 7000 0272
13	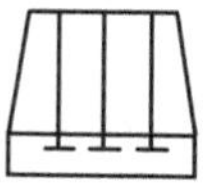	矩形工作台	ISO 7000 0282
14	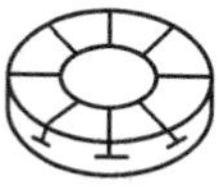	圆工作台	ISO 7000 0284
15		矩形电磁吸盘	ISO 7000 0283
16		圆电磁吸盘	ISO 7000 0285
17	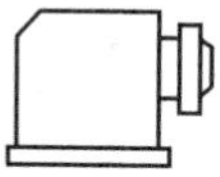	主轴箱	ISO 7000 0277
18	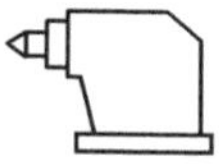	尾座	ISO 7000 0278
19	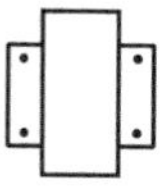	滑枕	ISO 7000 0280
20		转塔刀架	ISO 7000 0279
21		丝杠	—
22		滚珠丝杠	GB 4460 A4.3
23	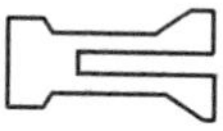	弹簧夹头	ISO 7000 0276
24	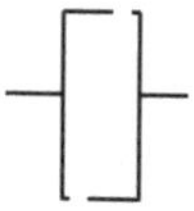	联轴器	ISO 7000 0015 表示两旋转轴之间的任何连接形式。例如联轴节、离合器
25	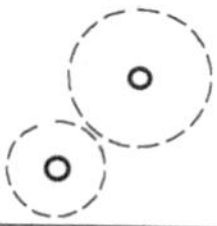	齿轮传动	ISO 7000 0012
26	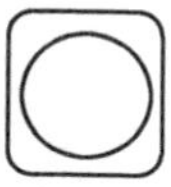	工件	ISO 7000 0315
27	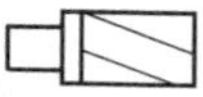	旋转工具	ISO 7000 0286
28	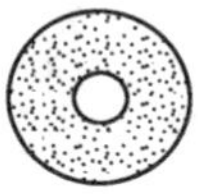	砂轮	ISO 7000 0295
29		圆锯	ISO 7000 0289
30	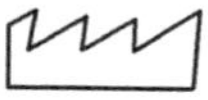	锯条	ISO 7000 0303
31		钻头	ISO 7000 0290
32		铰刀	ISO 7000 0291
33		丝锥	ISO 7000 0292

（续）

序号	符号	名称	说明
34	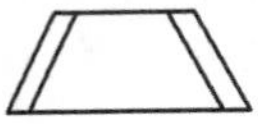	插齿刀	—
35	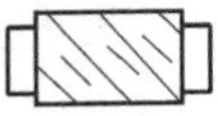	滚刀	—
36	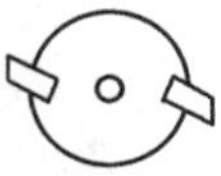	带刀片的组合铣刀	ISO 7000 0294
37		整体单刃刀具	ISO 7000 0287
38		单刃砂轮修整器	ISO 7000 0300
39		凸轮	ISO 7000 0016
40		照明灯	ISO/R 369 102
41		切削液	ISO/R 369 101
42	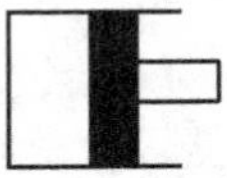	液动	—
43	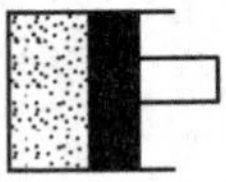	气动	—
44	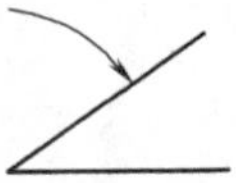	脚踏开关	GB 5465.2 1036
45		电源开关	闪电标记为黑色
46	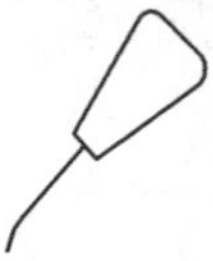	润滑油	ISO 7000 0391
47		润滑油脂	—
48	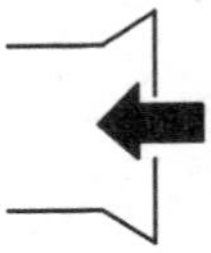	泵	—
49		冷却泵	—
50	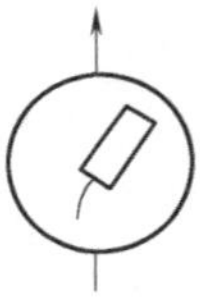	润滑泵	—
51		液压泵	—
52	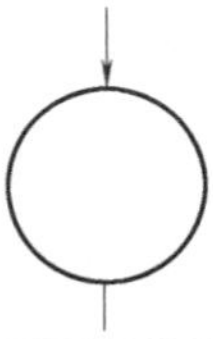	液压马达	—
53		温度计；温度控制	—
54		静压轴承	—

（续）

序号	符号	名称	说明	序号	符号	名称	说明
55		带传动	ISO 7000 0013 代表各种带传动	66		计时器	—
56		链传动	ISO 7000 0014 代表各种链传动	67		外径测量	—
57		吹出	—	68		内径测量	—
58		吸入	—	69		磁铁	—
59		过滤器	—	70		电磁铁	—
60		细过滤器	—	71		防止过载的机械式安全装置	ISO 7000 0314
61		加热器	—	72		双刃换刀机械手	ISO 7000 0425
62	××××	数字显示装置	×代表数字	73		单刃换刀机械手	ISO 7000 0429
63		光学读数装置	—	74		手轮	ISO 7000 0326
64		仿形模板	ISO 7000 0310	75		手柄	ISO 7000 0327
65		指示仪表	—	76		切屑收集	—

（续）

序号	符号	名称	说明	序号	符号	名称	说明
77		切屑	ISO 7000 0313	90	nz	分 n 齿	例:转续分齿
78		输送带	ISO 7000 0229	91		外圆磨削	ISO 7000 0375
79		容器	ISO 7000 0359	92		内圆磨削	ISO 7000 0376
80		交换	ISO 7000 0273	93		切入磨削	—
81		内拉削	ISO 7000 0386	94		无心磨砂轮	ISO 7000 0296
82		外拉削	ISO 7000 0385	95		无心磨导轮	ISO 7000 0297
83		刨削	ISO 7000 0367	96		磨削	ISO 7000 0374
84		刨削	ISO 7000 0368 用于牛头刨床	97		端面磨削	ISO 7000 0378
85		钻削	ISO 7000 0370	98		无进给磨削	—
86		铰孔	ISO 7000 0383	99		内珩磨	ISO 7000 0379
87		攻螺纹	ISO 7000 0384	100		外珩磨	ISO 7000 0280
88		展成	—	101		研磨	ISO 7000 0381
89	1z	分一齿：分单齿	—				

（续）

序号	符号	名称	说明	序号	符号	名称	说明
102		砂带	ISO 7000 0299	105		剃齿	—
103		滚齿	—	106		磨削火花调整	—
104	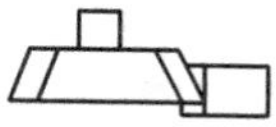	插齿	—	107	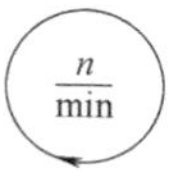 $\frac{n}{\text{min}}$	每分钟转数	ISO 7000 0010

附录 C 卧式车床常见的机械故障及排除方法

序号	故障内容	产生原因	排除方法
1	圆柱类工件加工后外径产生锥度	（1）主轴箱主轴中心线对床鞍移动导轨的平行度超差 （2）床身导轨倾斜一项精度超差过多，或装配后发生变形 （3）床身导轨面严重磨损，主要三项精度均已超差 （4）两顶尖支持工作时产生锥度 （5）刀具的影响，切削刃不耐磨 （6）由于主轴箱温升过高，引起机床热变形 （7）地脚螺钉松动（或调整垫铁松动）	（1）重新校正主轴箱主轴中心线的安装位置，使工件在允许的范围之内 （2）用调整垫铁来重新校正床身导轨的倾斜精度 （3）刮研导轨或磨削床身导轨 （4）调整尾座两侧的横向螺钉 （5）修正刀具，正确选择主轴转速和进给量 （6）如冷却检验（工件时）精度合格而运转数小时后工件即超差时，可按“主轴箱的修理”中的方法降低油温，并定期换油，检查油泵进油管是否堵塞 （7）按调整导轨精度的方法调整并紧固地脚螺钉
2	圆柱形工件加工后外径产生椭圆及棱圆	（1）主轴轴承间隙过大 （2）主轴轴颈的椭圆度过大 （3）主轴轴承磨损 （4）主轴轴承（套）的外径（环）有椭圆，或主轴箱体轴孔有椭圆，或两者的配合间隙过大	（1）调整主轴轴承的间隙 （2）修理后的主轴轴颈没有达到要求，这一情况多数反映在采用滑动轴承的结构上。当滑动轴承有足够的调整余量时，可对主轴的轴颈进行修磨，使之达到圆度要求 （3）刮研轴承，修磨轴颈或更换滚动轴承 （4）进行主轴箱体的轴孔修整，并保证它与滚动轴承外环的配合精度
3	精车外径时在圆周表面上每隔一定长度距离上重复出现一次波纹	（1）溜板箱的纵走刀小齿轮啮合不正确 （2）光杠弯曲，或光杠、丝杠、走刀杠三孔不在同一平面上 （3）溜板箱内某一传动齿轮（或蜗轮）损坏或由于节径振摆而引起啮合不正确 （4）主轴箱、进给箱中轴的弯曲或齿轮损坏	（1）如波纹之间距离与齿条的齿距相同，这种波纹是由齿轮与齿条啮合引起的，应设法使齿轮与齿条正常啮合 （2）这种情况下只是重复出现有规律的周期波纹（光杠回转一周与进给量的关系）。消除时，将光杠拆下校直，装配时要保证三孔同轴及在同一平面 （3）检查与校正溜板箱内传动齿轮，遇有齿轮（或蜗轮）已损坏时必须更换 （4）校直转动轴，用手转动各轴，在空转时应无轻重现象

（续）

序号	故障内容	产生原因	排除方法
4	精车外径时在圆周表面上与主轴轴线平行或成某一角度重复出现有规律的波纹	(1)主轴上的传动齿轮齿形不良或啮合不良 (2)主轴轴承间隙过大或过小 (3)主轴箱上的带轮外径(或带槽)振摆过大	(1)出现这种波纹时，如波纹的头数(或条数)与主轴上的传动齿轮齿数相同，就能确定。一般在调整主轴轴承后，齿轮副的啮合间隙不得太大或太小，在正常情况下侧隙在0.05mm左右。当啮合间隙太小时，可用研磨膏研磨齿轮，然后全部拆卸清洗。对于啮合间隙过大的或齿形磨损过度而无法消除该种波纹时，只能更换主轴齿轮 (2)调整主轴轴承的间隙 (3)消除带轮的偏心振摆，调整其滚动轴承间隙
5	精车外圆时圆周表面上有混乱的波纹	(1)主轴滚动轴承的滚道磨损 (2)主轴轴向游隙太大 (3)主轴的滚动轴承外环与主轴箱孔有间隙 (4)用卡盘夹持工件切削时，因卡爪呈喇叭孔形状而使工件夹紧不稳 (5)四方刀架因夹紧刀具而变形，结果其底面与上刀架底板的表面接触不良 (6)上、下刀架(包括床鞍)滑动表面之间的间隙过大 (7)进给箱、溜板箱、托架的三支承不同轴，转动有卡阻现象 (8)使用尾座支持切削时，顶尖套筒不稳定	(1)更换主轴的滚动轴承 (2)调整主轴后端推力球轴承的间隙 (3)修理轴承孔达到要求 (4)产生这种现象时可以改变工件的夹持方法，即用尾座支持住进行切削，如乱纹消失后，即可肯定是由于卡盘法兰的磨损所致，这时可按主轴的定心轴径及前端螺纹配置新的卡盘法兰。如卡爪呈喇叭孔时，一般加垫铜皮即可解决 (5)夹紧刀具是用涂色法检查方刀架与小滑板接合面接触精度，应保证方刀架在夹紧刀具时仍保持与它均匀全面接触，否则用刮刀修正 (6)将所有导轨副的塞铁、压板均调整到合适的配合，使移动平稳、轻便，用0.04mm塞尺检查时插入深度应小于或等于10mm，以克服由于床鞍在床身导轨上纵向移动时受齿轮与齿条及切削力的颠覆力矩而沿导轨斜面跳跃一类的缺陷 (7)修复床鞍倾斜下沉 (8)检查尾座顶尖套筒与轴孔及夹紧装置是否配合合适，如轴孔松动过大而夹紧装置又失去作用时，修复尾座顶尖套筒至达到要求
6	精车外径时圆周表面上在固定的长度上(固定位置)有一节波纹凸起	(1)床身导轨在固定的长度位置上有碰伤、凸痕 (2)齿条表面在某处凸出或齿条之间的接缝不良	(1)修去碰伤、凸痕等毛刺 (2)对两齿条的接缝配合进行仔细校正，遇到齿条上某一齿特粗或特细，可以修整至与其他单齿的齿厚相同
7	精车外径时圆周表面上出现有规律性的波纹	(1)因为电动机旋转不平稳而引起机床振动 (2)因为带轮等旋转零件的振幅太大而引起机床振动 (3)车间地基引起机床的振动 (4)刀具与工件之间引起的振动	(1)校正电动机转子的平衡，有条件时进行动平衡 (2)校正带轮等旋转零件的振摆，对其外径、带轮三角槽进行光整车削 (3)在可能的情况下，将具有强烈振动来源的机器，如砂轮机(磨刀用)等移至离开机床一定距离，减少振源的影响 (4)设法减少振动，如减少刀杆伸出长度等
8	精车外径时主轴每一转在圆周表面上有一处振痕	(1)主轴的滚动轴承某几粒滚柱(珠)磨损严重 (2)主轴上的传动齿轮节径振摆过大	(1)将主轴滚动轴承拆卸后用千分尺逐粒测量滚柱(珠)，如确系某几粒滚柱(珠)磨损严重(或滚柱间尺寸相差很大)时，须更换轴承 (2)消除主轴齿轮的节径振摆，严重时要更换齿轮副

（续）

序号	故障内容	产生原因	排除方法
9	精车后的工件端面中凸	（1）溜板移动对主轴箱主轴中心线的平行度超差，要求主轴中心线向前偏 （2）床鞍的上、下导轨垂直度超差，该项要求是溜板上导轨的外端必须偏向主轴箱	（1）校正主轴箱主轴中心线的位置，在保证工件正确合格的前提下，要求主轴中心线向前（偏向刀架） （2）经过大修理后的机床出现该项误差时，必须重新刮研床鞍下导轨面；尚未经过大修理而床鞍上导轨的直线精度磨损严重形成工件凸时，可刮研床鞍的上导轨面
10	精车螺纹表面有波纹	（1）因机床导轨磨损而使床鞍倾斜下沉，造成母丝杠弯曲，与开合螺母的啮合不良（单片啮合） （2）托架支承轴孔磨损，使丝杠回转中心线不稳定 （3）丝杠的轴向游隙过大 （4）进给箱交换齿轮轴弯曲、扭曲 （5）所有的滑动导轨面（指方刀架中滑板及床鞍）间有间隙 （6）方刀架与小滑板的接触面间接触不良 （7）切削长螺纹工件时，因工件本身弯曲而引起的表面波纹 （8）因电动机、机床本身固有频率（振动区）而引起的振荡	（1）修理机床导轨、床鞍，使其达到要求 （2）托架支承孔镗孔镶套 （3）调整丝杠的轴向间隙 （4）更换进给箱的交换齿轮轴 （5）调整导轨间隙及塞铁、床鞍压板等，用0.03mm塞尺检查，插入深度应≤20mm。固定接合面应插不进去 （6）修刮小滑板底面与方刀架接触面，使其接触良好 （7）工件必须加入适合的随刀托板（跟刀架），使工件不因车刀的切入而引起跳动 （8）摸索、掌握该振动区规律
11	方刀架上的压紧手柄压紧后（或刀具在方刀架上固紧后），小刀架手柄转不动	（1）方刀架的底面不平 （2）方刀架与小滑板底面的接触不良 （3）刀具夹紧后方刀架产生变形	均用刮研刀架座底面的方法修正
12	用方刀架进刀精车锥孔时呈喇叭形或表面质量不高	（1）方刀架的移动燕尾导轨不直 （2）方刀架移动对主轴中心线不平行 （3）主轴径向回转精度不高	（1）（2）参阅"刀架部件的修理"刮研导轨 （3）调整主轴的轴承间隙，按"误差抵消法"提高主轴的回转精度
13	用切槽刀切槽时产生"颤动"或外径重切削时产生"颤动"	（1）主轴轴承的径向间隙过大 （2）主轴孔的后轴承端面不垂直 （3）主轴中心线（或与滚动轴承配合的轴颈）的颈向振摆过大 （4）主轴的滚动轴承内环与主轴的锥度配合不良 （5）工件夹持中心孔不良	（1）调整主轴轴承的间隙 （2）检查并校正后端面的垂直度要求 （3）设法将主轴的颈向振摆调整至最小值，如滚动轴承的振摆无法避免时，可采用角度选配法来减少主轴的振摆 （4）修磨主轴 （5）在找正工件毛坯后，修顶尖中心孔
14	重切削时主轴转速低于表牌上的转速或发生自动停车	（1）摩擦离合器调整过松或磨损 （2）开关杆手柄接头松动 （3）开关摇杆和接合子磨损 （4）摩擦离合器轴上的弹簧垫圈或锁紧螺母松动 （5）主轴箱内集中操纵手柄的销或滑块磨损，手柄定位弹簧过松而使齿轮脱开 （6）电动机传动V带调节过松	（1）调整摩擦离合器，修磨或更换摩擦片 （2）打开配电箱盖，紧固接头上的螺钉 （3）修焊或更换摇杆、接合子 （4）调整弹簧垫圈及锁紧螺钉 （5）更换销、滑块，将弹簧力量加大 （6）调整V带传动的松紧程度

（续）

序号	故障内容	产生原因	排除方法
15	停车后主轴有自转现象	(1)摩擦离合器调整过紧,停车后仍未完全脱开 (2)制动器过松没有调整好	(1)调整摩擦离合器 (2)调整制动器的制动带
16	溜板箱自动走刀手柄容易脱开	(1)溜板箱内脱开蜗杆的压力弹簧调节过松 (2)蜗杆托架上的控制板与杠杆的倾斜磨损 (3)自动走刀手柄的定位弹簧松动	(1)调整脱落蜗杆 (2)焊补控制板,并修补挂钩处 (3)调整弹簧,若定位孔磨损,可铆补后重新打孔
17	溜板箱自动走刀手柄在碰到定位挡铁后还脱不开	(1)溜板箱内的脱落蜗杆压力弹簧调节过紧 (2)蜗杆的锁紧螺母紧死,迫使进给箱的移动手柄跳开或交换齿轮脱开	(1)调松脱落蜗杆的压力弹簧 (2)松开锁紧螺母,调整间隙
18	光杠与丝杠同时传动	溜板箱内的互锁保险机构的拨叉磨损、失灵	修复互锁机构
19	尾座锥孔内钻头、顶尖等顶不出来	尾座丝杠头部磨损	烧焊加长丝杠顶端
20	主轴箱油窗不注油	(1)过滤器、油管堵塞 (2)液压泵活塞磨损、压力过小或油量过小 (3)进油管漏油	(1)清洗过滤器,疏通油路 (2)修复或更换活塞 (3)拧紧管接头

参考文献

[1] 许晓峰. 电动机与拖动基础 [M]. 北京: 高等教育出版社, 2012.
[2] 王进戈. 机械设计 [M]. 重庆: 重庆大学出版社, 2013.
[3] 师素娟. 机械设计 [M]. 北京: 北京大学出版社, 2012.
[4] 张忠旭. 机械设备安装工艺 [M]. 2版. 北京: 机械工业出版社, 2015.
[5] 熊光华. 数控机床 [M]. 北京: 机械工业出版社, 2001.
[6] 赵晶文. 金属切削机床 [M]. 北京: 北京理工大学出版社, 2011.
[7] 王士柱. 金属切削机床 [M]. 北京: 国防工业出版社, 2010.
[8] 吴国华. 金属切削机床 [M]. 北京: 机械工业出版社, 2008.
[9] 赵仕元. 机械设备调试与维护 [M]. 北京: 北京理工大学出版社, 2011.
[10] 韩玉勇, 王士柱. 数控机床与编程 [M]. 2版. 北京: 国防工业出版社, 2009.
[11] 晏初宏. 金属切削机床 [M]. 北京: 机械工业出版社, 2007.
[12] 吴拓. 金属切削加工及装备 [M]. 北京: 机械工业出版社, 2007.
[13] 王伟平. 机械设备维护与保养 [M]. 北京: 北京理工大学出版社, 2010.
[14] 郑祖斌. 机械设备: 下册 [M]. 北京: 机械工业出版社, 2008.
[15] 胡志铭. 机械设备: 上册 [M]. 北京: 机械工业出版社, 2008.
[16] 王爱玲. 现代数控机床 [M]. 北京: 国防工业出版社, 2009.
[17] 吴先文. 机械设备维修技术 [M]. 北京: 人民邮电出版社, 2008.
[18] 黄伟. 机电设备维护与管理 [M]. 北京: 国防工业出版社, 2011.
[19] 刘宝权. 设备管理与维修 [M]. 北京: 机械工业出版社, 2012.
[20] 李葆文. 设备管理新思维模式 [M]. 3版. 北京: 机械工业出版社, 2010.
[21] 郁君平. 设备管理 [M]. 北京: 机械工业出版社, 2011.
[22] 王任远. 机电设备管理与质量标准 [M]. 徐州: 中国矿业大学出版社, 2008.
[23] 巫世晶. 设备管理 [M]. 北京: 中国电力出版社, 2005.
[24] 杨耀双, 刘碧云. 设备管理 [M]. 北京: 机械工业出版社, 2008.
[25] 林允明. 设备管理 [M]. 北京: 机械工业出版社, 1997.
[26] 徐保强. 李葆文, 张孝桐, 等. 规范化的设备备件管理 [M]. 北京: 机械工业出版社, 2008.
[27] 徐温厚, 查志文. 工业企业设备管理 [M]. 北京: 国防工业出版社, 2009.
[28] 韦林. 设备管理 [M]. 北京: 机械工业出版社, 2014.
[29] 陶铭鼎. 余锋. 机电设备管理 [M]. 北京: 北京理工大学出版社, 2013.
[30] 潘家轺. 现代生产管理学 [M]. 北京: 清华大学出版社, 2011.